"十二五"普通高等教育本科规划教材

中国石油和化学工业优秀教材一等奖

现代材料测试技术

陶文宏　杨中喜　师瑞霞　主编

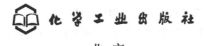

化学工业出版社

·北京·

本教材介绍了材料研究中常用的分析测试方法，主要包括 X 射线衍射分析、电子衍射分析、电子显微分析、光学显微分析、热分析技术、红外光谱分析、能谱波谱分析及扫描探针显微镜等分析测试方法。教材论述各种分析测试技术的基本原理、仪器设备的结构构造、使用时应注意的事项、样品的制备及应用等。内容简明扼要，并尽可能展现最先进的分析测试方法及其发展历史及发展方向。

本教材可适用于材料类专业的本科及研究生的教学，同时也可作为材料类及相关专业工程技术人员的参考用书。

图书在版编目（CIP）数据

现代材料测试技术/陶文宏，杨中喜，师瑞霞主编．—北京：
化学工业出版社，2013.8（2024.9重印）
"十二五"普通高等教育本科规划教材
ISBN 978-7-122-17820-6

Ⅰ.①现…　Ⅱ.①陶…②杨…③师…　Ⅲ.①工程材料-测试
技术-高等学校-教材　Ⅳ.①TB3

中国版本图书馆 CIP 数据核字（2013）第 146096 号

责任编辑：杨　菁　　　　　　　　　　　文字编辑：刘莉珺
责任校对：王素芹　　　　　　　　　　　装帧设计：张　辉

出版发行：化学工业出版社（北京市东城区青年湖南街 13 号　邮政编码 100011）
印　　装：北京科印技术咨询服务有限公司数码印刷分部
787mm×1092mm　1/16　印张 13　字数 329 千字　2024 年 9 月北京第 1 版第 9 次印刷

购书咨询：010-64518888　　　　　　售后服务：010-64518899
网　　址：http://www.cip.com.cn
凡购买本书，如有缺损质量问题，本社销售中心负责调换。

定　　价：39.00 元

前　言

材料的测试技术在近代材料科学研究中占有重要的地位。随着材料科学技术的发展，人们对材料性能提出了更加苛刻的要求，同时对材料组分、微观结构与性能的关系越来越感兴趣。因此新的测试技术、研究方法不断出现。

本教材介绍了材料研究中常用的分析测试方法，主要包括 X 射线衍射分析、电子衍射分析、电子显微分析、光学显微分析、热分析技术、红外光谱分析、能谱波谱分析及扫描探针显微镜等分析测试方法。教材论述各种分析测试技术的基本原理、仪器设备的结构构造、使用时应注意的事项、样品的制备及应用等。内容简明扼要，并尽可能展现最先进的分析测试方法及其发展历史及发展方向。在编写的过程中，结合多年教学实践的基础上，参考兄弟院校有关教学资料，适当融入了编者的有关研究结果，同时也参考互联网中相关的部分内容。本教材可适用于材料类专业的本科及研究生的教学，同时也可作为材料类及相关专业工程技术人员的参考用书。

本书由济南大学的部分教师编写，陶文宏编写绪论、第 5、6 章，杨中喜编写第 1、7 章，师瑞霞编写了第 2、3、4 章，朱元娜编写了第 8 章，吴海涛编写了第 9、10 章。

由于编者水平所限，难免存在不当之处，敬请读者批评指正。

编者
2013 年 6 月

目　录

第8章 红外光谱分析 ·· 149

第9章 X射线光谱显微分析 ·· 173

第10章 其他分析测试技术 ··· 188

绪　　论

材料的性能主要取决于其化学成分、矿物组成、宏观结构以及微观结构。其中物相组成，尤其是结晶矿物相组成和微观结构特征是在化学成分确定后对物质的性质起着关键性的作用。因为物相组成及显微结构是材料生产过程和生产工艺条件的直接记录，每个环节发生的变化均在物相组成及显微结构上有所体现。而材料制品的物相组成和显微结构特征，又直接影响甚至决定着制品的性能、质量、应用性状和效果。改变无机材料的化学组成、生产工艺过程和条件，就能获得具有不同物相组成和显微结构的制品，制品的技术性能和使用性能也就不同。而材料的物相组成和显微结构的获得必须通过一定的测试技术和手段。所以，我们首先应当了解或掌握材料测试技术的原理和方法。

现代材料测试技术就是关于材料分析、测试理论及技术的一门课程。材料测试分析技术主要包括以下内容。

(1) 材料表面和内部的形貌、显微结构

该部分内容包括材料的外观形貌（如材料的表面、断口形貌）、颗粒（晶粒）的大小及其形态、界面（晶界、相界）等。微观结构的观察和分析对于理解材料的本质至关重要，显微结构的观察分析借助于各种显微技术：表面形貌分析技术所使用的测试手段经历了由光学显微镜（OM）、扫描电子显微镜到扫描探针显微镜的发展过程，现在已经可以直接观测到原子的图像；材料内部的组织结构也经历了光学显微镜（OM）、透射电子显微镜的发展历程，从原先的显微结构观察发展到能直接观测到原子级的高分辨图像。在本教材中涉及的主要包括扫描电子显微分析、透射电子显微分析、光学显微分析、扫描探针显微分析等。

(2) 晶体材料的相结构

物相分析主要研究材料的相组成、相结构、结晶学参数、各种相的尺寸形状、各相含量与分布、晶体缺陷等。利用光学显微分析测定各种晶体的晶体光学的各种参数，如折射率、最大双折射率、光性、轴性、2V 角等，以及晶体中出现的各种特殊现象，如解理及解理角、颜色及多色性、双晶现象、延性符号等的测定，通过这些参数和现象的观测，可鉴定矿物相，进而可达到研究材料相组成、相结构的目的；而狭义的物相分析是指利用衍射的方法探测晶格类型和晶胞常数，确定物质的相结构。主要的分析手段有三种：X 射线衍射（XRD）分析、电子衍射（ED）分析及中子衍射（ND）分析。其共同的原理是利用电磁波或物质波（运动的电子束、中子束）等与材料内部规则排列的原子作用产生相干散射，获得材料内部原子排列的信息，从而重组出物质的结构。在本书中主要介绍 X 射线衍射分析、及电子衍射分析的内容。

(3) 化学成分分析

该部分内容包括宏观和微区化学成分分析。大部分成分分析手段基于同一个原理：原子的核外电子的能级分布反映出元素的特征信息。按照出射信号的不同，成分分析手段可以分为两类：X 光谱和电子能谱，出射的信号分别为 X 射线及电子。X 光谱包括 X 射线荧光光谱（XPS）和 X 射线显微分析（EPMA），主要使用 X 射线荧光光谱仪、电子探针仪、能谱仪、波谱仪等完成测试。在本书中主要介绍电子探针仪、能谱仪、波谱仪。

（4）分子结构分析

该部分内容包括无机分子的化学键、有机高分子官能团等的分析测试，主要由红外光谱分析来完成。

（5）热分析

该部分内容主要包括材料的差热分析、差示扫描量热分析、热重分析、机械热分析等分析方法，完成材料热性能的测试分析。

上述五个方面在材料研究中是常用的测试分析技术，本教材主要介绍这些分析测试技术。这些测试分析手段看上去纷繁复杂，但它们也有如下共同之处。

除了个别的测试手段（扫描探针显微镜）外，各种测试技术都是利用入射的电磁波或物质波（如 X 射线、高能电子束、可见光、红外线）与材料试样相互作用后产生的各种各样的物理信号（X 射线、电子束、可见光、红外线），探测这些出射的信号并进行分析处理，就可获得材料的显微结构、外观形貌、相组成、成分等信息。

随着科学研究和生产实践水平的不断提高，现代材料测试技术也得到了突飞猛进的发展，新的材料研究手段日益精密、全面，并向大型化、综合化方向发展。比如一台新型的场发射扫描电子显微镜，除了具有纳米级分辨水平的显微结构分析功能外，还可以配备成分分析附件〔通常配备能谱仪（EDS），有的还装有波谱仪（WDS）〕和晶体结构分析附件〔背散射电子衍射（EBSD）〕，从而实现较为全面的分析功能。

在材料研究的今天，单一的分析手段已经不能满足人们对于材料分析的要求，在一个完整的研究工作中，往往需要综合利用形貌分析、物相分析、成分及价键分析和热分析等才能获得丰富而全面的信息。

第1章 X射线衍射分析

1.1 几何结晶学基础

1.1.1 晶体的特征

在自然界的固态物质一般分为晶体和非晶体两大类，绝大多数是晶体，非晶体在一定条件下也可以转变成晶体。两者的主要差别就在于它们是否具有周期排列的内部结构。

晶体是由原子、分子或离子等在空间周期地排列构成的固体物质。在晶体中，原子、分子或离子等按照一定的方式在空间作周期性规律的排列，隔一定的距离重复出现，具有三维空间的周期性。正是晶体的这一特性，使晶体具有如下共性。

① 晶体的外形往往都是有规则的多面体，具有一定的对称性。例如，食盐（NaCl）具有正六面体外形；水晶（SiO_2）晶体呈六角柱形；而金刚石（C）则呈完整的八面体。

② 在一定的压力下，晶体具有恒定的熔点。例如，在一个大气压下，冰的熔点为 0℃；食盐的熔点为 801℃；而石墨的熔点为 3727℃。但无定形物质却没有明确的熔点，只有软化温度。

③ 晶体具有均匀性，即一块晶体各部分的宏观性质相同。晶体的均匀性来源于晶体中原子周期的排布，周期很小，宏观观察分辨不出微观的不连续性。

④ 许多晶体的某些物理性质，如硬度、机械强度、线性热膨胀系数、延展性、导电率以及光和声的传播速度等，往往具有各向异性，即在晶体的不同方向（不同的 hkl 晶面）具有不同的物理性质。

因此，晶体可定义为内部结构具有空间点阵性质的固体。

1.1.2 晶体结构的周期性和空间点阵

1.1.2.1 晶体结构的周期性

自从 1912 年劳厄等人用 X 射线衍射实验证实了晶体结构具有周期性后，几十年来，大量的研究探明了成千上万个晶体结构，充分肯定了晶体的周期性质。

1.1.2.2 点阵和结构

点阵定义为在空间中由相同的点排列成的无限阵列，每一点周围都有相同的环境。

把空间点阵想象为晶体的结构框架，点阵中每一阵点所代表的周期重复的内容（原子、分子或离子）称为晶体的结构基元，所以晶体结构可表述为：

$$晶体结构＝点阵＋结构基元$$

1.1.2.3 晶胞

可以把点阵按平行六面体划分为许多大小、形状相同的格（称为晶格）。最简单的格子只有顶角有阵点。晶体学取能反映对称性的最小晶格来构成空间格子。这样的重复单元称为晶胞（布拉菲晶胞或单位晶胞）。

单位晶胞选取的原则是（见图 1-1）：基本矢量 a、b、c 长度相等的数目最多，其夹角 α、β、γ 为直角的数目最多，且晶胞体积最小为条件。一般称 a、b、c 及 α、β、γ 为点阵参数或晶胞参数，其中 a、b、c 又称为点阵常数。

为了反映空间点阵的周期性和对称性，单位晶胞是不能满足要求的。必须选择比单位晶胞体积更大的复杂晶胞。在复杂晶胞中结点不仅可以分布在顶点，而且也可以分布在面心或体心。选取复杂晶胞的原则是：在满足单位晶胞的条件下，还能同时反映出空间点阵的周期性和对称性。可以证明含有 n 个阵点的复杂晶胞的体积为单位晶胞的 n 倍。

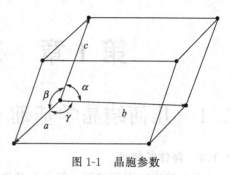

图 1-1　晶胞参数

为此研究晶体结构就需要了解晶胞的两个基本要素：一个是晶胞的大小和形状，另一个是晶胞内部各个原子的原子数和坐标。了解了这些要素，就知道了相应晶体的空间结构。

1.1.2.4　七个晶系

根据点阵参数的外形特征，人们把晶体分为七个晶系（或六个晶系，当菱方用六方晶系表示时），如表 1-1 所示：①立方（等轴）晶系（C）；②四方晶系（T）；③六方晶系（H）；④三（菱）方晶系（R）；⑤斜方（正交）晶系（O）；⑥单斜晶系（M）；⑦三斜晶系（A）。

立方晶系对称性最高，是高级晶系（有一个以上高次轴）；四方、六方、三（菱）方属中级晶系（只有一个高次轴）；斜方（正交）、单斜、三斜属低级晶系（没有高次轴），三斜晶系对称性最低。

1.1.2.5　四种晶胞类型

（1）简单晶胞（P）

这类晶胞仅在阵胞的八个顶点上有结点，用符号 P 表示。阵胞顶点上的结点属于与之相比邻的八个平行六面体所共有，每个阵胞只占有 1/8，故阵胞内的结点数为 8（顶点数）×1/8＝1。结点坐标的表示方法为：以阵胞的任一顶点为坐标原点，以与原点相交的三个棱边为坐标轴，用点阵周期（a、b、c）为度量单位，则简单晶胞顶点的结点坐标为：000。

（2）底心晶胞（C）

这类晶胞除在阵胞的八个顶点上有结点外，在上下两个面的面心上还有结点，用符号 C 表示。面心上的结点属于相比邻的两个阵胞所共有，每个阵胞只占有 1/2，故阵胞内的结点数为 8（顶点数）×1/8＋2（面心有结点的面数）×1/2＝2，其结点坐标为：000；1/2 1/2 0。

（3）体心晶胞（I）

这类晶胞除在阵胞的八个顶点上有结点外，在体心还有一个结点，用符号 I 表示。阵胞体心的结点为其自身所独有，故阵胞内的结点数为 8（顶点数）×1/8＋1（体心）＝2，其结点坐标为：000；1/2 1/2 1/2。

（4）面心晶胞（F）

这类晶胞除在阵胞的八个顶点上有结点外，每个面心上都有一个结点，用符号 F 表示。故阵胞内的结点数为 8（顶点数）×1/8＋6（面心有结点的面数）×1/2＝4，其结点坐标为：000；1/2 1/2 0；1/2 0 1/2；0 1/2 1/2。

1.1.2.6　十四种布拉菲点阵

在晶体结构理论中，按照对称的特点将自然界的晶体物质分成七个晶系，每个晶系都有互相对应的空间点阵，布拉菲于 1848 年用布拉菲晶胞证实了七种晶系共仅有十四种可能的点阵，后人为了纪念他的这一重要论断，称为布拉菲（Bravais）点阵。见表 1-1。

表 1-1　晶系、布拉菲点阵和晶胞类型

	原始格子	底心格子	体心格子	面心格子
三斜晶系		C=P	I=P	F=P
单斜晶系			I=C	F=C
斜方晶系				
四方晶系		C=P		F=I
三方晶系	R	不符合对称	I=R	F=R
六方晶系		不符合对称	不符合空间格子的条件	不符合空间格子的条件
立方（等轴）晶系		不符合对称		

1.1.3　倒易点阵

　　倒易点阵是在晶体点阵的基础上按照一定的对应关系建立起来的空间几何图形。每种空间点阵都存在着与其相对应的倒易空间点阵，它是晶体点阵的另一种表达方式。自从 1921 年德国物理学家厄瓦尔德（Ewald，P. P）把倒易点阵引入衍射领域之后，用倒易点阵处理各种衍射问题就逐渐地成为主要的研究方法。用倒易点阵处理衍射问题时，能使几何概念更清楚，数学推演简化。

　　如果用 a、b、c 表示晶体点阵（相对倒易点阵而言，把晶体点阵称为正点阵）的基本平移矢量，用 a^*、b^*、c^* 来表示倒易点阵的基本平移矢量，则倒易点阵与正点阵的基本对应关系为：

$$a^* \cdot b = a^* \cdot c = b^* \cdot a = b^* \cdot c = c^* \cdot a = c^* \cdot b = 0 \qquad (1\text{-}1)$$

$$a^* \cdot a = b^* \cdot b = c^* \cdot c = 1 \qquad (1\text{-}2)$$

　　从这个基本关系出发，可以推导出倒易点阵的基本平移矢量 a^*、b^*、c^* 的方向和长度。

　　从式（1-1）中的矢量"点积"关系知道，a^* 同时垂直 b 和 c，因此，a^* 垂直 b、c 所在的平面，即 a^* 垂直（100）晶面。同理可证，b^* 垂直（010）晶面，c^* 垂直（001）晶面。

从式(1-2)可以确定基本平移矢量的长度 a^*、b^*、c^*。将式(1-2)改写为：

$$a^* = \frac{1}{a\cos\varphi}; \quad b^* = \frac{1}{b\cos\phi}; \quad c^* = \frac{1}{c\cos\omega} \tag{1-3}$$

式中　φ——$a^* \cdot a$ 间的夹角；

ϕ——$b^* \cdot b$ 间的夹角；

ω——$c^* \cdot c$ 间的夹角。

在图 1-2 中画出了 c^* 与正点阵的关系，从图中可以看出，c 在 c^* 方向的投影 OP 为（001）晶面的面间距，因此，$OP = c\cos\omega = d_{001}$。同理，$a\cos\varphi = d_{100}$，$b\cos\phi = d_{010}$。所以：

$$a^* = \frac{1}{d_{100}}; \quad b^* = \frac{1}{d_{010}}; \quad c^* = \frac{1}{d_{001}} \tag{1-4}$$

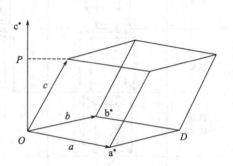

图 1-2　c^* 与正点阵的关系

在直角坐标晶系（立方、四方、斜方）中：

$$\begin{aligned} a^* \mid a & \quad a^* = 1/a; \\ b^* \mid b & \quad b^* = 1/b; \\ c^* \mid c & \quad c^* = 1/c \end{aligned} \tag{1-5}$$

正点阵和倒易点阵的阵胞体积也互为倒易关系，这点在直角坐标晶系中是很容易证明的。

正点阵的阵胞体积 $V = abc$，而倒易点阵的阵胞体积为：$V^* = a^* b^* c^* = 1/abc = 1/V$，所以，$V^* V = 1$。这个结论同样也适合其他晶系。

1.2　X 射线物理学基础

1.2.1　X 射线的发现

1895 年 11 月 5 日，德国物理学家伦琴在研究阴极射线时，发现了 X 射线。由于当时对它的本质还不了解，故称为 X 射线。后来，为了纪念这一重大发现，人们也把它称为伦琴射线。

1912 年，德国物理学家劳厄等人发现了 X 射线在胆矾晶体中的衍射现象，一方面确认了 X 射线是一种电磁波，另一方面又为 X 射线研究晶体材料开辟了道路。

同年，英国物理学家布拉格父子首次利用 X 射线衍射方法测定了 NaCl 晶体的结构，开创了 X 射线晶体结构分析的历史。

人的肉眼是看不见 X 射线的，但它确能使铂氰化钡等物质发出可见的荧光，使照相底片感光，使气体电离。利用这些特性人们可以间接地发现它的存在。

1.2.2　X 射线的本质

X 射线从本质上说，和无线电波、可见光、γ 射线一样，也是一种电磁波，其波长范围在 $0.01 \sim 100\text{Å}$❶ 之间，介于紫外线和 γ 射线之间，但没有明显界限。如图 1-3 所示。一般衍射工作中使用的波长在 $0.05 \sim 0.25\text{nm}$ 左右。

---

❶　1Å＝0.1nm，全书同。

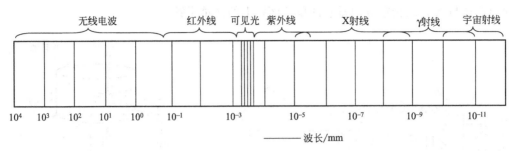

图 1-3　电磁波谱

　　大量实践证明，X 射线与其他电磁波和微观粒子（中子、质子、电子等）一样，都具有波动和粒子的双重特性，通常称为波粒二象性。一般说来，在解释与它的传播过程有关的干涉、衍射等现象时，必须把它看成是一种波，而在考虑它与其他物质的相互作用时，则将它看作是一种微粒子流，这种微粒子通常称为光子。作为波看待时，用波长 λ、频率 ν、振幅 E 以及传播方向来表征它们。而作光子流看待时，则用光子的能量 E 及动量 P 来表征它们。波动与粒子的二重性可以通过下列经验公式联系起来：

　　X 射线光子能量

$$E = h\nu = hc/\lambda \approx 1.24/\lambda \tag{1-6}$$

式中　h——普朗克常数，取值为 $6.625 \times 10^{-34}\,\mathrm{J \cdot s^{-1}}$；

　　　ν——X 射线频率，$\mathrm{s^{-1}}$；

　　　c——X 射线的速度，取值为 $2.998 \times 10^{8}\,\mathrm{m \cdot s^{-1}}$；

　　　λ——波长，nm。

1.2.3　X 射线的产生

　　能够提供足够供衍射实验使用的 X 射线，目前都是以阴极射线（即高速度的电子流轰击金属靶）的方式获得的，所以要获得 X 射线必须具备如下条件。

　　第一，产生自由电子的电子源，加热钨丝发射热电子。

　　第二，设置自由电子撞击的靶子，如阳极靶，用以产生 X 射线。

　　第三，施加在阴极和阳极间的高电压，用以加速自由电子朝阳极靶方向加速运动，如高压发生器。

　　第四，将阴阳极封闭于小于 $133.3 \times 10^{-6}\,\mathrm{Pa}$ 的高真空中，保持两极纯洁，促使加速电子无阻挡地撞击到阳极靶上。

　　X 射线管是产生 X 射线的源泉，高压发生器及其附加设备给 X 射线管提供稳定的光源，并可根据需要灵活调整管压和管流。

　　X 射线管有多种不同的类型，目前小功率的都使用封闭式电子 X 射线管（见图 1-4），而大功率 X 射线机则使用旋转阳极靶的 X 射线管（见图 1-5）。

　　X 射线管常用的靶材料有 Cr、Fe、Co、Ni、Cu、Mo、Ag 和 W，其中以 Cu 靶用得最多。阴极主要由灯丝（钨丝）和灯罩构成。X 射线管内要达到 $10^{-3} \sim 10^{-5}\,\mathrm{Pa}$ 的真空度。在管子的两级之间，常施加几十千伏的负高压。当高速运动的电子突然打到靶上时，便产生 X 射线。在 X 射线管的管头上，开有 $2 \sim 4$ 个吸收系数很小的铍窗口，以便 X 射线射出。

1.2.4　X 射线谱

　　X 射线谱指的是 X 射线强度 I 随波长 λ 变化的关系曲线。X 射线的强度大小决定于单位时间内通过与 X 射线传播方向垂直的单位面积上的光量子数。

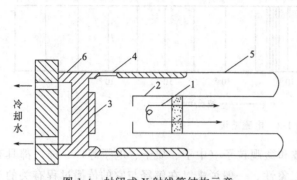 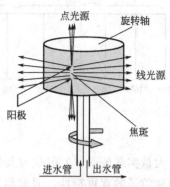

图 1-4　封闭式 X 射线管结构示意　　　　　图 1-5　旋转阳极靶结构示意

1—灯丝；2—聚焦罩；3—阳极；4—窗口；5—管壳；6—管座

X 射线谱可分为连续 X 射线谱和特征 X 射线谱（标识 X 射线谱），见图 1-6 和图 1-7。

1.2.4.1　X 射线连续谱

当 X 射线管中高速运动的电子射到阳极表面时，它的运动突然受到阻止，使其周围的电磁场发生急剧变化，从而产生电磁波。由于大批电子射到阳极上的时间不同，因此，所产生的电磁波具有各种不同的波长，形成了 X 射线的连续谱。

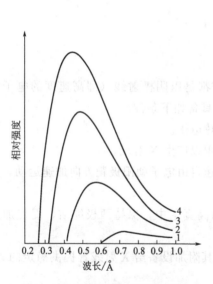 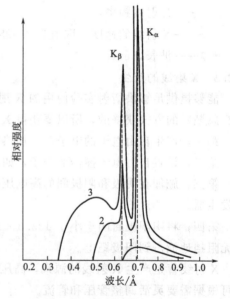

图 1-6　在不同管电压下钨阳极发
射的连续 X 射线谱示意图

1—20kV；2—30kV；3—40kV；4—50kV

图 1-7　钼阳极管发射的 X 射线谱

1—20kV；2—25kV；3—35kV

连续 X 射线谱是由某一短波限开始的一系列连续波长组成。它具有如下的规律和特点（见图 1-8）。

① 当增加 X 射线管压时，各波长射线的相对强度一致增高，最大强度波长 λ_m 和短波限 λ_0 变小。

② 当管压保持不变，增加管流时，各种波长的 X 射线相对强度一致增高，但 λ_m 和 λ_0

数值大小不变。

③ 当改变阳极靶元素时，各种波长的相对强度随元素的原子序数的增加而增加。

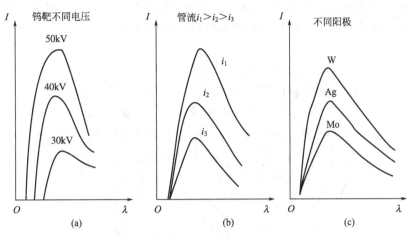

图 1-8 各种条件对连续 X 射线谱的影响（示意图）

1.2.4.2 X 射线特征谱

在一定的管电压之内，X 射线强度分布曲线与管电压大小之间的关系如图 1-6 所示。但当管电压超过某一临界值 K 激发电压时（如对钼靶超过 20kV），强度分布曲线 $I(\lambda)$ 将产生显著的变化，即在连续 X 射线谱某几个特定波长的地方，强度突然显著地增大，如图 1-7 所示。由于它们的波长反映了靶材料的特征，因此称之为特征 X 射线，并由它们构成了特征 X 射线谱。

特征 X 射线具有特定的波长，且波长取决于阳极靶元素的原子序数，只有当管压超过某一特定值时才能产生特征 X 射线。特征 X 射线谱是叠加在连续 X 射线谱上的。

特征 X 射线的产生可以从原子结构的观点得到解释（图 1-9）。按照原子结构的壳层模型，原子中的电子分布在以原子核为核心的若干壳层中，光谱学中依次称为 K、L、M、N……壳层，分别相应于主量子数 $n=1$、2、3、4……。每个壳层中最多只能容纳 $2n^2$ 个电子。K 层电子，离原子核最近，主量子数最小（$n=1$），能量最低，其余 L、M、N……层中的电子，能量依次递增，从而构成一系列能级。在正常状况下，电子总是先占满能量最低的壳层，如 K、L 层等。

如果管电压足够高，也就是说由阴极发出的电子其动能足够大，那么当它轰击靶时，就可以使靶原子中的某个内层电子打出，脱离它原来的能级，导致靶原子处于受激发状态。此时，原子中较高能级上的电子便自发地跃迁到该内层空位上去，同时伴随有多余能量的释放，即转变为 X 射线形式的辐射能。显然，这部分多余能量等于电子跃迁前后两能级间的能量差。由于对任一原子来讲，各个能级间的能量差都是某个不连续的确定值。因此，当这些能量转变为 X 射线辐射时，每个 X 射线光子的能量或者 X 射线波长，必然也都是某些不连续的确定值。即产生的 X 射线乃是波长确定的标识射线。

对应于电子跃迁后所到达的能级，可将特征射线分为 K、L、M 等不同线系；每个线系中再依据该跃迁的电子原先所在的能级，还可再区分为 α 线、β 线等谱线。例如：对应于从 L 层到 K 层电子跃迁的发射为 K_α 线，M 层到 K 层的为 K_β 线；M 层到 L 层的为 L_α 线，N 层到 L 层的为 L_β 线等（图 1-9）。此外，除 K 能级以外，其他各能级都有若干分能级组成，因此，各谱线实际还有更复杂的精细结构。例如 K_α 线交际上是由 $K_{\alpha 1}$ 线和 $K_{\alpha 2}$ 线所组成的双重线，它们分别对应于电子由 L_2 和 L_1 分能级到 K 能级的跃迁，只是由于 L_2 和 L_1 两个分能级间的能量相差很小，亦即 $K_{\alpha 1}$ 线和 $K_{\alpha 2}$ 线两者的波长相差极小。因而一般情况下可以把它们看成为一条线。除 K_α 线外，其他的谱线也有类似情况。

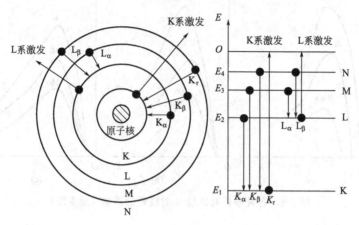

图 1-9　标识 X 射线产生原理

在 X 射线分析中，为了获得 K 系谱线，阴极射出的电子至少必须具有克服 K 层电子结合能的动能，因此加到 X 射线管上的电压必须超过某一确定的值。为了产生 K 系特征射线所必需的最低电压称为 K 系激发电压（V_K）。另一方面，即使同是 K 层电子在不同的原子中与原子核联系的紧密程应亦不同，所需的激发电压也不同。为了使 K 系谱线突出，适宜的工作电压一般比 K 系激发电压高 3～5 倍。常用阳极靶的 K 系谱线波长及适宜工作电压列于表 1-2 中。

表 1-2　特征 X 射线的波长和工作电压

靶元素	原子序数	$K_{\alpha 1}/\text{Å}$	$K_{\alpha 2}/\text{Å}$	$K_\alpha/\text{Å}$	$K_\beta/\text{Å}$	V_K/kV	工作电压	滤波片元素
Cr	24	2.28962	2.29351	2.2909	2.08480	5.98	20～25	V
Fe	26	1.93597	1.93991	1.9373	1.75653	7.10	25～30	Mn
Co	27	1.78892	1.79278	1.7902	1.62075	7.71	30	Fe
Ni	28	1.65784	1.66169	1.6591	1.50010	8.29	30～35	Co
Cu	29	1.54051	1.54433	1.5418	1.39217	8.86	35～40	Ni
Mo	42	0.70926	0.71354	0.7107	0.63225	20	50～55	Nb、Zr
Ag	47	0.55941	0.56381	0.5609	0.49701	25.5	55～60	Pb、Rh

注：$K_\alpha = 2/3\ K_{\alpha 1} + 1/3\ K_{\alpha 2}$。

每种化学元素都有其特定波长的标识 X 射线谱，正如每种元素都有其特有的可见光谱一样，因此也可从标识 X 射线的波长来识别化学元素，进行成分分析，这就是 X 射线光谱分析的原理，它是很多近代分析仪器的理论基础。

1.2.5　X 射线与物质的相互作用

当 X 射线照射到物体上时，一部分光子由于和原子碰撞而改变了前进的方向，造成散射线；另一部分光子可能被原子吸收，产生光电效应；再有部分光子的能量可能在与原子碰撞过程中传递给了原子，成为热振动能量，这些过程大致上可以用图 1-10 来表示。下面分别讨论 X 射线的散射和光电效应。

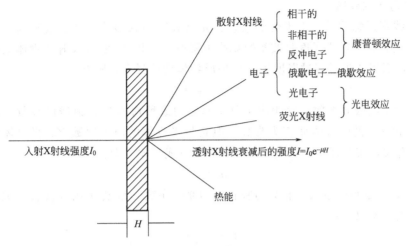

图 1-10　X 射线经过物质时的相互作用

1.2.5.1　相干散射 (经典散射)

经典电动力学理论指出，X 射线是一种电磁波，当它通过物质时，在入射束电场的作用下，物质原子中的电子将被迫围绕其平衡位置振动，同时向四周辐射出与入射 X 射线波长相同的散射 X 射线，称之为经典散射。由于散射波与入射波的频率或波长相同，位相差恒定，在同一方向上各散射波符合相干条件，故又称为相干散射。经过相互干涉后，这些很弱的能量并不散射在各个方向，而集中在某些方向上，于是可以得到一定的花样，从这些花样中可以推测原子的位置，这就是晶体衍射效应的根源。

1.2.5.2　非相干散射

当 X 射线光子冲击束缚力较小的电子或自由电子时，产生一种反冲电子，而入射 X 射线光子自身则偏离入射方向。散射 X 射线光子的能量因部分转化为反冲电子的动能而降低，波长增大。这种散射由于各个光子能量减小的程度各不相等，即散射线的波长各不相同。因此，相互之间不会发生干涉现象，故称非相干散射，又称康普顿-吴有训散射。

这种非相干散射分布在各个方向，强度一般很低，但无法避免，在衍射图上成为连续的背底，对衍射工作带来不利影响。

1.2.5.3　二次特征辐射 (荧光辐射)

当 X 射线光子具有足够高的能量时，可以将被照射物质原子中的内层电子打击出去。使原子处于激发状态，通过原子中壳层上的电子跃迁，辐射出 X 射线特征谱线。这种利用 X 射线光子激发作用而产生新的特征谱线称为二次特征辐射，也称为荧光辐射，是光谱分析的依据。但在晶体衍射分析中它起着妨碍作用，使衍射图背底增强，这是在选靶时要注意避免的。

当激发二次特征辐射时，原入射 X 射线光子的能量被激发出的电子所吸收，而转变为电子的动能，使电子逸出原子之外，这种电子称为光电子，也称为光电效应。此时，物质将大量吸收入射 X 射线的能量，使原 X 射线强度明显减弱。所以称之为真吸收。

此外，原子中一个 K 层电子被激发出后，L 层的一个电子跃入 K 层填补空位，剩余的能量不是以辐射光子能量辐射出来，而是促使 L 层的另一个电子跳到原子之外，即 K 层的一个空位被 L 层的两个空位所代替，此过程称为俄歇 (Auger) 效应，它也造成原 X 射线的减弱。这已被利用于材料表面物理研究。

1.2.5.4　X射线的衰减

当X射线穿过物质时，由于受到散射、光电效应等的影响，强度会减弱，这种现象称为X射线的衰减。X射线强度是按指数规律下降的。若以 I_0 表示入射到物体上的入射线束的原始强度，而以 I 表示穿过厚度为 x 的匀质物体后的强度，则有：

$$I = I_0 e^{-\mu_1 x} \tag{1-7}$$

式中，μ_1 称之为线吸收系数，它相应于单位厚度的该种物体对X射线的吸收，对于一定波长的X射线和一定的吸收体而言为常数。但它与吸收体的原子序数 Z、吸收体的密度及X射线波长 λ 有关，实验证明，μ_1 与吸收体的密度 ρ 成正比，即：

$$\mu_1 = \mu_m \rho \tag{1-8}$$

式中，μ_m 称为质量吸收系数，它只与吸收体的原子序数 Z 以及X射线波长有关，而与吸收体的密度无关，所以有：

$$I = I_0 e^{-\mu_m \rho x} \tag{1-9}$$

质量吸收系数 μ_m 从很大程度上取决于物质的化学成分和被吸收的X射线波长 λ，实验证明，元素的质量吸收系数 μ_m 与X射线的波长 λ 近似有图1-11关系曲线。它由一系列吸收突变点和这些突变点之间的连续曲线段构成。在两个相邻的突变点之间的区域，近似地与波长 λ 和吸收体原子序数 Z 的乘积的三次方（即 $\lambda^3 Z^3$）成正比。即X射线波长 λ 愈短，吸收体原子愈轻（Z 愈小），则透射线愈强。在曲线的突交点处的波长称为吸收限。正如各种元素有K系、L系、M系标识X射线一样，在此也有K系（包含一个）、L系（包含 L_1、L_2、L_3 三个）、M系（包含五个）……吸收限之分。通常分别以 λ_K、λ_{L1}、λ_{L2} ……来表示。

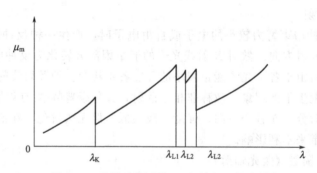

图 1-11　质量吸收系数 μ_m 与波长 λ 的关系

吸收限的存在实际上与上面所说的光电吸收有关。随着入射X射线波长的减小，光子能量越来越大，穿透力也越大，即吸收系数减小，但当波长短于某一临界值 λ_K 时，则光子的能量大到足以将对应能级 E_K 上的电子打出来，这时光子就被大量吸收，造成吸收系数的突然增加，光子的能量转变为荧光X射线、光电子及俄歇电子的能量了；当波长继续减小时，虽然它已足能撞出内层电子，但由于穿透力相应增加了，所以 μ_m 又趋向减小。这样就造成在长波方向具有明显边缘的吸收带。可见，吸收限波长 λ_K、λ_{L1}、λ_{L2} ……分别是与能量 E_K、E_{L1}、E_{L2} ……对应的。

利用吸收限两边吸收系数相差悬殊的特点，可制作X射线滤波片。许多X射线工作都要求应用单色X射线，由于 K_α 谱线的强度高，因此当要用单色X射线时，一般总是选用 K_α 谱线。但从X射线管发出的X射线中，当有 K_α 线时，必定伴有 K_β 谱线及连续光谱，这对衍射工作是不利的，必须设法除去或减弱之。通常使用滤波片来达到这一目的。

如果选取适当的材料，使其 K 吸收限波长 λ_K 正好位于所用的 K_α 与 K_β 线的波长之间，则当将此材料制成的薄片放入原 X 射线束中时，它对 K_β 线及连续谱这些不利成分的吸收将很大，从而将它们大部分去掉，而对 K_α 线的吸收却较小，故 K_α 线的强度只受到较小的损失。图 1-12 就是滤波片原理示意图。

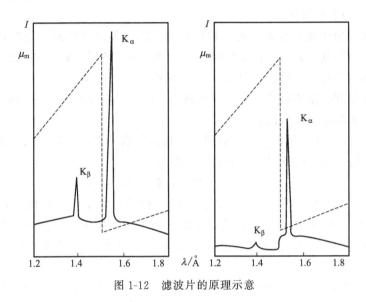

图 1-12　滤波片的原理示意

1.2.6　X 射线的探测与防护

目前，使用的 X 射线探测器一维的有闪烁计数管、正比计数管、固体探测器（不需滤片）、万特探测器等。二维的有 GADDS 面探测器、CCD 和 IP 板（影像板）等。最常用的就是闪烁计数管。

由于 X 射线是不可见光，辐射时又不引起人的任何感觉，所以极易导致人体局部照射烧伤，并且难以治愈。

现在各国生产的 X 射线机都有专用的防护罩及报警装置，只要按要求操作是不会造成辐射烧伤危险的。

1.3　X 射线衍射理论

1.3.1　X 射线衍射产生的物理原因

利用 X 射线衍射研究晶体结构中的各类问题，主要是通过 X 射线在晶体中所产生的衍射现象进行的。当一束 X 射线照射到晶体上时，首先被电子所散射，每个电子都是一个新的辐射波源，向空间辐射出与入射同频率的电磁波。在一个原子系统中所有电子的散射波都可以近似地看作是由原子中心发出的。因此，可以把晶体中每个原子都看成是一个新的散射波源，它们各自向空间辐射与入射波同频率的电磁波。由于这些散射波之间的干涉作用，使得空间某些方向上的波始终保持互相叠加，于是在这个方向上可以观测到衍射线，而在另一些方向上的波则始终是相互抵消的，于是就没有衍射线产生。所以，X 射线在晶体中的衍射现象，实质上是大量的原子散射波互相干涉的结果。每种晶体所产生的衍射花样都反映出晶体内部的原子分布规律（称之为衍射几何），另一方面是衍射线束的强度。衍射线的分布规律是由晶胞的大小、形状和位向决定的，而衍射线的强度则取决于原子在晶胞中的位置。为了通过衍射现象来分析晶体内部结构的各种问题，必须在衍射现象与晶体结构之间建立起定性和定量的关系。这是 X 射线衍射理论所要解决的中心问题。这一章所要讨论的内容是衍射线在空间分布的几何规律。

1.3.2 X 射线衍射方程

1.3.2.1 布拉格方程的导出

布拉格定律是应用起来很方便的一种衍射几何规律的表达形式。用布拉格定律描述 X 射线在晶体中的衍射几何时，是把晶体看作是由许多平行的原子面堆积而成，把衍射线看作是原子面对入射线的反射。这也就是说，在 X 射线照射到原子面中所有原子的散射波在原子面反射方向上的相位是相同的，是干涉加强的方向。下面分析单一原子面和多层原子面反射方向上原子散射波的相位情况。

如图 1-13 所示，当一束平行的 X 射线以 θ 角投射到一个原子面上时，其中任意两个原子 A、B 的散射波在原子面反射方向上的光程差为

$$\delta = CB - AD = AB\cos\theta - AB\cos\theta = 0$$

A、B 两原子散射波在原子面反射方向上的光程差为零说明它们的相位相同，是干涉加强的方向，由于 A、B 是任意的，所以此原子面上所有原子散射波在反射方向上的相位均相同。由此看来，一个原子面对 X 射线的衍射可以在形式上看成为原子面对入射线的反射。

由于 X 射线的波长短，穿透能力强，它不仅能使晶体表面的原子成为散射波源，而且还能使晶体内部的原子成为散射波源。在这种情况下，应该把衍射线看成是由许多平行原子面反射的反射波振幅叠加的结果。干涉加强的条件是晶体中任意相邻两个原子面上的原子散射波在原子面反射方向的位差为 2π 的整数倍，或者光程差等于波长的整数倍。如图 1-14 所示，一束波长为 λ 的 X 射线以 θ 角投射到面间距为 d 的一组平行原子面上。从中任选两个相邻原子面 P_1、P_2，作原子面的法线与两个原子面相交于 A、A'。过 A、A' 绘出代表 P_1 和 P_2 原子面的入射线和反射线。由图 1-14 可以看出，经 P_1 和 P_2 两个原子面反射的反射波光程差为 $\delta = SA' + TA' = 2d\sin\theta$，干涉加强的条件为：

$$2d\sin\theta = n\lambda \tag{1-10}$$

式中，n 为整数，称为反射级数；θ 为入射线或反射线与反射面的夹角，称为布拉格角，把 2θ 称为衍射角。

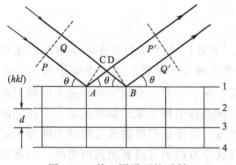

图 1-13 单一原子面的反射

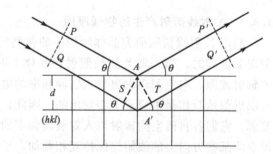

图 1-14 布拉格反射

式(1-10) 是 X 射线在晶体中产生衍射必须满足的基本条件，它反映了衍射方向与晶体结构之间的关系。这个关系首先由英国物理学家布拉格父子于 1912 年导出，故称为布拉格方程。

1.3.2.2　布拉格方程的讨论

（1）选择反射

X 射线在晶体中的衍射实质上是晶体中各原子散射波之间的干涉结果。只是由于衍射线的方向恰好相当于原子面对入射线的反射，所以才借用镜面反射规律来描述 X 射线的衍射几何。这样从形式上的理解并不歪曲衍射方向的确定，同时也给应用上带来很大的方便。但是 X 射线的原子面反射和可见光的镜面反射不同。一束可见光以任意角度投射到镜面上都可以产生反射，而原子面对 X 射线的反射并不是任意的，只有当 λ、θ 和 d 三者之间满足布拉格方程时才能发生反射。所以把 X 射线的这种反射称为选择反射。在以后的学习中，我们经常要用"反射"这个术语来描述一些衍射问题。有时也把"衍射"和"反射"作为同义语混合使用。但其本质都是说明衍射问题。

（2）产生衍射的极限条件

在晶体中产生衍射的波长是有限度的。在电磁波的宽阔波长范围里，只有在 X 射线波长范围内的电磁波才适合探测晶体结构。这个结论可以从布拉格方程中得出。

由于 $\sin\theta$ 不能大于 1，因此，$n\lambda/2d=\sin\theta<1$，即 $n\lambda<2d$，对衍射而言，n 的最小值为 1（$n=0$ 相当于透射方向上的衍射线束，无法观测）。所以在任何可观测的衍射角下，产生衍射的条件为 $\lambda<2d$。这就是说，能够被晶体衍射的电磁波的波长必须小于参加反射的晶面中最大面间距的 2 倍，否则不会产生衍射现象。但是波长过短导致衍射角过小，使衍射现象难以观测，也不宜使用。因此，常用 X 射线衍射的波长范围为 2.5~0.5Å。当 X 射线波长一定时，晶体中可能参加反射的晶面族也是有限的，它们必须满足 $d>\lambda/2$，即只有那些晶面间距大于入射 X 射线波长一半的晶面才能发生衍射。我们利用这个关系来判断一定条件下所能出现的衍射数目的多少。

（3）干涉面和干涉指数

为了应用上的方便，经常把布拉格方程中的 n 隐函在 d 中得到简化的布拉格方程。为此，需要引入干涉面和干涉指数的概念。布拉格方程可以改写为 $2d_{hkl}\sin\theta/n=\lambda$，令 $d_{HKL}=d_{hkl}/n$ 则：

$$2d_{HKL}\sin\theta=\lambda \tag{1-11}$$

这样，就把 n 隐函在 d_{HKL} 之中，布拉格方程变成为永远是一级反射的形式。这也就是说，我们把 (hkl) 晶面的 n 级反射看成为与 (hkl) 晶面平行、面间距为 $d_{HKL}=d_{hkl}/n$ 的晶面的一级反射。面间距为 d_{HKL} 的晶面并不一定是晶体中的原子面，而是为了简化布拉格方程所引入的反射面，我们把这样的反射面称之为干涉面。把干涉面的面指数称为干涉指数，通常用 HKL 来表示。根据晶面指数的定义可以得出干涉指数与晶面指数之间的关系为：$H=nh$；$K=nk$；$L=nl$。干涉指数与晶面指数之间的明显差别是干涉指数中有公约数，而晶面指数只能是互质的整数。当干涉指数也互为质数时，它就代表一晶面族真实的晶面。所以说，干涉指数是晶面指数的推广，是广义的晶面指数。

1.2.3.3　衍射矢量方程和厄瓦尔德几何图解

X 射线在晶体中的衍射，除布拉格方程外，还可以用衍射矢量方程和厄瓦尔德图解来表达。在描述 X 射线的衍射几何时，主要是解决两个问题：一是产生衍射的条件，即满足布拉格方程；二是衍射方向，即根据布拉格方程确定 2θ 衍射角。现在我们把以上两个条件用一个统一的矢量形式来表达。为此，需要引入衍射矢量的概念。

(1) 倒易空间中的衍射矢量三角形

设入射线的方向用单位矢量 S_0 表示，衍射线的方向用单位矢量 S 表示，$S-S_0$ 称为衍射矢量，见图 1-15。当一束 X 射线被晶面 P 反射时，假定 N 为晶面 P 的法线方向，从图 1-15可以看出，只要满足布拉格方程，衍射矢量 $S-S_0$ 一定与反射面的法线 N 平行，而它的绝对值为：

$$|S-S_0| = |S|\sin\theta + |S_0|\sin\theta = 2\sin\theta \tag{1-12}$$

因为：$2\sin\theta = \lambda/d_{HKL}$

则：
$$|S-S_0| = \lambda/d_{HKL} \tag{1-13}$$

因此，我们又可以把布拉格定律说成为：当满足衍射条件时，衍射矢量的方向就是反射晶面的法线方向，衍射矢量的长度与反射晶面族的面间距的倒数成正比，而 λ 相当于比例系数。

如果我们把式(1-13)与倒易点阵联系起来，则不难看出，衍射矢量实际上相当于倒易矢量。由此可见，倒易点阵本身就具有衍射现象的属性。将倒易矢量引入式(1-13)，即得到：

$$S/\lambda - S_0/\lambda = r^* = Ha^* + Kb^* + Lc^* \tag{1-14}$$

该式即为倒易点阵中的衍射矢量方程。利用衍射矢量方程可以在倒易空间点阵中分析各种衍射问题。

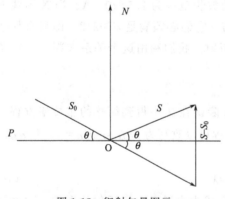

图 1-15　衍射矢量图示

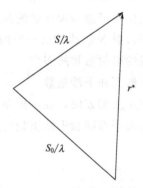

图 1-16　衍射矢量三角形

(2) 衍射规律的厄瓦尔德几何图解

衍射矢量方程的图解法表达形式是由 S/λ、S_0/λ、r^* 三个矢量构成的等腰矢量三角形，见图 1-16。它表明入射线方向、衍射线方向和倒易矢量之间的几何关系。当一束 X 射线以一定的方向投射到晶体上时，可能会有若干个晶面族满足衍射条件，即在若干个方向上产生衍射线。这就是说，在一个公共 S_0/λ 上构成若干个矢量三角形。其中，公有矢量 S_0/λ 的起端为各等腰三角形顶角的公共顶点，末端为各三角形中一个底角的公共顶点，也是倒易点阵的原点。而各三角形的另一些底角的顶点即为满足衍射条件的倒易结点。由一般的几何概念可以得出，当一个等腰三角形其两腰所夹的角顶为公共点时，则两个底角的角顶必定位于以两腰所夹的角顶为中心、以腰长为半径的球面上。由此可见，满足布拉格条件的那些倒易结点一定位于以等腰矢量所夹的公共角顶为中心、以 $1/\lambda$ 为半径的球面上。根据这样的原理，厄瓦尔德提出了倒易点阵中衍射条件的图解法，称为厄瓦尔德几何图解。其作图方法如图 1-17 所示，沿入射线方向作长度为 $1/\lambda$（倒易点阵周期与 $1/\lambda$ 采用同一比例尺度）的矢量

S_0/λ，使该矢量的末端落在倒易点阵的原点 O^*。以矢量 S_0/λ 的起端 C 为中心，以 $1/\lambda$ 为半径画一个球，称为反射球。凡是与反射球面相交的倒易结点 P_1 和 P_2，都能满足衍射条件而产生衍射。由反射球面上的倒易结点与倒易点阵原点、反射球中心可连接衍射矢量三角形 $P_1 O^* C$、$P_2 O^* C$ 等。其中 $\overrightarrow{CP_1}\left(=\dfrac{\vec{S}_{P_1}}{\lambda}\right)$ 和 $\overrightarrow{CP_2}\left(\dfrac{\vec{S}_{P_2}}{\lambda}\right)$ 分别为倒易结点 P_1 和 P_2 的衍射方向。倒易矢量 $r^*_{P_1}$ 和 $r^*_{P_2}$ 分别表示满足衍射条件的晶面族的取向和面间距。由此可见，厄瓦尔德图解法可以同时表达产生衍射的条件和衍射线的方向。

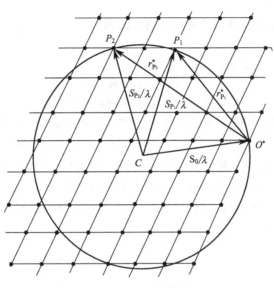

图 1-17　厄瓦尔德图解

厄瓦尔德图解和布拉格方程是描述 X 射线衍射几何的两种等效表达方法。当进行衍射几何理论分析时，利用厄瓦尔德图解法，即简便又直观，比较方便。但是，如果需要进行具体的数学运算时，则要利用布拉格方程。

1.3.3　X 射线衍射束的强度

在进行晶体结构分析、物相的定性、定量分析、线性分析等都涉及衍射强度理论问题。因此，X 射线衍射强度的测量、计算，在 X 射线衍射分析中具有很重要的意义。

在粉末法中，衍射线的强度分布曲线如图 1-18 所示。衍射线的积分强度用图形中曲线下阴影部分的面积表示。当测量精度不高时，可用最大强度 $I_{最大}$ 来表示相对强度。

由衍射强度理论证明，多晶体衍射环单位弧长上的积分强度为：

$$I = I_0 \frac{e^4}{m^2 c^4} \cdot \frac{\lambda^3}{16\pi R} \cdot \frac{V}{v^2} \cdot F^2_{hkl} \cdot J \cdot PL \cdot D \cdot A(\theta)$$

$$(1\text{-}15)$$

式中　　I_0——入射 X 射线束的强度；

　　　　λ——入射 X 射线的波长；

　　　　R——德拜照相机或衍射仪测角仪的半径；

　　　　π——圆周率；

　　e、m——电子的电荷与质量；

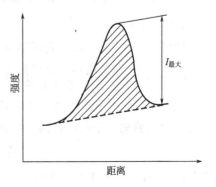

图 1-18　衍射线强度分布曲线

c——光速；

V——入射 X 射线所照试样的体积；

v——单位晶胞的体积；

F_{hkl}——结构因子；

J——多重性因子；

PL——角因子；

D——温度因子；

$A(\theta)$——吸收因子。

1.3.4 影响衍射线强度的几种因子及点阵消光法则

1.3.4.1 原子散射因子

原子散射因子（f）定义为：

$$f=\frac{\text{一个原子的散射振幅}}{\text{一个电子的散射振幅}}$$

当 X 射线碰到原子时，原子中的每个电子都参加相干散射，见图 1-19。因散射光的强度与质量的平方成反比，因此原子核的散射可以忽略不计。由于原子中的电子不是集中在一点，因此散射的 X 射线仅在正前方的位相才相同，这时原子的散射能力是各个电子散射能力的代数和，即 $f=z$，其他方向会有一个光程差。由于原子较小，往往这个光程差小于波长，这就引起正前方以外的其他方向 f 随 θ 增大而减小，随波长缩短而减小得更厉害。即 f 随 $\sin\theta/\lambda$ 增大而减小，见图 1-20。

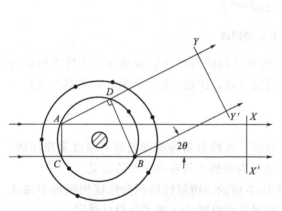

图 1-19 X 射线受一个原子的散射

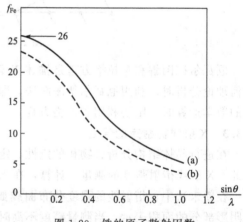

图 1-20 铁的原子散射因数

1.3.4.2 结构因子

结构因子（F_{hkl}）用来表征单胞的相干散射与单电子散射之间的对应关系，即：

$$F_{hkl}=\frac{\text{一个单胞内所有原子散射的相干散射振幅}}{\text{一个电子散射的相干散射振幅}}=\frac{A_b}{A_e}$$

下面我们分析单胞内原子的相干散射，以便导出结构因子的一般表达式。在图 1-21 中，假定 O 为晶胞的一个顶点，同时取其为坐标原点。A 为晶胞中任一原子 j，它的坐标为：

$$\overrightarrow{OA}=r_j=x_ja+y_jb+z_jc$$

式中，a、b、c 为基本平移矢量。

A 原子的散射波与坐标原点 O 处原子散射波之间的光程差为：

$$\delta_j = Om - An = \overrightarrow{OA} \cdot \vec{S} - \overrightarrow{OA} \cdot \vec{S_0} = \overrightarrow{OA} \cdot (\vec{S} - \vec{S_0}) = \vec{r_j}(\vec{S} - \vec{S_0}) \tag{1-16}$$

其相位差为：
$$\phi_j = \frac{2\pi}{\lambda}\delta_j = 2\pi\vec{r_j}\frac{\vec{S} - \vec{S_0}}{\lambda} = 2\pi\vec{r_j}\vec{r}^*$$

$$= 2\pi(x_j\vec{a} + y_j\vec{b} + z_j\vec{c})(H\vec{a}^* + K\vec{b}^* + L\vec{c}^*)$$
$$= 2\pi(Hx_j + Ky_j + Lz_j) \tag{1-17}$$

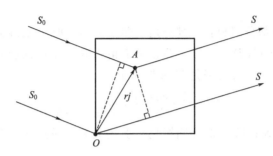

图 1-21　单胞内两个原子的相互散射

若晶胞内各原子的原子散射振幅（即原子散射因子）分别为 f_1、f_2、f_3、…、f_n（不同的 f 是由于晶胞中存在不同种类的原子所引起），各原子的散射波与入射波的相位差分别为 φ_1、φ_2、φ_3、…、φ_n（不同的 φ 是由于各个原子在晶胞中的位置所引起），则晶胞内所有原子相干散射的复合波振幅为：

$$A_b = A_e(f_1 e^{i\varphi 1} + f_2 e^{i\varphi 2}\cdots + f_j e^{i\varphi j} + \cdots + f_n e^{i\varphi n})$$

$$= A_e\sum_{j=1}^{n}f_j e^{i\phi_j} \tag{1-18}$$

$$F_{hkl} = \frac{A_b}{A_e} = \sum f_j e^{i\phi_j} = \sum f_j e^{2\pi i(Hx_j + Ky_j + Lz_j)} \tag{1-19}$$

根据欧拉公式：$e^{i\varphi} = \cos\varphi + i\sin\varphi$
可将上式写成三角函数形式：

$$F_{hkl} = \sum_{j=1}^{n}f_j[\cos 2\pi(Hx_j + Ky_j + Lz_j) + i\sin 2\pi(Hx_j + Ky_j + Lz_j)] \tag{1-20}$$

在 X 射线衍射工作中，只能测量出衍射线的强度，即实验数据只能给出结构因子的平方值 F_{hkl}^2，而结构因子的绝对值 $|F_{hkl}|$ 需通过计算求得。为此，需要将式(1-20)乘以共轭复数，然后再开方，即为 $|F_{hkl}|$ 的表达式：

$$|F_{hkl}| = \Big\{\sum_{j=1}^{n}f_j[\cos 2\pi(Hx_j + Ky_j + Lz_j) + i\sin 2\pi(Hx_j + Ky_j + Lz_j)]$$

$$\cdot \sum_{j=1}^{n}f_j\cos 2\pi(Hx_j + Ky_j + Lz_j) - i\sin 2\pi(Hx_j + Ky_j + Lz_j)]\Big\}^{1/2}$$

$$\cdot \Big\{\Big[\sum_{j=1}^{n}f_j\cos 2\pi(Hx_j + Ky_j + Lz_j)\Big]^2 + \Big[\sum_{j=1}^{n}f_j\sin 2\pi(Hx_j + Ky_j + Lz_j)\Big]^2\Big\}^{1/2} \tag{1-21}$$

F_{hkl} 称为衍射 hkl 的结构因子，其模量 $|F_{hkl}|$ 称为结构振幅。

1.3.4.3　吸收因子

在衍射仪中为了增加样品被 X 射线照射体积来增加衍射强度，就采用较大面积的平板样品。使其入射线与衍射线都在样品的同一侧，而且与样品表面成等角，即都等于布拉格

角 θ。

对衍射仪来说，当 θ 角小时，受到入射线照射的样品面积大，而透入的深度浅；当 θ 角大时，照射的样品面积小，但是透入的深度较大。净效果是照射的体积保持一样，即 $A(\theta)$ 与 θ 无关。所以在计算相对强度时 $A(\theta)$ 可略去，则：

$$I = I_0 \frac{e^4}{m^2 c^4} \cdot \frac{\lambda^3}{16\pi R} \cdot \frac{V}{v^2} \cdot F_{hkl}^2 JPLD \tag{1-22}$$

1.3.4.4　角因子

角因子（PL）由两部分组成：一部分是由非偏振的入射 X 射线经过单电子散射时所引入的偏振因子 $P = (1 + \cos^2 2\theta)/2$；另一部分是由衍射几何特征而引入的洛伦兹因子 $L = 1/2\sin^2\theta\cos\theta$。所以，角因子又称为洛伦兹-偏振因子。

$$PL = \frac{1 + \cos^2 2\theta}{2} \times \frac{1}{2\sin^2\theta\cos\theta}$$

经单色器单色化的 X 射线已部分偏振化，上述关系不再适用。当应用石墨单色器，并置于衍射线束一侧时，

$$PL = \frac{1 + 0.894\cos^2 2\theta}{(1 + \cos^2 2\theta)\sin^2\theta\cos\theta}$$

1.3.4.5　多重性因子

在多晶体衍射中同一晶面族 $\{HKL\}$ 各等同晶面的面间距相等，根据布拉格方程，这些晶面的 2θ 衍射角都相同，因此，同族晶面的反射强度都重叠在一个衍射圆环上。把同族晶面 $\{HKL\}$ 中的等同晶面数 J 称为衍射强度的多重性因子。各晶系中各晶面族的多重性因子列于表 1-3 中。

表 1-3　各晶面族的多重性因子（J）

P　　　指数　　晶　系	H00	0K0	00L	HHH	HH0	HK0	0KL	H0L	HHL	HKL
立方		6		8	12		24			48
菱方和六方	6	2		6			12			24
正方	4		2		4		8			16
斜方		2				4				8
单斜		2				4		2		4
三斜		2				2				2

1.3.4.6　温度因子

晶体中的原子普遍存在热运动。通常所谓的原子坐标是指它们在不断振动中的平衡位置。随着温度的升高，其振动的振幅增大。这种振动的存在增大了原子散射波的位相差，影响了原子的散射能力，因此，引入一个修正项 D（温度因子）。在晶体中，特别是对称性低的晶体，原子各个方向的环境并不相同，因此，严格地说不同方向的振幅是不等的。如果忽略振动的这种各向异性，D 可表示为

$$D = \exp(-B\sin^2\theta/\lambda^2)$$
$$B = 8\pi^2 <u^2>$$

式中，$<u^2>$ 为原子振动振幅平方的平均值。上述关系是 P. Debye 和 I. Waller 首先建立的，

故也称 Waller-Debye 因子。在晶体里，结构状态相同的原子，$<u^2>$ 应该是相同的，因此，处在同一套等效点系的原子，可以取相同的 B 值。在初步计算中，晶体中的不同种原子也可以取同一个常数 B 为初值，再进行修正。

1.3.4.7　系统消光规律

前面已提到产生衍射必须满足布拉格方程，但是，在满足布拉格方程的条件下，也不一定都有衍射线产生，因为这时衍射强度为零。我们把由于原子在晶胞中的位置不同而引起的某些方向上衍射线的消失称为系统消光。不同的晶体点阵的系统消光规律也各不相同。但它们所遵循的衍射规律都是结构因子 F_{hkl}。

下面结合几种晶体结构实例来计算结构因子，并从中总结出各种晶体结构的系统消光规律。

（1）简单点阵

每个晶胞中只有一个原子，其坐标为 000，原子散射因子为 f_a，则：

$$F_{hkl}^2 = f_a^2 [\cos^2 2\pi(0) + \sin^2 2\pi(0)] = f_a^2$$

$$F_{hkl} = f_a$$

因此，在简单点阵的情况下，F_{hkl} 不受 HKL 的影响，即 HKL 为任意整数时，都能产生衍射。

（2）底心点阵

每个晶胞中有 2 个同类原子，其坐标分别为 000 和 $\frac{1}{2}\frac{1}{2}0$，原子散射因子为 f_a，则：

$$F_{hkl}^2 = f_a^2 \left[\cos 2\pi(0) + \cos 2\pi\left(\frac{1}{2}H + \frac{1}{2}K\right)\right]^2 + f_a^2 \left[\sin 2\pi(0) + \sin 2\pi\left(\frac{1}{2}H + \frac{1}{2}K\right)\right]^2$$

$$= f_a^2 [1 + \cos\pi(H+K)]^2$$

① 当 $H+K$ 为偶数时，即 H、K 全为奇数或全为偶数：

$$F_{hkl}^2 = f_a^2(1+1)^2 = 4f_a^2$$

$$F_{hkl} = 2f_a$$

② 当 $H+K$ 为奇数时，即 H、K 中一个为奇数，一个为偶数：

$$F_{hkl}^2 = f_a^2 = (1-1)^2 = 0$$

$$F_{hkl} = 0$$

则在底心点阵中，F_{hkl} 不受 L 的影响，只有当 H、K 全为奇数或全为偶数时才能产生衍射。

（3）体心点阵

每个晶胞中有 2 个同类原子，其坐标为 000 和 $\frac{1}{2}\frac{1}{2}\frac{1}{2}$，其原子散射因子为 f_a，则：

$$F_{hkl}^2 = f_a^2 \left[\cos 2\pi(0) + \cos 2\pi\left(\frac{1}{2}H + \frac{1}{2}K + \frac{1}{2}L\right)\right]^2 + f_a^2 \left[\sin 2\pi(0) + \sin 2\pi\left(\frac{1}{2}H + \frac{1}{2}K + \frac{1}{2}L\right)\right]^2$$

$$= f_a^2 [1 + \cos\pi(H+K+L)]^2$$

① 当 $H+K+L$ 为偶数时：

$$F_{hkl}^2 = f_a^2(1+1)^2 = 4f_a^2$$

$$F_{hkl} = 2f_a$$

② 当 $H+K+L$ 为奇数时：

$$F_{hkl}^2 = f_a^2(1-1) = 0$$

$$F_{hkl} = 0$$

则在体心点阵中，只有当 $H+K+L$ 为偶数时才能产生衍射。

（4）面心点阵

每个晶胞中有 4 个同类原子，其坐标为 000，$\frac{1}{2}\frac{1}{2}0$，$\frac{1}{2}0\frac{1}{2}$，$0\frac{1}{2}\frac{1}{2}$，其原子散射因子为 f_a，则：

$$F_{hkl}^2 = f_a^2 \left[\cos 2\pi(0) + \cos 2\pi\left(\frac{1}{2}H + \frac{1}{2}K\right) + \cos 2\pi\left(\frac{1}{2}H + \frac{1}{2}L\right) + \cos 2\pi\left(\frac{1}{2}K + \frac{1}{2}L\right) \right]^2$$
$$+ f_a^2 \left[\sin 2\pi(0) + \sin 2\pi\left(\frac{1}{2}H + \frac{1}{2}K\right) + \sin 2\pi\left(\frac{1}{2}H + \frac{1}{2}L\right) + \sin 2\pi\left(\frac{1}{2}K + \frac{1}{2}L\right) \right]^2$$

① 当 H、K、L 全为奇数或全为偶数时，则 $(H+K)$、$(H+L)$、$(K+L)$ 均为偶数，故：

$$F_{hkl}^2 = f_a^2(1+1+1+1)^2 = 16f_a^2$$
$$F_{hkl} = 4f_a$$

② 当 H、K、L 中有 2 个奇数一个偶数或 2 个偶数一个奇数时，则 $(H+K)$、$(H+L)$、$(K+L)$ 中总是有两项为奇数一项为偶数，故：

$$F_{hkl}^2 = f_a^2(1-1+1-1)^2 = 0$$
$$F_{hkl} = 0$$

即在面心点阵中，只有当 H、K、L 全为奇数或全为偶数时才能产生衍射。

从结构因子的表达式可以看出，点阵常数并没有参与结构因子的计算公式。这说明结构因子只与原子在晶胞中的位置有关，而不受晶胞的形状和大小的影响。例如，对体心晶胞，不论是立方晶系、四方晶系，还是正交晶系的体心晶胞的系统消光规律都是相同的。由此可见，系统消光规律的适用性是较广泛的。它可以演示布拉菲点阵与其衍射花样之间的具体联系。表 1-4 中列出了四种基本类型的系统消光规律。

表 1-4　四种基本类型点阵的系统消光规律

布拉菲点阵	出现的反射	消失的反射
简单点阵	全部	无
底心点阵	H、K 全为奇数或全为偶数	H、K 奇偶混杂
体心点阵	$H+K+L$ 为偶数	$H+K+L$ 为奇数
面心点阵	H、K、L 全为奇数或全为偶数	H、K、L 奇偶混杂

注：把"0"当作偶数看待。

表 1-4 中所列的仅仅是最基本的由同类原子组成的晶体的系统消光规律，对于那些晶胞中原子数目较多的晶体以及由异类原子所组成的晶体，还要引入附加的系统消光条件。

1.4　X 射线衍射方法

根据布拉格方程，我们知道，并不是在任何情况下，晶体都能产生衍射的，产生衍射的必要条件是入射 X 射线的波长和它的反射面的布拉格方程的要求。

当采用一定波长的单色 X 射线来照射固定的单晶体时，则 λ、θ 和 d 值都定下来了。一般来说，它们的数值未必能满足布拉格方程式，也即不能产生衍射现象，因此要观察到衍射现象，必须设法连续改变 λ 或 θ，以使有满足布拉格反射条件的机会，据此可有几种不同的衍射方法。最基本的衍射方法见表 1-5。

表 1-5　最基本的衍射方法

衍射方法	λ	θ	实验条件
劳厄法	变	不变	连续 X 射线照射固定的单晶体
转动晶体法	不变	部分变化	单色 X 射线照射转动的单晶体
粉晶法照相法	不变	变	单色 X 射线照射粉晶或多晶试样
衍射仪法	不变	变	单色 X 射线照射多晶体或转动的多晶体

1.4.1　常用的实验方法

1.4.1.1　劳厄法

劳厄法是用连续 X 射线照射固定的单晶体的衍射方法，一般都以垂直于入射线束的照相底片来记录衍射花样。根据照相底片的位置不同，可以分为透射劳厄法与背射劳厄法，它们的实验安排如图 1-22 所示。在透射劳厄法中，X 射线通过准直光阑照射在晶体试样上，底片放在晶体试样的前面，常取试样与底片的距离为 5cm。在背射劳厄法中，X 射线穿过位于底片中心的准直光阑上的细孔，照射在晶体上，因此底片上所能接收到的是从晶体背射回来的部分衍射线。通常背射法中取试样与底片的距离为 3cm。不论透射和背射劳厄法，底片上记录到的衍射花样都是由很多斑点构成，这些斑点称为劳厄斑点，背射法对试样的厚度和吸收没有特殊限制，因此应用较广。

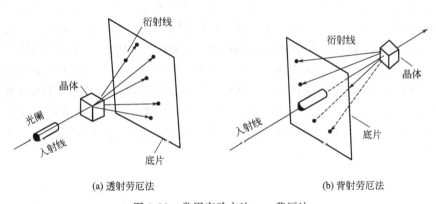

(a) 透射劳厄法　　　　　　　　(b) 背射劳厄法

图 1-22　常用实验方法——劳厄法

劳厄法主要用来测定晶体的取向。此外，还可用来观测晶体的对称性，鉴定晶体是否是单晶，以及粗略地观测晶体的完整性。如若晶体的完整性良好，则劳厄斑点细而圆，均匀清晰。若晶体完整性不好，则劳厄斑点粗而漫散，有时还呈破碎状。

1.4.1.2　转动晶体法（转晶法）

转动晶体法是用单色 X 射线照射转动的单晶体的衍射方法。一般的转晶相机的构造如图 1-23 所示。相机上有一长的圆筒，圆筒的轴上有一使晶体转动的轴，轴的头上安置小的测角样品架，可在 X、Y、Z 三个方向调节晶体试样的方位，圆筒的中部有入射光阑和出射光阑。衍射花样是用紧贴在

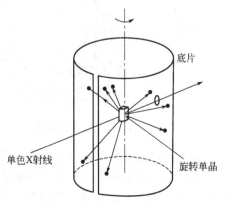

图 1-23　转晶相机

圆筒壁上的照相底片来记录的，圆筒加盖后，与可见光隔绝，使底片不会曝光。拍取转晶图时，总是把晶体的某一晶轴方向调节得与圆筒的轴一致，否则所得的衍射图很难解释。

转晶法主要用来测定单晶试样的晶胞常数。转晶法还可用来观察晶体的系统消光规律，以确定晶体的空间群。

1.4.2　粉晶法成像原理

由于粉末多晶体样品容易取得，而其衍射花样（包括位置、强度、线形）又能提供丰富的晶体结构信息，所以粉晶法是一种最常用的衍射方法。相比之下，劳厄法和转晶法应用较少，所以本章主要介绍粉晶衍射方法。

粉晶法采用单色（标识）X 射线作辐射源，被分析试样多数情况为很细（$10^{-3} \sim 10^{-5}$ cm）的粉末多晶体，故亦称为粉末法。但根据需要也可以采用多晶体的块、片、丝等作试样。衍射花样如用照相底片来记录，则称为粉晶照相法，衍射花样如用辐射探测器接收后，再经测量电路系统放大处理并记录和显示，这种方法称为衍射仪法。由于电子计算机和工业电视等先进技术与 X 射线衍射技术结合，使 X 射线衍射仪具有高稳定、高分辨率、多功能和全自动等性能，可以自动地给出大多数衍射实验工作结果。所以应用十分普遍，将在下节重点介绍。相比之下，粉晶照相方法应用逐渐减少，这里仅作简单介绍。

1.4.2.1　成像原理概述

粉末试样由数目极多的微小晶粒组成，这些晶粒的取向完全是无规则的，各晶粒中的指数相同的晶面取向分布于空间的任意方向。如果采用倒易空间的概念，则这些晶面的倒易矢量分布于整个倒易空间的各个方向，而它们的倒易点阵布满在以倒易矢量的长度（$H = 1/d_{hkl}$）为半径的倒易球面上。各等同晶面族的面网间距相等，所以，等同晶面族的倒易点阵都分布在同一个倒易球面上，各等同晶面族的倒易点阵分别分布在以倒易点阵原点为中心的同心倒易球面上。在满足衍射条件时，根据厄瓦尔德图解原理，反射球与倒易球相交，其交线为一系列垂直于入射线的圆，如图 1-24 所示。从反射球中心向这些圆周连线组成数个以入射线为公共轴的共顶圆锥，圆锥的母线就是衍射线的方向，锥顶角等于 4θ。这样的圆锥称为衍射圆锥。

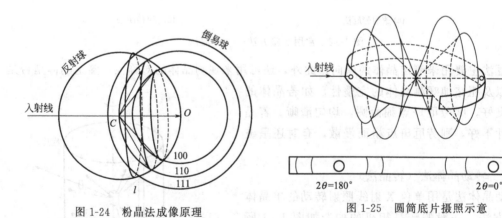

图 1-24　粉晶法成像原理　　　　　图 1-25　圆筒底片摄照示意

如果需要记录所有的衍射圆环，就必须采用圆筒形底片，即用一张长条底片将它卷成圆筒形状，把试样安放在圆筒底片的轴心上，调整入射线与圆筒底片中心轴垂直并通过其中心，如图 1-25 所示。这样，所有的衍射圆锥都有可能与底片相交，它们的交线为衍射圆环的部分弧段，将底片展开即得到如图 1-25 中所示的衍射花样。

1.4.2.2　德拜照相机

德拜照相机是按图 1-25 所示的衍射几何原理设计的，相机由圆筒外壳、试样架、前后光阑等部分构成，其直径一般有 57.3mm 和 114.6mm，德拜照相机的构造示意图如图 1-26 所示。

照相底片紧贴在圆筒外壳的内壁，并用压紧装置使底片固定不动。底片的安装方式，按圆筒底片开口处所在位置的不同，可分为正装法、反装法和不对称装法，因 1-25 所示的衍射花样为不对称装法，这种安装方法的底片可以直接测算出圆筒底片的曲率半径。因此，可校正由于底片收缩、试样偏心以及相机半径不准确所产生的误差，所以该法使用较多。

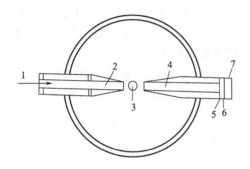

图 1-26　德拜照相机构造示意

1—入射束；2—前光阑；3—试样；4—后光阑；

5—黑纸；6—荧光屏；7—铅玻璃

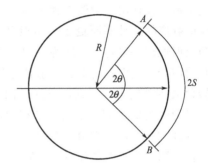

图 1-27　衍射圆锥

德拜照相机呈圆筒状，内壁平滑，曲率准确，感光底片贴紧内壁，$\varphi = 0.5 \sim 0.8$mm 的棒状样品是由一根细而均匀的玻璃丝通过加拿大树胶将无数小晶体黏附其上后捻搓而成的。样品直立相机中心，中心有旋转轴带动样品转动。

光源为点焦点，入射光束通过准直器入射到样品上，由于样品中大量的小晶粒随机取向，对于每个晶面族总有许多小晶粒同时处在符合衍射条件的位置上。依照其倒易格子 $H(hkl)$ 和反射球相作用的关系，衍射线将形成连续的以入射线方向为轴的、张角为 4θ 的圆锥。不同的 $d(hkl)$ 晶面族同时产生衍射，于是，形成一系列同轴而不同张角的圆锥。在照相的条件下，这些锥面与底片相遇时使底片同时感光形成一系列同心圆。底片展开后将留有一系列的弧线段。图 1-27 中线段 AB 的长度为 $2S$（mm），当衍射角 θ 单位为弧度时有：

$$4\theta R = 2S$$

$$\theta(\text{弧度}) = S/2R$$

$$\theta(\text{度}) = \frac{S}{2R} \times \frac{360}{2\pi} = \frac{S}{2R} \times 57.3$$

式中，R 为相机半径。为方便起见，标准的德拜照相机直径取 57.3mm 或 114.6mm，衍射线的强度由线条的黑度获得。

德拜照相法中各个 d 值相关的衍射线同时被底片记录，相对强度可靠。虽然小晶体是在玻璃棒滚动中黏附其上的，也存在少许择优取向。但是，受感光底片灵敏度的限制，必须长时间积累衍射信号，衍射线才能满足测量需要的黑度。因实验时间很长，冲洗底片和测量强度的工作又都十分烦琐。因此，德拜照相法逐渐被现代的衍射仪所取代。

在德拜照相法中，样品吸收系数的大小与衍射角 θ 无关。

1.5　X射线衍射仪

X射线衍射仪包括X射线发生器、测角仪、自动测量与记录系统等一整套设备。最新式的还包括微型电子计算机运控，数据收集与处理，打印结果与屏幕显像等。早在1913年，W. H. 布拉格用来测定NaCl等晶体结构的简陋装置——"X射线光谱仪"就是X射线衍射仪的前身。1952年国际结晶学协会设备委员会决定将它改名为X射线衍射仪。几十年来，人们一直不遗余力地改进设备。核物理探测器的引用，电子技术的装备，特别是20世纪70年代电子计算机和图像屏幕显示等先进技术与X射线相结合，使得X射线衍射分析工具得到迅速发展，设计出了功能较为完善的全自动X射线衍射仪。随着科学技术的发展和需求，X射线衍射仪的品种不断更新，功能日趋完善，并具备自动比、稳定性好、功率大、精度高、防辐射性能好等特点，成为人们分析物质结构的重要手段之一。

目前用于研究多晶粉末的衍射仪除通用的以外，还有微光束X射线衍射仪和高功率阳极旋转靶X射线衍射仪。它们分别以比功率大可作微区分析及功率高可提高检测灵敏度而著称。尽管各类型X射线衍射仪各有特点，但从应用角度出发，X射线衍射仪的一般结构、原理、调试方法、仪器实验参数的选择以及实验和测量方法等大体上是相似的。当然，由于具体仪器不同、分析对象和目的不同，很难提出一套完整的关于调试、参数选择，以及实验和测试方法的标准格式；但是，根据仪器的结构、原理等可以寻找出对所有衍射仪均适用的基本原则，掌握好它有利于充分发挥仪器的性能，提高分析可靠性。

X射线衍射实验分析方法很多，它们都建立在如何测得真实的衍射花样信息的基础上。尽管衍射花样可以千变万化，但是它的基本要素只有三个，即衍射线的峰位、线形和强度。例如，由峰位可以测定晶体常数；由线形可以测定微观应力和嵌镶块大小；由强度可以测定物相含量等。实验者的职责在于准确无误地测量衍射花样三要素，这就要求实验者掌握衍射仪的一般结构和原则；掌握对仪器调整和选择好实验参数的技能以及实验和测量方法。问题是，这些因素对衍射花样三要素的影响是相互矛盾和相互制约的，人们很难选择好同时满足峰位准确、强度大而线形又不失真的实验参数。这时需要根据分析目的，采取突出一点、兼顾其他的折中方案来选择实验参数、安排实验。

衍射仪比照相法在应用上显示出较明显的优越性。它不仅测量衍射花样效率高，精度高，易于实现自动比，而往往决定着某些工作的可能性，例如在高温衍射工作中研究点阵参数和相结构随温度的瞬时变化、金属的结构定量测定等。照相法是难以实现的，有了衍射仪，衍射分析工作的质量提高了，应用范围也更为广泛了。

从仪器结构看，衍射仪要比照相法用的X射线机复杂得多，但是不管多么复杂，它不外乎包括四个主要部分：

① X射线发生器，用来产生稳定的X射线光源；

② 测角仪、用来测量衍射花样三要素，使光源、试样和探测器满足一定的几何和衍射条件；

③ 电子自动记录系统，用来记录衍射花样，它包括计数率仪、定标器等；

④ 电子计算机及其外围附件，用来控制仪器运转；收集处理和打印结果，或存贮于磁带、磁盘，或穿孔记录在纸带上，或用图像屏幕显示。

前三个部分是一般衍射仪必须具备的。第四个部分是为了实现衍射仪测量自动化而设置的。图 1-28 为全自动 X 射线衍射仪系统流程图。还可在电子计算机终端用屏幕显示衍射图像与测算结果。

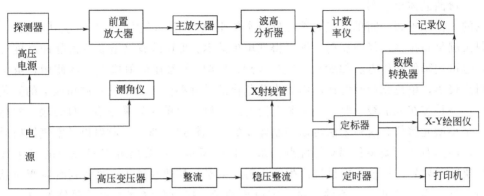

图 1-28　全自动 X 射线衍射仪系统流程

现仅就 X 射线衍射仪的几个基本部件叙述如下。

1.5.1　X 射线光源

1.5.1.1　对光源的基本要求

简单地说，对光源的基本要求是稳定、强度大、光谱纯洁。

用衍射仪测量衍射花样是以"非同时测量"方法进行的，即每一试样的衍射花样中各衍射线的测量是顺序进行，而非同一时间进行的。为了测量的各衍射线可以相互比较，要求在进行测量期间光源和各个部件性能是稳定的。通常，在衍射分析工作中，仪器的综合稳定度小于 1% 即能满足要求。因为光源的稳定度对分析的精确度起着主要作用，所以要求外电源波动 ±10% 时，管流、管压的稳定度优于 ±0.1%。现今，用于 X 射线衍射仪的发生器，其管流、管压的稳定度可达 ±0.05%～0.01% 的水平。

提高光源强度可以提高检测灵敏度、衍射强度测量的精确度和实现快速测量。光源的强度决定于管子的功率，更确切地说决定于管子的比功率（管子的功率与管焦斑大小的比值）。为了提高光源强度，可以改善靶材料的导热性以增加管子功率；也可以改进管子结构以提高 X 射线的透射率。

管子的光谱纯度对衍射分析很重要。光谱不纯，轻则增加背底，重则增添伪衍射峰，从而增加分析困难。管子在使用过程中，靶面会被沾污，主要是管子里的灯丝或聚焦套上有 W、Fe、Mo、Ni、Co 等杂质元素飞溅到四面上，引起额外杂质谱线，特别是 W 的 $L_{\alpha 1}$ 谱线。

1.5.1.2　光源单色化的方法

衍射分析中，需要单色辐射以提高衍射花样的质量。通常采用下述方法过滤 K_β 射线，降低连续谱线强度。

（1）过滤片法

最常用的是 K 过滤片，当过滤片材料元素的原子序数比靶元素的原子序数小 1 或 2 时，其吸收限恰好位于欲被单色化的辐射 K_α 和 K_β 之间，从而抑制了 K 特征谱线和部分连续谱线，突出了 K 特征谱线，起着单色化作用。如配合脉冲高度分析器使用，对抑制连续谱线是有效的。过滤片由金属或粉末制成的薄片做成，有两种放置方法：一是放在接收狭缝位置；另一是放在发散狭缝位置。决定于样品、靶元素和过滤片本身情况，目的都是要避免荧光引起衍射峰背比的下降。过滤片的放置位置对背底的影响很明显，当过滤片的位置放置无把握时，可在前后试试看，哪一种放置的峰背比高就采用哪一种放置。

（2）弯曲晶体单色器

它的工作原理颇为简单，只要选择反射本领很强的衍射晶面的单晶体使其与表面平行，当入射束满足布拉格选择性反射时即可得到单色的 K_a 及其谐波（谐波可由脉冲高度分析器滤掉，也可用降低管压方法扣除）。目前，弯曲晶体单色器在衍射仪上广泛使用，由于它能使反射线聚焦，单色化后峰背比高而成为单色化的最好办法。通常它在测角仪上的安装方法有两种：一是装在入射线一侧；一是装在衍射线一侧。目前大多采用后一种装法，实际上构成了一个小型光谱仪。这种装法可以抑制样品的荧光辐射、非相干散射以及空气散射时引起的背景，还具有便于安装和调整等优点。如图 1-29 所示，由线焦斑 F 处发射的 X 射线，通过发散狭缝照射到试样上，由试样产生的衍射线束经过接收狭缝 RS 照射到石墨弯曲晶体上而被单色化。为了满足聚焦条件，对一定波长的靶，接收狭缝到单色器晶体的中心距离 D 与晶体的衍射角 2θ 由下式决定：

$$D = R\lambda/2d$$
$$\theta = \arcsin(\lambda/2d)$$

式中，d 为平行晶体表面的面网间距；R 则是单色器曲率半径的 2 倍。按上式计算出的 D 和 θ 值可调整接收狭缝和探测器相对于单色器的位置。单色器由 LiF、SiO_2 或石墨单晶体制成，以后者为佳。

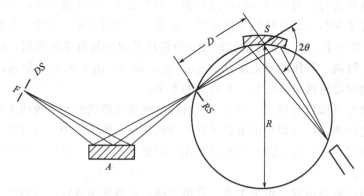

图 1-29　弯曲石墨晶体单色器原理

F—线焦斑；DS—发散狭缝；RS—接收狭缝；S—石墨晶体；A—试样

（3）脉冲高度分析器

它是通过电子线路方法来改善 X 射线单色化的方法的。它和 β 过滤片配合使用可去掉 β 过滤片尚未扣除掉的大部分连续谱线，但是，不能去掉 K_β 附件的连续谱线以及残留的 K_β。它和单色器配合使用可去掉高谐波反射。此外，它还可以限制电噪声以及狭缝架、样品架等所引起的其他背底。

1.5.2　X 射线测角仪

1.5.2.1　测角仪的几何设计

测角仪的结构如图 1-30 所示。F 为入射 X 射线焦点；D 为平板样品；O 为测角仪和样品台中心；C 为计数器。从光源 F 到样品中心 O 的距离与 O 到计数器的距离相等（$FO=OC$），都等于测角仪的半径 R。当样品与计数器绕 O 旋转时上述距离保持不变。入射的 X 射线经过入射狭缝 DS（限制入射光束的发散度），衍射光经过防散射狭缝 SS（防空气散射进入）和限制衍射线束的接受狭缝 RS。在光路上还有两组由平行金属片（或丝）组成的索拉狭缝 S_1、S_2，其作用是限制入射和衍射光束的垂直发散度。SS、S_2、RS 等狭缝和计数器 C 都装在同一个支架上，在实验过程中保持联合转动。

1.5.2.2　测角仪的聚焦

测角仪是在聚焦相机原理的基础上设计的，但聚焦条件有所不同，见图 1-31。

X 射线从焦点 F 入射到样品上，在 X 射线照射范围内 d 值不同的晶面所对应的衍射角 θ 各不相同。d_1 相对应 θ_1；d_2 相对应 θ_2；d_3 相对应 θ_3，其衍射线分别落于 C_1、C_2、C_3 三个点上。对于聚焦相机来说，大面积底片可把这三个衍射信号同时记录下来，但是对于衍射仪来说，计数器接收的范围是它所在的一个点，而计数器的位置受衍射仪设计（$FO=OC$）的制约，一个 θ 角只有一个位置。在图 1-31 所示的情况下，只有一个 d_2 的信号符合条件而被 C_2 接收，产生这个衍射的晶面应基本上平行于样品表面。为获得其他衍射信号，必须改变入射角 θ，为此样品应绕 O 轴旋转，同时计数器也作相应的转动以捕捉相应的信号。

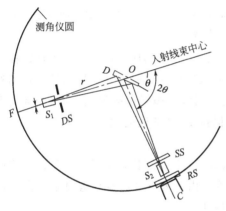

图 1-30　测角仪的结构

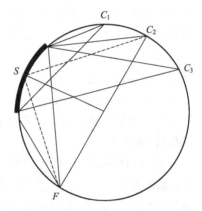

图 1-31　测角仪的聚焦条件

按图 1-32 所示，固定光源 F，令样品和计数器绕测角仪轴 O 向 2θ 增大的方向旋转。当 $FS=SC_1$ 时，对应于衍射角 θ_1；当 $FS=SC_2$ 时，对应于衍射角 θ_2；当 $FS=SC_3$ 时，对应于衍射角 θ_3。聚焦圆为过 F、S、C 三点的外接圆，$2\theta_1$ 相关的聚焦半径为 r_1；$2\theta_2$ 相关的聚焦半径为 r_2；$2\theta_3$ 相关的聚焦半径为 r_3。上述结果说明一个聚焦圆对应一个与 d 和 θ 相关的

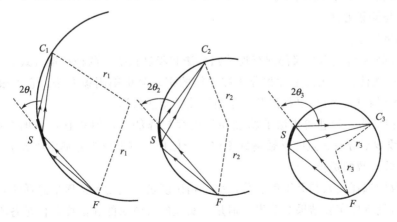

图 1-32　测角仪的聚焦几何

衍射。为收集到样品的所有衍射，必须令样品和计数器同时旋转，以满足衍射条件和聚焦条件。样品和计数器的不断运动也称扫描。在扫描过程中，一个个衍射相继被计数器 C 接收。

聚焦圆半径 r 与 θ 角的关系可从测角仪的衍射几何图 1-33 中方便得出：

$$\frac{R}{2r} = \cos\left(\frac{\pi}{2} - \theta\right) = \sin\theta$$

$$则 \quad r = \frac{R}{2\sin\theta}$$

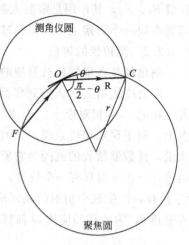

图 1-33　测角仪的衍射几何

从上式可以看出，随着 θ 的增大，聚焦圆半径逐渐缩小。当 $\theta=0$ 时，聚焦圆半径 r 为 ∞；当 $\theta=90°$ 时，聚焦圆直径等于测角仪圆的半径，即 $2r=R$。这两种情况通常是不存在的，一般衍射仪的扫描范围为 $2\theta = 0\sim160°$。

按聚焦条件的要求，试样表面应永远保持与聚焦圆有相同的曲面。但是聚焦圆的曲率半径在测量过程中是不断改变的，而试样表面却无法实现这一点。因此，只能作近似处理，采用平板试样，使试样始终保持与聚焦圆相切，即聚焦圆的圆心永远位于试样表面的法线上。为了做到这一点，还必须让试样表面与计数器同时绕测角仪的中心轴向同一方向转动，并且使试样表面与计数器保持一定的对应关系，即当计数器处于 2θ 角的位置时，试样表面与入射线的掠射角应为 θ。为了能随时保持这种对应关系，必须使试样与计数器转动的角速度保持 1∶2 的速度比。

1.5.3　探测记录系统

记录 X 射线衍射强度一维的探测器有闪烁计数器（SC）、正比计数器（PC）、盖革计数器（GC）、超能探测器、万特探测器和固体探测器等。由于闪烁计数器具有灵敏度高、计数快、寿命长等优点，近年来许多衍射仪厂家都广泛应用。

为了提高计数强度和节省时间，各大仪器厂家又相继推出了记录 X 射线衍射强度的二维探测器。其中有 GADDS 面探测器、CCD 探测器和 IP 影像板探测器等。二维探测器特别适合有取向样品、颗粒效应样品、高温动态反应样品、微区样品或微量样品等。这些样品由于信息微弱或不全面，因此，用常规的一维探测器很难或根本不可能进行正常的分析，而这对于二维面探测器来说易如反掌。

1.5.4　实验与测量方法

1.5.4.1　测量方法

现在的多晶 X 射线衍射仪都配有连续扫描法和步进扫描法两种扫描方式。

① 连续扫描法：一般的定性相分析和常规的衍射分析都用该方法。它可根据不同的要求扫描整个衍射花样，也可以扫描某一条衍射线的衍射线形。

② 步进扫描法：步进扫描法的精度要比连续扫描法高，但是它花费的时间相对也多。一般作 X 射线线形分析、点阵常数精确测定、指标化及应力分析等都用该方法。

1.5.4.2　实验参数的选择

实验参数的选择关系到灵敏度、分辨率、精确度及准确度等衍射信息质量，因而正确地选择参数是得到良好实验结果的前提。但是，实验的具体目的和试样条件是各不相同的，并且各种信息质量对实验参数的要求往往又是相互矛盾的，因此需要根据具体实验情况作综合考虑。此处仅就选择原则作一般介绍。

① 狭缝宽度：在一般情况下，要求在所测的全部角度范围内，入射X光束全部都照射在试样的表面上。因此，要根据实际试样的大小及所测量最小 2θ 角来确定入射狭缝（DS）宽度的上限。倘若超过此上限，则将导致相对强度不正确，同时还能使试样周围物体的衍射线进入探测器，造成干扰及混乱。增加入射狭缝的宽度即增加了入射光，这对提高灵敏度、缩短测量时间或减少强度的统计误差都有利，但这同时也会降低分辨率。由于采用平板试样，所以增加入射狭缝的宽度还会增大衍射线位置的系统偏移。

② 扫描速度：扫描速度是指接收狭缝和探测器在测角仪上均匀转动的角速度，以 $°/\min$ 计。增大扫描速度可以节省测试时间，但将导致强度和分辨率的下降。

在一般的定性相分析和常规测试中常用的扫描速度（2θ）为 $2°/\min$ 或 $4°/\min$。

③ 时间常数：增大时间常数可以减少统计涨落，从而使衍射线及背底变得平滑，但同时将降低峰高和分辨率，并使衍射线偏移，而且还会造成衍射线的不对称化。

比较好的普遍规律是，时间常数（RC）等于接收光阑的时间宽度（W_t）的一半或更低时，就能够记录出分辨能力最佳的强度曲线。一般时间常数可表示为：

$$\text{RC}=\frac{1}{2}W_t=\frac{1}{2}\times\frac{\text{接收狭缝宽度}}{\text{扫描速度}}\times 60$$

④ 步进宽度：步进扫描一般耗费时间较多，故须认真考虑其参数。选择步进宽度时需考虑两个因素，一是所用接收狭缝宽度，步进宽度一般不应大于接收狭缝宽度；二是所测衍射线形的变化急剧程度，步进宽度过大则会降低分辨率甚至掩盖衍射线的细节。在不违反上述原则的情况下，不应使步进宽度过小。

⑤ 步进时间：步进时间是指在步进扫描时每步所停留的时间。步进时间长可减小统计误差，可提高准确度与灵敏度，但将降低工作效率。

⑥ 计数率的相对误差：在给定的时间 t 内，某次测得的脉冲数目 N 围绕其多次测量平均值 $\overline{N}$ 按统计规律变化，它的标准误差为 $\sigma=\sqrt{N}$。实际上常用的相对误差计算公式为：

$$\text{相对标准误差}=\frac{1}{\sqrt{N}}\times 100\%$$

由上式看出，当所测计数 N 为 10000 时，它的相对标准误差为 1%。因此为了提高测试精度，必须增加计数率。

1.6　X射线物相分析技术

根据晶体对X射线的衍射特征——衍射线的方位及强度，来鉴定结晶物质之方法称为X射线物相分析法。一般包括定性相分析法和定量相分析法。

1.6.1　定性分析

X射线衍射线的位置决定于晶胞的形状和大小，也即决定于各晶面的面间距，而衍射线的相对强度则决定于晶胞内原子的种类、数目及排列方式。每种晶态物质都有其特有的成分和结构，不是前者有异，就是后者有别，因而也就有其独特的衍射花样。

由于粉晶法在不同的实验条件下总能得到一系列基本不变的衍射数据，因此借以进行物相分析的衍射数据都取自粉晶法，其方法就是将所得到的衍射数据（或图谱）与标准物质的衍射数据或图谱进行比较，如果两者能够吻合，这就表明样品与该标准物质是同一物相，从而便可做出鉴定。

1938 年左右，哈那瓦特（Hanawalt）等就开始收集和摄取各种已知衍射花样，将其衍射数据进行科学的整理和分类。1942 年，美国材料试验协会（ASTM）整理出版了卡片1300 张，称之为 ASTM 卡片。1969 年起，由美国材料试验协会和英国、法国、加拿大等国家的有关单位共同组成了名为"粉末衍射标准联合委员会"（JCPDS, Joint Committee Powder Diffraction Standard）国际机构，专门负责收集、校订各种物质的衍射数据，将它们进行统一的分类和编号，编制成卡片出版，这种卡片组被命名为粉末衍射卡组（PDF）。

1.6.1.1 JCPDS 粉晶衍射卡片（PDF）

到 2000 年国际粉末衍射标准联合委员会（JCPDS）已出版近九万张粉末衍射卡片（PDF），并以每年约 2000 张的速度递增。现将 PDF 卡片内容予以介绍（见表 1-6）。

表 1-6　PDF 卡片的形式和内容

10					7			8		11
D	$1a$	$1b$	$1c$	$1d$						
I/I_1	$2a$	$2b$	$2c$	$2d$	d	I/I_1	hkl	d	I/I_1	hkl
3										
4										
5					9	9	9	9	9	9
6										

第一部分：$1a$、$1b$、$1c$ 为三根最强衍射线的晶面间距，$1d$ 为本实验收集到的最大 d 值。

第二部分：$2a$、$2b$、$2c$、$2d$ 为上述四根衍射线条的相对强度，并把最强峰定为 100（也有把最强峰定为 999 的）。

第三部分：衍射的实验条件数据。

第四部分：物相的晶体学数据。

第五部分：物性数据和光学热学性质。

第六部分：化学分析、试样来源和简单化学性质。

第七部分：物相的名称和分子式，在分子式之后常有数字及大写英文字母。数字表示晶胞中的原子数，而英文字母则表示布拉菲点阵类型。

第八部分：矿物学名称和有机物结构式。

第九部分：所收集到的全部衍射的 d、I/I_1 和 hkl 值。有时还能见到如下字母，其所代表的意义如下：

b：宽化，模糊或漫散线。

d：双线。

n：并非所有资料都有的线。

nc：不是该晶胞的线。

ni：对给出的晶胞不能指标化的线。

β：因 β 线存在或重叠而使强度不可靠的线。

fr：痕迹线。

$+$：可能是另一指数。

第十部分：PDF 卡片序号。

第十一部分：从 23 集起，卡片改为双面印刷，本栏所列数字指示反面卡片的号码。另外还有 PDF 卡片质量评定记号：

★：表示本卡片数据非常可靠。

i：表示本卡片数据比较可靠。

无：表示可靠性一般。

o：表示可靠性较差。

c：表示其数据是计算值。

（注：在光盘里如卡号后有 Deleted 出现表示该卡片已删除，另有新的卡片替代它。）

1.6.1.2 PDF 卡片检索手册

目前通用的 PDF 粉末衍射卡片检索手册有哈那瓦特索引、芬克索引和字顺索引三种。

① 哈那瓦特（Hanawalt）索引：该索引是按物质的 d 值的八强线排列，以物质的三条强线晶面间距为特征标志。其排列顺序为：八强线 d 值及强度、化学式和卡片号，样式如下所示。

★2.53_x 2.88_x 2.58_x 2.77_7 1.66_5 1.43_2 1.95_2 1.54_2 $Zn_5In_2O_8$ 20-1440

C2.52_x 2.87_7 2.60_7 2.65_6 3.12_6 5.04_5 3.18_3 2.64_3 $C_2H_2K_2O_6$ 22-845

哈那瓦特索引的编制是按各种物质最强线 d 值的递减次序划分成 51 个小组（即 51 个晶面间距范围），每一小组第一个 d 值的变化范围都标注在哈那瓦特索引各页的书眉上，以便查阅。小组划分情况见表 1-7。

表 1-7 哈那瓦特数值检索手册分组情况

d 值变化范围/Å	每组 d 值间隔/Å	组 数
999.99～10.00	990	1
9.99～8.00	2	1
7.99～6.00	1	2
5.99～5.00	0.5	2
4.99～4.60	0.4	1
4.59～4.30	0.3	1
4.29～3.90	0.2	2
3.89～3.60	0.15	2
3.59～3.40	0.10	2
3.39～3.32	0.08	1
3.31～3.25	0.07	1
3.24～1.80	0.05	29
1.79～1.40	0.10	4
1.39～1.00	0.20	2
总　计		51

由于试样制备和实验条件的差异，可能使被测相的最强线并不一定是 JCPDS 卡片的最强线。在这种情况下，如果每个相在索引中只出现一次，就会给检索带来困难。为了增加寻找所需卡片的机会，在编制索引时，每一种物质的卡片至少出现一次，有的物质的卡片出现两次，有的出现三次，最多的出现四次。我们在查索引时，由于并不知道我们所要检索的物质的卡片出现几次，所以我们在编写可能的检索组时，一律编写四组，这四个检索组的编写应该是：

若从强度上说：$d1 > d2 > d3 > d4 > d5 > d6 > d7 > d8$

A. $d1, d2, d3, d4, d5, d6, d7, d8$

B. $d2$, $d1$, $d3$, $d4$, $d5$, $d6$, $d7$, $d8$

C. $d3$, $d1$, $d2$, $d4$, $d5$, $d6$, $d7$, $d8$

D. $d4$, $d1$, $d2$, $d3$, $d5$, $d6$, $d7$, $d8$

② 芬克索引：该索引和哈那瓦特索引一样都属数值索引，它是以每种物质的八强线的晶面间距 d 值从大到小依次排列，将 4 个强峰的 d 值印成黑体，这 4 个峰轮流为首，改变次序时首尾相接。其排列次序为：八强线的 d 值及相对强度、化学式和卡片号，样式如下所示。

i 5.39_5　3.43_x　3.39_x　2.69_4　2.54_5　2.21_6　2.12_3　1.52_4　$Al_6Si_2O_{13}$　15—776

i 3.43_x　3.39_x　2.69_4　2.54_5　2.21_6　2.12_3　1.52_4　5.39_5　$Al_6Si_2O_{13}$　15—776

i 3.39　2.69_4　2.54_5　2.21_6　2.12_3　1.52_4　5.39_5　3.43_x　$Al_6Si_2O_{13}$　15—776

i 2.21_6　2.12_3　1.52_4　5.39_5　3.43_x　3.39_x　2.69_4　2.54_5　$Al_6Si_2O_{13}$　15—776

我们在编写可能的检索组时，也应该编写四个检索组，这四个检索组的编写应该是：

若从 d 值大小上说：$d1>d2>d3>d4>d5>d6>d7>d8$；从强度上说；$d2>d5>d1>d3>d6>d4>d8>d7$

A. $d2$, $d3$, $d4$, $d5$, $d6$, $d7$, $d8$, $d1$

B. $d5$, $d6$, $d7$, $d8$, $d1$, $d2$, $d3$, $d4$

C. $d1$, $d2$, $d3$, $d4$, $d5$, $d6$, $d7$, $d8$

D. $d3$, $d4$, $d5$, $d6$, $d7$, $d8$, $d1$, $d2$

③ 字顺索引：该索引是以物质英文名称的字母顺序排列的。每一个物质占一个条目，每条依次列有该物质的英文名称、化学式、三强线 d 值和相对强度及卡片号。变换物质的英文名称关键词的顺序可使一种物相在字母检索手册中多次出现。如硅铝化合物 $3Al_2O_3 \cdot 2SiO_2$ 在字母检索手册中出现两次，其样式如下所示。

i　Aluminum Silicate　$Al_6Si_2O_{13}$　3.39_x　3.43_x　2.21_6　15—776

i　Silicate Aluminum　$Al_6Si_2O_{13}$　3.39_x　3.43_x　2.21_6　15—776

字顺索引又分无机物和有机物两部分。对于无机物，还有矿物名称检索，它是按化合物英文矿物名称字母排列的。如 $3Al_2O_3 \cdot 2SiO_2$ 矿物名为 Mullite，它在矿物检索中 M 字头区域出现。

有机化合物字母检索也有两种：一种是按化合物英文名称的字母排列的；另一种是分子式检索，是依照 C、H 两个元素的数目排序，以 C 为先，当 C 的数目相同时再按 H 的数目排列。若 C、H 都相同，则按分子式中其他元素的英文名称顺序排列。

当被检测物相的英文名称已知，欲确认在某体系中它是否存在时，应用字母检索是十分便利的。

④ 光盘 PDF 卡片检索：只要你知道该物质的元素、分子式、卡片号、三强线 d 值范围、物质的英文名称或矿物名等任何一个信息都可以迅速地把相关的卡片调出。可以减少许多烦琐的重复工作。而且还可以显示各种靶波长的 2θ 角，应用起来极为方便。

1.6.1.3　定性相分析注意事项

在物相分析实践中，曾发现未知物相的衍射数据与粉晶衍射卡上所载的数据不完全一样，有时似是而非，因此在物相定性分析过程中，必须注意如下事项。

① 晶面间距 d 值的数据比相对强度的数据重要；这是因为由于吸收和测量误差等的影响，相对强度的数值往往可以发生很大偏差，而 d 值的误差一般不会太大。因此在将实验

数据与卡片上的数据核对时，d 值必须相当符合，一般要到小数点后第二位才允许有偏差。

②　低角度区的衍射数据比高角度区域的数据重要；这是由于低角度的衍射线对应于 d 值较大的晶面。对不同的晶体来说，差别较大，相互重叠的机会少，不易相互干扰。但高角度的衍射线对应 d 值较小的晶面，对不同的晶体来说，晶面间距相近的机会多，容易相互混淆。特别是当试样的结晶完整性较差、晶格歪扭，有内应力时，或晶粒很小时，往往使高角度线条漫散宽化，甚至无法测量。

③　了解试样的来源、化学成分和物理特性等对于做出正确的结论是十分有帮助的；特别是在新材料的研制工作中，出现的某些物质很可能是 PDF 卡片集中所没有的新物质。鉴定这些物质要有尽可能多的物理、化学资料，诸如该物质中包含有哪些元素，它们的相对含量如何，该物质由哪些原料制成，工艺过程怎样等。然后与成分及结构类似的物质的衍射数据进行对比分析。有时还要针对自己的研究对象，拍摄一些标准衍射图，编制专用的新卡片，以供查考。此外，少数 PDF 卡片中所列的数据区可能是错的或不完全的。

④　在进行多相混合试样的分析时，不能要求一次就将所有主要衍射线都能核对上，因为它们可能不是同一物相产生的；因为它们可能不是同一物相产生的。因此，首先要将能核对上的部分确定下来，然后再核对留下的部分，逐个地解决。在有些情况下，最后还可能有少数衍射线对不上，这可能是因为混合物中，某些相含量太少，只出现一、二条较强线，以致无法鉴定。

⑤　尽量将 X 射线物相分析法和其他相分析法结合起来。

⑥　要确定试样中含量较少的相时，可用物理方法或化学方法富集浓缩。

1.6.2　定量分析

有时我们不仅要求鉴别物相种类，而且还要求测定物相的相对含量。因此，就必须进行定量相分析。定量相分析的目的就是确定多相混合物中各相的相对含量。

定量相分析一般又分为标样法和无标样法。标样法包括：内标法、增量法、外标法和 K 值法。无标样法包括：直接对比法、绝热法及 Zevin 法等。对于块状的多晶试样只能用无标样法，但应特别注意块状试样中择优取向对衍射强度的影响。具体使用哪种方法，要根据实验者的实际情况来确定。

第 2 章　电子光学

电子显微分析是利用聚焦电子束与试样物质相互作用产生的各种物理信号，分析试样物质的微区形貌、晶体结构和化学组成。它包括：用透射电子显微镜进行的透射电子显微分析；用扫描电子显微镜进行的扫描电子显微分析；用电子探针仪进行的 X 射线显微分析。

电子显微分析是材料科学的重要分析方法之一，与其他的形貌、结构和化学组成分析方法相比具有以下特点：在极高放大倍率下直接观察试样的形貌、晶体结构和化学成分；为一种微区分析方法，具有很高的分辨率，成像分辨率达到 0.2～0.3nm（TEM），可直接分辨原子，能进行纳米尺度的晶体结构及化学组成分析；各种仪器日益向多功能、综合性方向发展。

因此，电子显微分析在固体科学、材料科学、地质矿物、医学、生物等方面得到广泛的应用。

电子显微镜是一种电子仪器设备，可用来详细研究电子发射体表面电子的放射情形。其放大倍数和分辨率都比光学显微镜高得多。因为普通光学显微镜的放大倍数和分辨率有限，无法观测到微小物体。以电子束来代替可见光束，观察物体时，分辨率就没有波长要在可见光谱之内的限制。

2.1　电子显微镜发展简史

1924 年 L. De Broglie 发现运动电子具有波粒二象性，即运动的电子不仅具有粒子性，还具有波动性。1926 年 Busch 发现在轴对称的电磁场中运动的电子有会聚现象；二者结合导致研制电子显微镜的伟大设想。

很快，于 1931 年，第一台透射电子显微镜在德国柏林诞生。到 1934 年，电镜的分辨率可达 50nm。在 1939 年德国西门子公司第一台电镜投放市场时，分辨率已优于 10nm。

而扫描电镜的工作原理是克诺尔（Knoll）在 1935 年提出的。1938 年阿登纳（Ardenne）制造了第一台扫描电镜。

20 世纪 60 年代后，透射电子显微镜开始向高电压、高分辨率发展，100～200kV 的电镜逐渐普及。1960 年，在法国诞生了第一台 1MV 的电镜，1970 年又研制出第一台 3MV 的电镜。

70 年代后，透射电镜的点分辨率达 0.23nm，晶格（线）分辨率达 0.1nm，已接近现代电镜的分辨能力。同时扫描电镜有了较大的发展，普及程度逐渐超过了透射电镜。

近几十年来，又出现了联合透射、扫描，并带有分析附件的分析电镜。电镜控制的计算机化和制样设备的日趋完善，使电镜成为一种既可以观察图像又可以测定结构，既有显微图像又有各种谱线分析的多功能综合性分析仪器。

我国自 1958 年试制成功第一台电镜以来，电镜的设计、制造和应用曾有相当规模的发展。主要产地有北京和上海。

在科学技术的各个领域，电镜已成为不可缺少的分析仪器，尤其在材料科学领域，它以"科学之眼"发挥着任何其他分析技术不可替代的作用，在攀登科学高峰的崎岖不平的道路上，正是电镜把人类带进了以"纳米"为单位的奇妙的微观世界，它已经和正在为人类建立丰功伟绩。

2.2　电子光学基础

电子光学是研究带电粒子（电子和离子）在电场和磁场中运动，特别是在电场和磁场中偏转、聚焦和成像规律的一门科学。它与几何光学有很多相似之处：

① 几何光学是利用透镜使光线聚焦成像，而电子光学则利用电、磁场使电子束聚焦成像，电、磁场起着透镜的作用。

② 几何光学系统中，利用旋转对称面作为折射面，而电子光学系统中，是利用旋转对称的电、磁场产生的等位面作为折射面。因此涉及的电子光学主要是研究电子在旋转对称电、磁场中的运动规律，例如偏转器和消像散射器等。

③ 电子光学可仿照几何光学把电子运动轨迹看成射线，并由此引入一系列的几何光学参数来表征电子透镜对于电子射线的聚焦成像作用。

由此可见，电子光学主要研究的是以各种形式对称的电、磁场和电子运动轨迹。但电镜中的电子光学系统，对它们有一些附加限制。

但应注意涉及到电镜中的电子光学：

① 这里涉及的电、磁场与时间无关，而且处于真空中，即真空中的静场。此外，场中没有自由空间电荷或电流分布，即忽略了电子束本身的空间电荷和电流分布。

② 入射的电子束轨迹必须满足离轴条件：

$$|\vec{r}|^2 \approx 0 \tag{2-1}$$

$$\left|\frac{\mathrm{d}\vec{r}}{\mathrm{d}z}\right|^2 \ll 1 \tag{2-2}$$

式中，z 为旋转对称轴的坐标；$\vec{r}$ 为电子径向位置坐标矢量。式(2-1)表示电子轨迹的离轴距离很小，远远小于电子束的沿轴距离。式(2-2)表示电子轨迹相对于旋转对称轴的斜率极小，即张角很小，一般为 $10^{-2} \sim 10^{-3}\mathrm{rad}$。

2.2.1　光学显微镜的局限性

光学显微镜的"分辨本领"是表示一个光学系统刚能分开两个物点的能力，它在数值上是刚能清楚地分开两个物点间的最小距离。此距离越小，则光学系统的分辨本领越高。

阿贝（Abbe）根据衍射理论导出的光学透镜分辨本领的公式为：

$$r = \frac{0.61\lambda}{n\sin\alpha}(\mathrm{nm}) \tag{2-3}$$

式中，r 为分辨本领；λ 为照明源的波长，nm；n 为透镜上、下方介质的折射率；α 为透镜孔径半角，(°)。习惯上 $n\sin\alpha$ 称为数值孔径，用 $N \cdot A$ 表示。

由式(2-3)可知，透镜的分辨率 r 值与 $N \cdot A$ 成反比，与照明源波长 λ 值成正比，r 值越小，分辨本领越高。要提高透镜的分辨本领，即减小 r 值的途径有：

① 增加介质的折射率；

② 增大物镜孔径半角；

③ 采用短波长的照明源。

当用可见光作光源，采用组合透镜、大的孔径角、高折射率介质浸没物镜时，$N \cdot A$ 值可提高到 1.6。在最佳情况下，透镜的分辨本领极限是 200nm。物镜是显微镜的第一成像透镜，显微镜的分辨本领主要取决于物镜的分辨本领。因此，光学显微镜的分辨本领极限为 200nm。要进一步提高显微镜的分辨能力，就必须用更短波长的照明源。

紫外线的波长比可见光短，在 13～390nm 范围，用波长为 275nm 的紫外线作照明源的紫外线显微镜分辨本领也只达到 100nm 左右，仅比可见光显微镜提高一倍。X 射线波长更短，在 0.05～10nm 范围，但是至今还没有发现任何物质可以使之有效地改变方向、折射和聚焦成像。

电子束流具有波动性，且波长比可见光短得多。显然，如果用电子束作照明源制成电子显微镜将具有更高的分辨本领。

2.2.2　电子的波动性

1924 年，德布罗意提出了运动着的微观粒子（如电子、中子和离子等）也具有波粒二象性的假说，他认为任何运动着的微观粒子也伴随着一个波，这个波称为物质波或德布罗意波。德布罗意把粒子的能量 E 和动量 P 与波的频率 ν 和波长 λ 之间的关系定义如下：

$$E = h\nu \tag{2-4}$$

$$P = \frac{h}{\lambda} \tag{2-5}$$

这与光子和光波的关系是一样的。等式左边的 E 和 P 体现了微粒性，等式右边的 ν 和 λ 体现了波动性，它们由普朗克常数 h 联系起来。$h = 6.626 \times 10^{-34} J \cdot s$。

由式(2-4) 和式(2-5) 可推得德布罗意波波长 λ 为：

$$\lambda = \frac{h}{P} = \frac{h}{mv} \tag{2-6}$$

式中，m 为粒子质量，kg；v 为粒子运动速度，$m \cdot s^{-1}$。

因此，运动中的电子也必伴随着一个波——电子波。晶体对入射电子波的衍射现象证实了德布罗意假说的正确性，它揭示了在微观世界中，粒子的运动服从波动的规律：在波振幅大的地方出现粒子的概率大，在波振幅小的地方出现粒子的概率小。

一个初速度为零的电子，在电场中从电位为零的点受到电位为 V 的作用，其动能 E 和运动速度 v 之间的关系为：

$$E = eV = \frac{1}{2}mv^2 \tag{2-7}$$

当加速电压较低时，$v \ll c$（光速），电子质量近似于静止质量 m_0，由式(2-6) 和式(2-7) 整理得：

$$\lambda = \frac{h}{\sqrt{2em_0V}} \tag{2-8}$$

把 $h = 6.626 \times 10^{-34} J \cdot s$，$e = 1.60 \times 10^{-19} C$，$m_0 = 9.11 \times 10^{-31} kg$ 数值代入，式(2-8) 可简化为：

$$\lambda = \sqrt{\frac{150}{V}} = \frac{12.25}{\sqrt{V}} (Å) \tag{2-9}$$

可见电子波长与其加速电压平方根成反比，加速电压越高，电子波长越短。

电子显微镜中电子的加速电压比较高，一般在几十千伏以上，相应的电子运动速度增大，电子的质量也随之增大，因此必须引入相对论校正，经校正后的电子波长为：

$$\lambda = \frac{h}{\sqrt{2em_0V\left(1+\dfrac{eV}{2m_0c^2}\right)}} \tag{2-10}$$

式中，c 为光速，$c = 3.00 \times 10^8 \,\mathrm{m \cdot s^{-1}}$，将 h、e、m_0、c 值代入式(2-10)：

$$\lambda = \frac{12.25}{\sqrt{V(1+0.9785 \times 10^{-6}V)}} \tag{2-11}$$

表 2-1 列出了按式(2-11)计算的不同加速电压下电子波长值。

透射电子显微镜中常用的加速电压为 $50 \sim 200\,\mathrm{kV}$，电子波长为 $0.00536 \sim 0.00251\,\mathrm{nm}$，大约是可见光的十万分之一。

表 2-1　电子波长（经相对论校正）

加速电压/kV	电子波长/nm	加速电压/kV	电子波长/nm
1	0.0388	80	0.00418
10	0.0122	100	0.00370
20	0.00859	200	0.00251
30	0.00698	500	0.00142
50	0.00536	1000	0.00087

2.2.3　电子在电磁场中的运动

2.2.3.1　电子在静电场中的运动

电子在静电场中受到电场力的作用将产生加速度。初速度为 0 的自由电子从零电位到达 V 电位时，电子的运动速度 v 由式(2-7)决定：

$$v = \sqrt{\frac{2eV}{m}} \tag{2-12}$$

即加速电压的大小决定了电子运动的速度。当电子的初速度不为零、运动方向与电场力方向不在一直线上时，则电场力的作用不仅改变电子运动的能量，而且也改变电子的运动方向。一般可以把电场看成由一系列等电位面分割的等电位区构成。当一个初速度为 v_1 的电子 e 以与等电位面法线成一定角度（θ）的方向运动，如图 2-1 所示，如果等位面 AB 上方电位为 V_1，下方电位为 V_2，那么，该电子在 V_1、V_2 电位区中运动（速度分别为 v_1、v_2），轨迹为直线，而在电子通过 V_1、V_2 电位区的分界面，即等电位面 AB 时，在交界

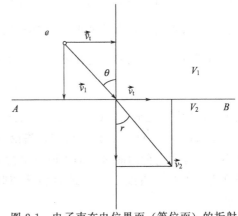

图 2-1　电子束在电位界面（等位面）的折射

点 O 上电子运动方向发生突变，电子运动速度从 v_1 变为 v_2，这是因为电场对电子作用力的方向总是沿着电子所处点的等电位面的法线，从低电位指向高电位，所以沿电子所处点的等电位面两边的速度分别为 v_1、v_2，与等电位面法线的夹角分别为 θ 和 γ 则有：

$$v_1\sin\theta = v_2\sin\gamma \qquad \text{或} \qquad \frac{\sin\theta}{\sin\gamma} = \frac{v_2}{v_1} \tag{2-13}$$

根据式(2-12)，在起始点电位为 0，电子初速度为 0 时，电子经 V_1，V_2 电位加速后的运动速度分别为：

$$v_1 = \sqrt{\frac{2eV_1}{m}} \qquad v_2 = \sqrt{\frac{2eV_2}{m}} \tag{2-14}$$

由式(2-8)、式(2-12)、式(2-13) 和式(2-14) 得：

$$\frac{\sin\theta}{\sin\gamma} = \frac{v_2}{v_1} = \sqrt{\frac{V_2}{V_1}} = \frac{\lambda_1}{\lambda_2} \tag{2-15}$$

式(2-15) 与光的折射定律表达式十分相似，其中 $\sqrt{\frac{V_2}{V_1}}$ 相当于折射率 n，说明电场中等电位面是对电子折射率相同的表面，与光学系统中两介质界面起相同的作用。由式(2-15) 可知，当电子由低电位区进入较高电位区时，折射角小于入射角，即电子的轨迹趋向于法线。反之，电子的轨迹将离开法线。实际上，电场电位是连续变化的。要在这种情况下确定电子轨迹，可将连续的电位分布分成许多小段，在场中引入间隔为 ΔV 的等电位面 V_1，V_2 $= V_1 + \Delta V$，$V_3 = V_2 + \Delta V$，$V_4 = V_3 + \Delta V$，…，并规定在等电位面之间电位是不变的，而只在经过等电位面时才跃变一个 ΔV。此时在每一等电位面处电子运动方向的变化将由比例 $\sqrt{V_n} / \sqrt{V_{n-1}}$ 来确定。若在电场中引入更多的等电位面，则等电位面间代表电子轨迹的各折射线便减短，而当 $\Delta V \to 0$ 时，电子的折射轨迹就成为真正的曲线轨迹了。

2.2.3.2　电子在磁场中的运动

电荷在磁场中运动时会受到洛伦兹力的作用，其表达式为：

$$\vec{F} = q\vec{v} \times \vec{B} \tag{2-16}$$

式中，$\vec{F}$ 为洛伦兹力，N；q 为运动电荷电量，C；$\vec{v}$ 为运动电荷速度，m/s；$\vec{B}$ 为电荷所在位置磁感应强度，T。

洛伦兹力的方向判断采用"左手定则"。即：使磁场方向垂直于手心，当四指指向电流方向（或正电荷移动的方向，或负电荷移动的反方向）时，大拇指的方向就是洛伦兹力的方向。电子所受洛伦兹力的大小为 $qvB\sin(\vec{v}\vec{B})$。

由于电子带负电荷，它在磁场中运动所受的洛伦兹力 $\vec{F}$，可用下式表示：

$$\vec{F}_e = -e\vec{v} \times \vec{B} \tag{2-17}$$

式中，e 为电子电荷量，C；负号表示电子所受的洛伦兹力 $\vec{F}$ 为反平行 $\vec{v} \times \vec{B}$ 方向。

由式(2-16) 和式(2-17) 可知，洛伦兹力在电荷运动方向上的分量为零。因此在此方向上不改变运动电荷的能量，即不改变电荷运动速度的大小。但只要当电荷运动方向与磁感应强度方向不在一直线上时，磁力场就随时改变着电荷运动的方向，使电荷在磁场中发生偏转。

下面按几种情况讨论初速度为 $\vec{v}$ 的电子在磁感应强度为 $\vec{B}$ 的匀强磁场中运动时的受力情况及运动轨道。

① $\vec{v}$ 与 $\vec{B}$ 同向，因为 $\vec{B}$ 与 $\vec{v}$ 之间的夹角为零，所以作用于电子的洛伦兹力等于零，电子作匀速直线运动，不受磁场影响。

② $\vec{v}$ 与 $\vec{B}$ 垂直 [图 2-2(a)]，这时电子将受到洛伦兹力的作用，其大小为 $F = evB$，方向反平行于 $\vec{v} \times \vec{B}$ 且与 $\vec{v}$ 及 $\vec{B}$ 垂直，所以电子运动速度的大小不变，只改变方向，电子在

与磁场垂直的平面内做匀速圆周运动，而洛伦兹力起着向心力的作用，因此：

$$evB = m\frac{v^2}{R} \qquad (2\text{-}18)$$

$$R = \frac{mv}{eB} = \frac{P}{eB} \qquad (2\text{-}19)$$

③ $\vec{v}$ 与 $\vec{B}$ 斜交成角 [图 2-2(b)]，可将速度 $\vec{v}$ 分解成平行于 $\vec{B}$ 和垂直于 $\vec{B}$ 的两个分矢量。由于磁场的作用，垂直于 $\vec{B}$ 的速度分矢量不改变大小，而仅改变方向，电子在垂直磁场的平面内做匀速圆周运动，但由于同时有反平行于 $\vec{B}$ 的速度矢量，所以电子的轨迹是一螺旋线。

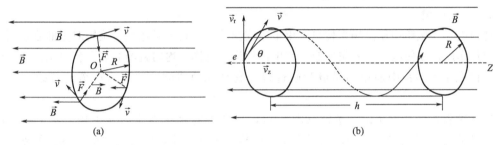

图 2-2　电子在均匀磁场中的运动

2.2.4　电子透镜

电镜中，用静电透镜作电子枪，发射电子束；用磁透镜作会聚透镜，起成像和放大作用。静电透镜和磁透镜统称电子透镜，它们的结构原理是由 Husch 奠定的。

2.2.4.1　静电透镜

与一定形状的光学介质界面（如玻璃凸透镜的旋转对称弯曲折射界面）可以使光线聚焦成像相似，一定形状的等电位曲面簇也可以使电子束聚焦成像。产生这种旋转对称等电位曲面簇的电极装置即为静电透镜。它有二极式和三极式之分，它们分别由两个或三个具有通轴圆孔的电极（膜片或圆筒）组成。三极式静电透镜的电极电位、等电位曲面簇形状如图 2-3 所示。

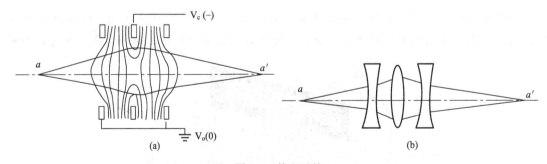

图 2-3　静电透镜
(a) 三极式静电透镜的等电位面；(b) 电子轨迹示意

由图 2-3 可以看出，从静电透镜主轴上一物点 a 发射的电子，以直线轨迹向电场运动。当电子射入电场作用范围并通过等电位曲面簇时，将受到折射，最后被聚焦在轴上一点 a'，a' 点就是点 a 的像。

在电极电位如图 2-3 所示的情况下，电子通过三极式静电透镜时，先受到离轴的作用力，通过透镜中部受到向轴的作用力，通过透镜后部时，重又受到离轴的作用力。由于电子通过低电位区（三极式透镜的中部）的轴向速度较小，通过的时间较长，整个电场使电子偏向轴的作用大于离开轴的作用，即会聚作用大于发散作用，所以静电透镜总是会聚透镜。物和像都在场外两边的等电位区，所以在电子通过透镜的前后能量不会有变化。图 2-3 中还画出了与这些静电透镜等效的光学透镜系统及相应的光路图。

早期的电子显微镜中使用过静电透镜，由于静电透镜需要很强的电场，往往在镜筒内导致击穿和弧光放电，尤其是在低真空度情况下更为严重。因此静电透镜焦距不能做得很短，不能很好地矫正球差，这是静电透镜的缺点。在现代电子显微镜中，除在电子枪中用来使电子束会聚成形外，已不再使用静电透镜而改用磁透镜。

2.2.4.2　磁透镜

透射电子显微镜中用磁场来使电子束聚焦成像的装置是电磁透镜。旋转对称的磁场对电子束有聚焦作用，能使电子束聚焦成像。产生这种旋转对称非均匀磁场的线圈装置就是磁透镜。

目前电子显微镜中使用的是极靴磁透镜，它是在短线圈、包壳磁透镜的基础上发展而成的。

短线圈就是一个简单的磁透镜（图 2-4），它产生的磁场为非匀强磁场，由于短线圈磁场中一部分磁力线在线圈外侧，它对电子束的聚焦不起作用，因此短线圈磁透镜的磁场强度小，焦距长，物与像都在场外。

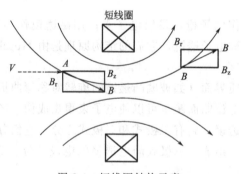

图 2-4　短线圈结构示意

包壳磁透镜是将短线圈包一层软铁壳，只在线圈中部留一环状间隙，线圈激磁产生的磁力线都集中在透镜中心环状间隙附近，使环状间隙处有较强的磁场。图 2-5 为包壳磁

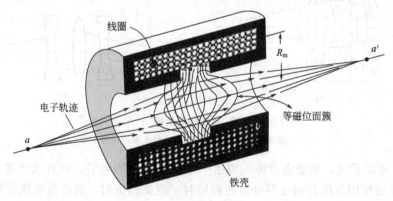

图 2-5　包壳磁透镜结构示意

透镜的结构示意。

　　极靴磁透镜是在包壳磁透镜中部再增加一组极靴构成（图 2-6）。一组极靴是由具有同轴圆孔的上、下极靴和连接圆筒组成。上、下极靴用铁钴合金等高磁导率材料制成，连接筒由铜等非导磁材料组成。极靴的内孔 D 和上、下极靴之间的间隙 S 很小，因此这种有极靴的透镜在上、下极靴附近有很强的磁场，对电子的折射能力大，透镜的焦距可以很短。

　　图 2-7 给出短线圈、包铁壳磁透镜和有极靴磁透镜的轴向磁场强度分布曲线，从图中可以看出，有极靴磁透镜的磁场强度比短线圈或包壳磁透镜更为集中和增强。

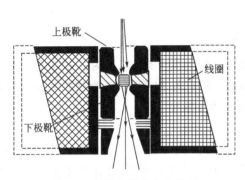

图 2-6　极靴磁透镜结构示意

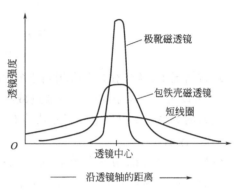

图 2-7　几种透镜的轴向磁场强度分布

2.2.5　电磁透镜的像差

　　如前所述，旋转对称的磁场可以使电子束聚焦成像，但要得到清晰而又与物体的几何形状相似的图像，必须有以下前提。

　　① 磁场分布是严格轴对称；

　　② 满足旁轴条件；

　　③ 电子波的波长（速度）相同。

　　实际的电磁透镜并不能完全满足上述条件，因此从物面上一点散射出的电子束，不一定全部会聚在一点，或者物面上的各点并不按此比例成像于同一平面内，结果图像模糊不清，或者与原物的几何形状不完全相似，这种现象称为像差。电镜中电磁透镜的主要像差为球差、色差、轴上像散和畸变等。其中球差、轴上像散和畸变是由于透镜磁场的几何缺陷产生的，又称为几何像差，下面分别讨论。

2.2.5.1　球差

　　球差即球面像差，是由于电磁透镜的中心区域和边缘区域对电子的折射能力不符合预定的规律而造成的。离开透镜主轴较远的电子（远轴电子）比主轴附近的电子（近轴电子）被折射程度大。当物点 P 通过透镜成像时，电子就不会会聚到同一焦点上，从而形成了一个散焦斑，如图 2-8 所示。如果像平面在远轴电子的焦点和近轴电子的焦点之间做水平移动，就可以得到一个最小的散焦圆斑。最小散焦斑的半径用 R_s 表示。若把 R_s 除以放大倍数，就可以把它折算到物平面上去，其大小 $\Delta r_s = \dfrac{R_s}{M}$。其中，$\Delta r_s$ 为由于球差造成的散焦斑半径，就是说，物平面上两点距离小于 $2\Delta r_s$ 时，则该透镜不能分辨，即在透镜的像平面上得到的是一个点；M 为透镜的放大倍数；Δr_s 可通过下式计算：

$$\Delta r_s = \frac{1}{4} C_s \alpha^3 \qquad\qquad (2\text{-}20)$$

式中，C_s 为透镜的球差系数；α 为透镜的孔径半角。

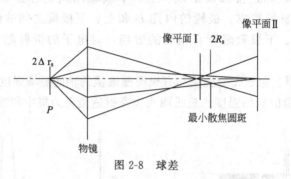

图 2-8　球差

通常情况下，物镜的 C_s 值相当于它的焦距大小，约为 $1 \sim 3 \text{mm}$，α 为孔径半角。从式 (2-20) 可以看出，减小球差可以通过减小 C_s 值和缩小孔径角来实现，因为球差和孔径半角成三次方的关系，所以用小孔径角成像时，可使球差明显减小。

2.2.5.2　像散

像散是由透镜磁场的非旋转对称而引起的。极靴内孔不圆、上下极靴的轴线错位、制作极靴的材料材质不均匀以及极靴孔周围局部污染等原因，都会使电磁透镜的磁场产生椭圆度。透镜磁场的这种非旋转性对称，会使它在不同方向上的聚焦能力出现差别，结果使成像物点 P 通过透镜后不能在像平面上聚焦成一点，见图 2-9。在聚焦最好的情况下，能得到一个最小的散焦斑，把最小散焦斑的半径 R_A 折算到物点 P 的位置上去，就形成了一个半径为 Δr_A 的圆斑，（M 为透镜放大倍数），用 Δr_A 来表示像散的大小。Δr_A 可通过式（2-21）计算：

$$\Delta r_A = \Delta f_A \alpha \qquad\qquad (2\text{-}21)$$

式中，Δf_A 为电磁透镜出现椭圆度时造成的焦距差。

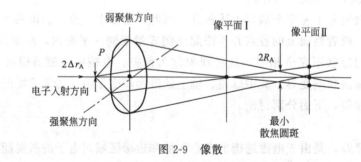

图 2-9　像散

如果电磁透镜在制造过程中已存在固有的像散，则可以通过引入一个强度和方位都可以调节的矫正磁场来进行补偿，这个产生矫正磁场的装置就是消像散器。

2.2.5.3　色差

色差是由于电子波的波长或能量发生一定幅度的改变而造成的。

图 2-10 为形成色差原因的示意图。若入射电子能量出现一定的差别，能量大的电子在距透镜光心比较远的地点聚焦，而能量较低的电子在距光心较近的地点聚焦，由此造成了一个焦距差。使像平面在长焦点和短焦点之间移动时，也可得到一个最小的散焦斑，其半径为 R_c。把 R_c 除以透镜的放大倍数 M，即可把散焦斑的半径 Δr_c 折算到物点 P 的位置上去，这

个半径大小等于 Δr_c，即 $\Delta r_c = \dfrac{R_c}{M}$，其值可以通过下式计算：

$$r_c = C_c \alpha \left| \frac{\Delta E}{E} \right| \tag{2-22}$$

式中，C_c 为透镜的色差系数；$\left| \dfrac{\Delta E}{E} \right|$ 为电子束能量变化率，当 C_c 和孔径角 α 一定时，$\left| \dfrac{\Delta E}{E} \right|$ 的数值取决于加速电压的稳定性和电子穿过样品时发生非弹性散射的程度。如果样品很薄，则可把后者的影响略去，因此采取稳定加速电压的方法可以有效地减小色差。色差系数与球差系数均随透镜激磁电流的增大而减小。

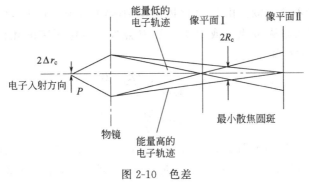

图 2-10 色差

2.2.5.4 畸变

球差除了影响透镜分辨本领外，还会引起图像畸变。若存在正球差，产生枕形畸变，如图所示的正方形物体成像后因畸变成枕形 [图 2-11(c)]。若有负球差，将产生桶形畸变 [图 2-11(b)]。由于磁透镜存在磁转角，势必伴随产生旋转畸变 [图 2-11(d)]。球差系数随激磁电流减小而增大。当电磁透镜在较低的激磁电流下工作时，球差比较大，这也就是电子显微镜在低放大倍数时易产生畸变的原因。

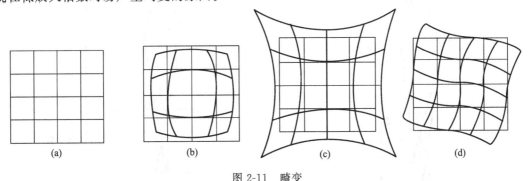

图 2-11 畸变

(a) 正方形物体；(b) 桶形畸变；(c) 枕形畸变；(d) S 形畸变

2.2.6 电子透镜分辨本领

电子透镜理论分辨率是电磁透镜的最重要的性能指标，它受衍射效应、球差、色差和像散等因素的影响。仅考虑衍射效应和球差时电磁透镜的理论分辨本领 r_{th} 为：

$$r_{th} = A \cdot C_s^{1/4} \cdot \lambda^{3/4} \tag{2-23}$$

式中，A 为常数，一般取值 0.4~0.5，它决定于推导 r_{th} 时的不同假设条件。电磁透镜的理论分辨本领为 0.2nm。

2.2.7　电磁透镜的场深和焦深

电磁透镜除了分辨本领大的特点外，尚有场深（景深）大、焦深长的特点。

所谓场深是指在不影响透镜成像分辨本领的前提下，物平面可沿透镜轴移动的距离，场深反映了试样可在物平面上、下沿镜轴移动的距离或试样超过物平面所允许的厚度。

如图 2-12 所示，物平面上的 P 点经透镜在像平面上成像为 P_1 点，如透镜的放大倍数为 M，分辨本领为 r，由于衍射和像散的综合影响，像点 P_1 实际上是一半径为 Mr 的弥散圆斑。距物平面 $1/2D_f$ 处的 Q（或 R）点，由于离焦（物点在物平面上为正焦，物点不在物平面上为离焦），在像平面上的像是半径为 MX 的圆斑。显然当 $MX \leqslant Mr$，即 $X < r$ 时不影响透镜分辨本领，像不会模糊。由于 D 比物距 L_1 小得多（图 2-12 中为了清楚起见，有意将 D_f 夸大了），所以可认为从 Q 点（或 R 点）和 P 点发出的电子束的孔径角都等于 2α。因此在 $X \leqslant r$ 条件下透镜的场深 D_f 为：

$$D_f = \frac{2X}{\tan\alpha} \approx \frac{2X}{\alpha} \approx \frac{2r}{\alpha} \tag{2-24}$$

$$D_f \approx \frac{2r}{\alpha} \tag{2-25}$$

当 $r=1\text{nm}$，$\alpha=10^{-3} \sim 10^{-2}\text{rad}$ 时，D_f 约为 $200 \sim 2000\text{nm}$，对于加速电压为 100kV 的电子显微镜，样品厚度一般控制在 200nm 以下，在透镜场深范围内，试样各部位都能调焦成像。

所谓焦深是指在不影响透镜成像分辨率的前提下，像平面可沿透镜轴移动的距离。焦深反映了观察屏或照相底板可在像平面上、下沿镜轴移动的距离。

图 2-13 是表示观察屏在焦深 D_i 距离内的位置时，$MX \leqslant Mr$，不影响透镜成像的分辨本领。

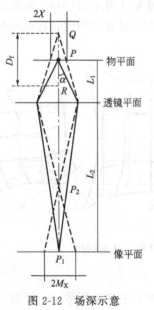

图 2-12　场深示意

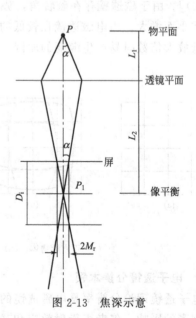

图 2-13　焦深示意

$$D_i = \frac{2M_r}{\tan\beta} \tag{2-26}$$

由于 $L_1\tan\alpha = L_2\tan\beta$，即 $\tan\beta = \frac{L_1}{L_2}\tan\alpha = \frac{\tan\alpha}{M} \approx \frac{\alpha}{M}$，所以，

$$D_i = \frac{2M^2 r}{\alpha} = D_f M^2 \tag{2-27}$$

式中，M 在单一磁透镜情况下是透镜放大倍数，对电镜观察屏上的终像来说是电镜的总放大倍数。当 $r = 1\text{nm}$，$\alpha = 10^{-2}\text{rad}$，$M = 2000$ 倍时 $D_i = 80\text{cm}$。当然，这一结果只有在每级透镜的 $D_i \ll L_1$ 时，才是正确的，即使不能完全满足 $D_i \ll L_1$ 关系，所得的 D_i 也是很大的。因此，当用倾斜的观察屏观察实像时，或照相底板位于观察屏下方时，像同样清晰。

2.3　电子与物质的相互作用

近十多年来，随着扫描电镜、透射电镜、电子探针、俄歇电子能谱仪、X 射线光电子能谱仪等现代分析仪器的发展，促进了电子、X 射线光子等辐射粒子与物质相互作用的研究。本节就电子与物质相互作用的基本物理过程、电子与物质相互作用产生的各种信号，这些信号的特点及其在电子显微分析中的应用作一些概要介绍。

2.3.1　电子散射

当一束聚焦电子束沿一定方向射入试样时，在原子库仑电场作用下，入射电子方向改变，称为散射。原子对电子的散射可分为弹性散射和非弹性散射。在弹性散射过程中，电子只改变方向，基本上无能量的变化。在非弹性散射过程中，电子不但改变方向，能量也有不同程度的减少，转变为热、光、X 射线和二次电子发射等。原子对电子的散射可分为：原子核对入射电子的弹性散射；原子核对入射电子的非弹性散射和核外电子对入射电子的非弹性散射。下面分别予以讨论。

2.3.1.1　原子核对入射电子的弹性散射

入射电子与试样中的原子核发生碰撞时，可以用经典力学方法近似处理。当一个电子从距离为 r_n 处通过原子序数为 Z 的原子核库仑电场时，将受到散射（图 2-14）。由于核的质量远大于电子的质量，电子散射后只改变方向而不损失能量，因此电子受到的散射是弹性散射，根据卢瑟福的经典散射模型，散射角 α 是：

$$\alpha = \frac{Ze^2}{E_0 r_n} \tag{2-28}$$

式中，E_0 为入射电子的能量，eV。由上式可知，原子序数越大，电子的能量越小，距核越近，散射角 α 越大。显然，这是一个相当简化了的模型，实际上除了要考虑原子核对电子的散射作用外，还应考虑核外电子负电荷的屏蔽作用。

2.3.1.2　原子核对入射电子的非弹性散射

入射电子运动到原子核附近，除受核的库仑电场的作用发生大角度弹性散射外，入射电子也可以被库仑电势制动而减速，成为一种非弹性散射。入射电子损失的能量 ΔE 转变为 X 射线，它们之间的关系是：

$$\Delta E = h\nu = \frac{hc}{\lambda} \tag{2-29}$$

式中，h 为普朗克常数；c 为光速；ν 和 λ 分别为 X 射线的频率与波长。由于能量的损失不是固定的，这种 X 射线无特征波长值，能量损失越大，X 射线波长越短，波长连续可变，一般称为连续辐射或韧致辐射，它本身不能用来进行成分分析，反而会在 X 射线谱上产生连续本底，影响分析的灵敏度和准确度。

2.3.1.3　核外电子对入射电子的非弹性散射

入射电子与原子核外电子的碰撞为非弹性散射 [图 2-14(b)]。此时入射电子运动方向改变，能量受到损失，而原子则受到激发。非弹性散射机制主要有单电子激发、等离子激发和声子激发。

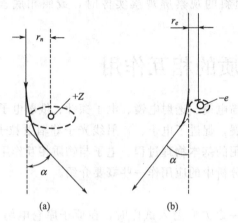

图 2-14　散射示意图

(a) 原子核对入射电子的弹性散射；(b) 核外电子对入射电子的非弹性散射

2.3.2　内层电子激发后的弛豫过程

当内层电子被运动的电子轰击脱离原子后，原子处于高度激发状态，它将跃迁到能量较低的状态，这种过程称为弛豫过程。它可以是辐射跃迁，即特征 X 射线发射；也可以是非辐射跃迁，如俄歇电子发射，这些过程都具有特征能量。

2.3.3　电子显微镜常用的各种电子信号

在电子与固体物质相互作用过程中产生的电子信号，除了二次电子、俄歇电子和特征能量损失电子外，还有背散射电子、透射电子和吸收电子等。

2.3.3.1　背散射电子

电子射入试样后，受到原子的弹性和非弹性散射，有一部分电子的总散射角大于 90°，重新从试样表面逸出，称为背散射电子，这个过程称为背散射。按入射电子受到的散射次数和散射性质，背散射电子又可进一步分为弹性背散射电子，单次非弹性散射电子和多次非弹性散射电子。如果在试样上方安放一个接收电子的探测器，可探测出不同能量的电子数目。图 2-15 为电子数目按能量分布的背散射电子能谱曲线，图中 E_0 为入射电子能量。由图可以看出，从试样表面出射的电子中除了背散射电子外，还包括二次电子、少量的俄歇电子和特征能量损失电子。由于探测器只能分别探测不同能量的电子，而并不能把能量相近的二次电子和背散射电子区分开来。因此，习惯上把能量低于 50eV 的电子当成"真正的"二次电子，大于 50eV 的电子归入背散射电子。

在扫描电镜和电子探针仪中应用背散射电子成像，称为背散射电子像。由图 2-15 可知，背散射电子能量较高，其中主要是能量等于或接近于 E_0 的电子。背散射电子产额随原子序数增大而增大，如图 2-16 所示。因此，背散射电子的衬度与成分密切相关，可以从背散射电子像的衬度得出一些元素的定性分布情况，背散射电子像的分辨率较低。

扫描电镜和电子探针中应用背散射电子成像，称为背散射电子像。其分辨率较二次电子像低。

2.3.3.2　透射电子

当试样厚度小于入射电子的穿透深度时，电子从另一表面射出，这样的电子称为透射电子。透射电子显微镜是应用透射电子成像的。如果试样只有 $10 \sim 20nm$ 的厚度，则透射电子主要由弹性散射电子组成，成像清晰，电子衍射斑点也比较明锐。如果试样较厚，则透射电子有相当部分是非弹性散射电子，能量低于 E_0，并且是一变量，经过磁透镜成像后，由于色差，影响了成像清晰度。

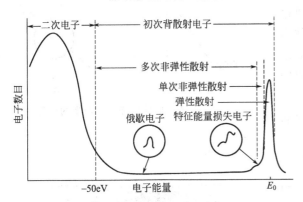

图 2-15　在试样表面上方接收到的电子谱

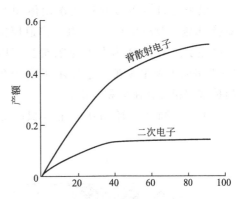

图 2-16　背散射电子和二次电子产额随原子序数的变化（加速电压为 $30kV$）

2.3.3.3　吸收电子

入射电子经过多次非弹性散射后能量损失殆尽，不再产生其他效应，一般称为被试样吸收，这种电子称为吸收电子。如果将试样与一纳安表连接并接地，要显示出吸收电子产生的吸收电流。显然，试样的厚度越大，吸收电子就越多，吸收电流就越大。反之亦然。因此不但可以利用吸收电流这个信号成像，还可以得出原子序数不同的元素的定性分布情况，它被广泛用于扫描电镜和电子探针中。

如果试样接地保持电中性，则入射电子强度 I_0 和背散射电子信号强度 I_B、二次电子信号强度 I_S、透射电子信号强度 I_T、吸收电子信号强度 I_A 之间存在以下关系：

$$I_0 = I_B + I_S + I_T + I_A \tag{2-30}$$

$$\eta + \delta + \tau + \alpha = 1 \tag{2-31}$$

式中，$\eta = I_B / I_0$，称背散射电子（发射）系数；$\delta = I_S / I_0$，称二次电子（发射）系数；$\tau = I_T / I_0$，称透射电子系数；$\alpha = I_A / I_0$，称吸收电子系数。

试样的密度与厚度和乘积越小，则透射电子系数越大；反之，则吸收电子系数和背散射电子系数越大。综上所述，高能电子束照射在固体试样上将产生各种电子及物理信号，如图 2-17 所示。这些信号我们可以在以下几方面进行应用。

① 成像。显示试样的亚微观形貌特征，还可以利用有关信号在成像时显示元素的定性分布。

② 从衍射及衍射效应可以得出试样的有关晶体结构资料，如点阵类型、点阵常数、晶体取向和晶体完整性等。

③ 进行微区成分分析。

2.3.4 相互作用体积与信号产生的深度和广度

2.3.4.1 相互作用体积

当电子射入试样后，受到原子的弹性、非弹性散射。特别是在许多次的散射后，电子在各个方向散射的概率相等，也即发生漫散射。由于这种扩散过程，电子与物质的相互作用不限于电子入射方向，而是有一定的体积范围，此体积范围称为相互作用体积。

电子与固体物质的相互作用体积可通过蒙特-卡洛（Monte-Carlo）电子弹道模拟技术予以显示。图 2-18 为电子与铝相互作用的蒙特-卡洛电子弹道模拟，它显示了电子在铝中的扩散和相互作用体积范围。

电子与固体试样相互作用体积的形状和

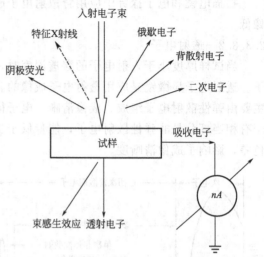

图 2-17　电子与固体试样作用产生的信号

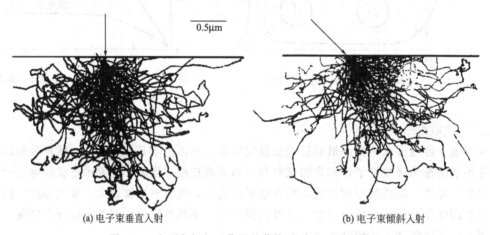

(a)电子束垂直入射　　　　　　　(b)电子束倾斜入射

图 2-18　电子与铝相互作用的蒙特-卡洛电子弹道模拟

大小与入射电子的能量、试样原子序数和电子束入射方向有关。对轻元素试样，相互作用体积呈梨形；对重元素试样，相互作用体积呈半球形。入射电子能量增加只改变相互作用体积的大小，但形状基本不变。与垂直入射相比，电子倾斜入射时相互作用体积在靠近试样表面处横向尺寸增加。相互作用体积的形状和大小决定了各种物理信号产生的深度和广度范围。

2.3.4.2 各种物理信号产生的深度和广度

相互作用体积呈梨形时各种信号产生的深度和广度范围如图 2-19 所示。由图可知：

俄歇电子仅在表面 1nm 层内产生，适用于表面分析。

二次电子在表面 10nm 层内产生，在这么浅的深度内电子还没有经过多少次散射，基本上还是按入射方向前进，因此二次电子发射的广度与入射电子束的直径相差无几。在扫描电镜成像的各种信号中，二次电子像具有最高的分辨率。

背散射电子，由于其能量较高，接近于 E_0，可以从离试样表面较深处射出，此时入射电子已充分扩散，发射背散射电子的广度要比电子束直径大，因此其成像分辨率要比二次电子低得多，它主要取决于入射电子能量和试样原子序数。

X 射线（包括特征 X 射线、连续辐射和 X 射线荧光）信号产生的深度和广度范围较大。

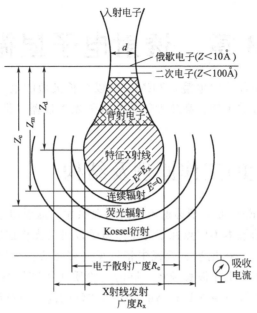

图 2-19　入射电子产生的各种
信号的深度和广度范围

第3章　透射电子显微镜

透射电子显微镜（简称透射电镜，TEM）是以波长极短的电子束作为照明源，用电磁透镜聚焦成像的一种高分辨本领、高放大倍数的电子光学仪器，是观察和分析材料的形貌、组织和结构的有效工具。

3.1　透射电镜的工作原理及结构

图 3-1 是日本电子 JEM-2010 型透射电镜的外观照片。透射电子显微镜在成像原理上与光学显微镜类似。它们的根本不同点在于光学显微镜以可见光作照明束，透射电子显微镜则以电子为照明束（图 3-2）。在光学显微镜中将可见光聚焦成像的玻璃透镜，在电子显微镜中相应地称为磁透镜。由于电子波长极短，同时与物质作用遵从布拉格（Bragg）方程，产生衍射现象，使得透射电镜自身在具有高的像分辨本领的同时兼有结构分析的功能。

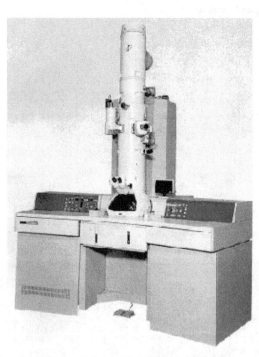

图 3-1　JEM-2010 型透射电子显微镜

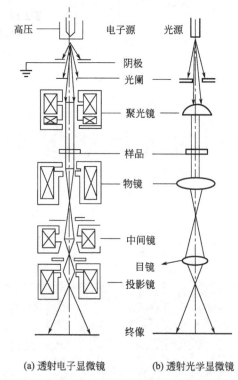

(a) 透射电子显微镜　　(b) 透射光学显微镜

图 3-2　透射显微镜构造原理

3.1.1　透射电镜的工作原理

电子枪产生的电子束经聚光镜会聚后均匀照射到试样上的某一待观察微小区域上，入射电子与试样物质相互作用，由于试样很薄，绝大部分电子穿透试样，其强度分布与所观察试样的形貌、组织、结构一一对应。

3.1.2　透射电镜的结构

它由光学成像系统、真空系统及电气系统三部分组成。

3.1.2.1　光学成像系统

光学成像系统是透射电子显微镜的核心，它组装成一直立的圆柱体，称为镜筒。它的光路原理与透射光学显微镜十分相似，如图 3-2 所示。它分为三部分，即照明系统、成像系统和观察记录系统。

（1）照明部分

照明系统的作用是提供亮度高、相干性好、束流稳定的照明电子束。它主要由发射并使电子加速的电子枪和会聚电子束的聚光镜组成。

电子显微镜使用的电子源有两类：一类为热电子源，即在加热时产生电子；另一类为场发射源，即在强电场作用下产生电子，为了控制由电子源产生的电子束，并将其导入照明系统，须将电子源安装在称为电子枪的特定装置内。对于不同电子源，电子枪的设计有所不同。目前大多数透射电镜仍使用热电子源。图 3-3 为三极热电子枪示意图，它由阴极（灯丝）、栅极和阳极组成。钨丝和 LaB_6 均可以被用作电子枪的阴极。为改善阴极发射电子的稳定性，通常采用自偏压方法，即在栅极上施加比阴极负几百至近千伏的偏压，限制阴极尖端发射电子的区域。三极电子枪本身对电子束还有一定聚焦作用。阴极发射的电子被阳极电位加速，穿过栅极孔，在电极间的电场作用下，在栅极和阳极间会聚为尺寸为 d_0 的交叉点。

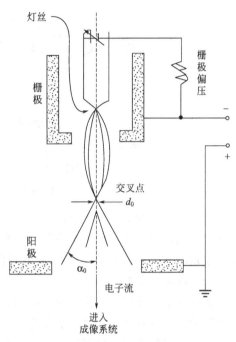

图 3-3　热电子枪示意

样品上需要照明的区域大小与放大倍数有关。放大倍数愈高，照明区域愈小，相应地要求以更细的电子束照明样品。由电子枪直接发射出的电子束的束斑尺寸较大，相干性也较差。为了更有效地利用这些电子，获得亮度高、相干性好的照明电子束以满足透射电镜在不同放大倍数下的需要，由电子枪发射出来的电子束还需要进一步会聚，提供束斑尺寸不同、近似平行的照明束。这个任务通常由二级聚光镜完成。

聚光镜为磁透镜，它是用来把电子枪射出的电子束会聚照射在样品上。调节聚光镜励磁电流（即改变透镜聚焦状态）就可以调节照明强度和孔径角大小。一般中级透射电镜采用单聚光镜，高级的透射电镜则大多数采用双聚光镜。单聚光镜的主要缺点是照明面积大，容易造成试样的热损伤和污染，这是由于电子源（电子枪交叉斑）到聚光镜的距离与聚光镜到样品的距离大致相同，聚光镜放大倍数约为 1。当电子枪交叉斑的直径约为 $50\mu m$ 时，经单聚光镜会聚后的电子束在试样上的照明面积的直径也约为 $50\mu m$ ［图 3-4（a）］。如果电镜观察圆屏的直径为 100mm，在放大 5 万倍时，则观察的试样区域的直径约为 $2\mu m$，即照明面积远比观察面积大，从而造成样品的热损伤和污染。

双聚光镜是在电子源和原来的聚光镜 C_2 之间再加上一聚光镜 C_1，第一聚光镜为强磁透镜用来控制束斑大小，第二聚光镜为弱磁透镜，用来改变照明孔径角和获得最佳亮度，其工作原理如图 3-4（b）和（c）所示。由于第一聚光镜更靠近光源，它的接收孔径角较大，可从光源收集到比单独用 C_2 时更多的电子，因而可以得到更亮的最终聚焦斑。通过调节第一和第二聚光镜励磁电流，可以得到与放大倍数相适应的面积和照明亮度，从而克服了单聚光镜由于照明面积大而导致的对样品的热损伤和污染。

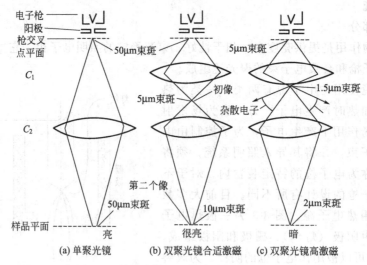

(a) 单聚光镜　　　(b) 双聚光镜合适激磁　　(c) 双聚光镜高激磁

图 3-4　单聚光镜和双聚光镜工作原理比较

一般中级透射电镜为垂直照明，即照明电子束轴线与成像系统同轴。高级透射电镜照明系统加有电磁偏转器，既可垂直照明，也可倾斜照明，即照明电子束轴线与成像系统轴线组成一定角度（一般 2°～3°），用于成暗场像。

（2）成像放大系统

透射电子显微镜的成像系统由物镜、中间镜（1～2 个）和投影镜（1～2 个）组成。成像系统的两个基本操作是将衍射花样或图像投影到荧光屏上。

照明系统提供了一束相干性很好的照明电子束，这些电子穿越样品后便携带样品的结构信息，沿各自不同的方向传播（比如，当存在满足布拉格方程的晶面组时，可能在与入射束交成 2θ 角的方向上产生衍射束）。物镜将来自样品不同部位、传播方向相同的电子在其背焦面上会聚为一个斑点，沿不同方向传播的电子相应地形成不同的斑点，其中散射角为零的直射束被会聚于物镜的焦点，形成中心斑点。这样，在物镜的背焦面上便形成了衍射花样。而在物镜的像平面上，这些电子束重新组合相干成像。通过调整中间镜的透镜电流，使中间镜的物平面与物镜的背焦面重合，可在荧光屏上得到衍射花样 [图 3-5（a）]。若使中间镜的物平面与物镜的像平面重合则得到显微像 [图 3-5（b）]。通过两个中间镜相互配合，可实现在较大范围内调整机子长度和放大倍数。

由图 3-5 可见，由衍射状态变换到成像状态，是通过改变中间镜的激磁强度（即改变其焦距）实现的。在这个过程中，物镜和投影镜的焦距不变，中间镜以上的光路保持恒定。通常为了便于图像聚焦，物镜的焦距只需在很小的范围内变化。从上述成像原理可以看出，物镜提供了第一幅衍射花样和第一幅显微像。物镜所产生的任何缺陷都将被随后的中间镜和投影镜接力放大。可见，透射电镜分辨率的高低主要取决于物镜，它在透射电镜成像系统中占有头等重要的位置。为获得高分辨本领，通常采用强激磁、短焦距物镜。中间镜属长焦距弱激磁透镜。投影镜与物镜一样属强激磁透镜，它的特点是具有很大的景深和焦长。这使得在改变中间镜电流以改变放大倍数时，无须调整投影镜电流，仍能得到清晰的图像，同时容易保证在离开荧光屏平面（投影镜像平面）一定距离处放置的感光片上所成的图像与荧光屏上的相同。

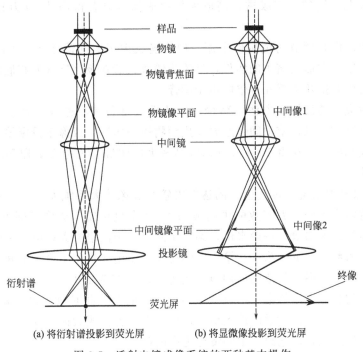

(a) 将衍射谱投影到荧光屏　　　　(b) 将显微像投影到荧光屏

图 3-5　透射电镜成像系统的两种基本操作

通过改变中间镜放大倍数可以在相当范围（例如 2000～200000 倍）内改变电镜的总放大倍数。

① 三级成像放大系统：高、中、低级透射电镜的成像放大系统由一个物镜、一个或多个中间镜和一个或多个投影镜组成，可进行高放大倍数、中放大倍数和低放大倍数成像，成像光路示于图 3-6。

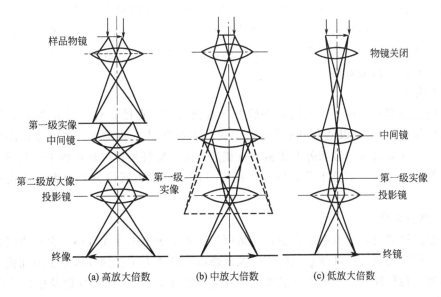

(a) 高放大倍数　　　　(b) 中放大倍数　　　　(c) 低放大倍数

图 3-6　TEM 成像光路

高放大倍数成像时，物经物镜放大后在物镜和中间镜之间成第一级实像，中间镜以物镜的像为物进行放大，在投影镜上方成第二级放大像，投影镜以中间镜像为物进行放大，在荧光屏或照相底板上成终像。三级透镜高放大倍数成像可以获得高达 20 万倍及以上的电子图像。

中放大倍数成像时调节物镜励磁电流，使物镜成像于中间镜之下，中间镜以物镜像为"虚物"，在投影镜上方形成缩小的实像，经投影镜放大后在荧光屏或照相底板上成终像。中放大倍数成像可以获得几千至几万倍的电子图像。

低放大倍数成像的最简便方法是减少透镜使用数目和减小透镜放大倍数。例如关闭物镜，减弱中间镜励磁电流，使中间镜起着长焦距物镜的作用，成像于投影镜之上，经投影镜放大后成像于荧光屏上，获得 100~300 倍视域较大的图像，为检查试样和选择、确定高倍观察区提供方便。

② 多级成像放大系统：现代生产的透射电镜其成像放大系统大多有 4~5 个成像透镜。除了物镜外，有两个可变放大倍数的中间镜和 1~2 个投影镜。成像时则可按不同模式（光路）来获得所需的放大倍数。一般来讲，第一中间镜用于低倍放大；第二中间镜用于高倍放大；在最高放大倍数情况下，第一、第二中间镜同时使用或只使用第二中间镜，成像放大倍数可以在 100 倍到 100 多万倍范围内调节。此外，由于有两个中间镜，在进行电子衍射时，用第一中间镜以物镜后焦面的电子衍射谱作为物进行成像（此时放大倍数就固定了），再用第二中间镜改变终像电子衍射谱的放大倍数，可以得到各种放大倍数的电子衍射谱。因此第一中间镜又称为衍射镜，而把第二中间镜称为中间镜。

在镜筒的这一部分，除物镜、中间镜和投影镜外，还有样品室、物镜光阑、消像散器和衍射光阑等。

消像散器是一个产生附加弱磁场的装置，用来校正透镜磁场的非对称性，从而消除像散，物镜下方都装有消像散器。

（3）图像观察记录部分

图像观察记录部分用来观察和拍摄经成像和放大的电子图像，该部分有荧光屏，照相盒、望远镜（长工作距离的立体显微镜）。荧光屏能向上斜倾和翻起，荧光屏下面是装有照相底板的照相盒。当用机械或电气方式将荧光屏向上翻起时，电子束便直接照射在下面的照相底板上并使之感光，记录下电子图像。望远镜一般放大 5~10 倍，用来观察电子图像中的更小的细节和进行精确聚焦。

（4）样品台

透射电镜观察的是按一定方法制备后置于电镜铜网（直径 3mm）上的样品。样品台是用来承载样品（铜网），以便在电镜中对样品进行各种条件下的观察。它可根据需要使样品倾斜和旋转，样品台还与镜筒外的机械旋杆相连，转动旋杆可使样品在两个互相垂直的方向平移，以便观察试样各部分细节。样品台按样品进入电镜中就位方式分为顶插式和侧插式两种。

3.1.2.2 真空系统

电子显微镜镜筒必须具有高真空，这是因为：若电子枪中存在气体，会产生气体电离和放电现象；炽热的阴极枪灯丝被氧化或腐蚀而烧断；高速电子受到气体分子的随机散射而降低成像衬度及污染样品。一般电子显微镜的真空要求在 $10^{-4}~10^{-5}$ Pa 以及更高的真空度。

真空系统就是用来把镜筒中的气体抽掉，它由三级真空泵组成，第一级为机械泵，将镜

筒预抽至 10^{-1} Pa；第二级为油扩散泵或分子泵，将镜筒从 10^{-1} Pa 进一步抽至 10^{-2} ～ 10^{-4} Pa；第三级为离子泵，一般安装在电子枪部分，可使其真空度达到 10^{-5} Pa 以上。如果电子枪用的是场发射灯丝，则其真空度要达到 10^{-7} ～ 10^{-8} Pa，一般要使用多个离子泵同时工作才能达到。当镜筒内达到要求的真空度后，电镜才可以开始工作。

3.1.2.3 电气系统

电气系统主要包括三部分：灯丝电源和高压电源（使电子枪产生稳定的高能照明电子束）；以及各磁透镜的稳压稳流电源（使各磁透镜具有高的稳定度，电气控制电路，用来控制真空系统、电气合轴、自动聚焦、自动照相等）。

3.2 透射电镜的主要性能指标

透射电镜的主要性能指标是分辨率、放大倍数和加速电压。

3.2.1 分辨率

分辨率是透射电镜的最主要的性能指标，它反映了电镜显示亚显微组织、结构细节的能力。用两种指标表示，一种是点分辨率，它表示电镜所能分辨的两个点之间的最小距离；另一种是线分辨率，它表示电镜所能分辨的两条线之间的最小距离。电镜的分辨率指标与选用何种极靴物镜有关。现代的电镜中，物镜极靴可分为高倾斜极靴、高分辨极靴及超高分辨极靴。目前，选用超高分辨极靴的透射电镜其点分辨率可达 0.19nm，线分辨率为 0.104～0.14nm。

3.2.2 放大倍数

放大倍数是指电子图像对于所观察试样区的线性放大率。对放大倍数指标，不仅要考虑其最高和最低放大倍数，还望注意放大倍数的调节是否覆盖从低倍到高倍的整个范围。最高放大倍数仅仅表示电镜所能达到的最高放大率，也就是其放大极限。实际工作中，一般都是在低于最高放大倍数下观察，以便获得清晰的高质量电子图像。目前高性能透射电镜的放大倍数变化范围为 100 倍到 150 万倍。即使在 150 万倍的最高放大倍数下仍不足以将电镜所能分辨的细节放大到人眼可以辨认的程度。例如，人眼能分辨的最小细节为 0.2mm，若要将 0.1nm 的细节放大到 0.2mm，则需要放大 200 万倍。因此对于很小细节的观察都是用电镜放大几十万倍在荧光屏上成像，通过电镜附带的长工作距离立体显微镜进行聚焦和观察，或用照相底板记录下来，经光学放大成人眼可以分辨的照片。上述的测量点分辨率和线分辨率照片都是这样获得的。

3.2.3 加速电压

电镜的加速电压是指电子枪的阳极相对于阴极的电压，它决定了电子枪发射的电子的波长和能量。加速电压高，电子束对样品的穿透能力强，可以观察较厚的试样，同时有利于电镜的分辨率和减小电子束对试样的辐射损伤。透射电镜的加速电压在一定范围内分成多挡，以便使用者根据需要选用不同加速电压进行操作，通常所说的加速电压是指可达到的最高加速电压。目前普通透射电镜的最高加速电压一般为 100kV 和 200kV。对于材料研究工作来说，选择 200kV 加速电压的电镜更为适宜。

3.3 透射电镜样品制备方法

样品制备在透射电子显微分析技术中占有相当重要的位置。由透射电镜的工作原理可知，供透射电镜分析的样品必须对电子束是透明的，通常样品观察区域的厚度以控制在约 100～200nm 为宜。此外，所制得的样品还必须具有代表性，以真实反应所分析材料的某些特征。因此，样品制备时不可影响这些特征，如已产生影响则必须知道影响的方式和程度。透射电镜样品制备是一个涉及面很广的题目，方法也很多。选择哪种方法，则取决于材料的类型和所要获取的信息。透射电镜样品可分为间接样品和直接样品，即复型样品、粉末样品和薄膜样品。

3.3.1　间接样品（复型）的制备

间接样品即复型样品，是将样品表面的浮凸复制于某种薄膜而获得的。利用这种样品在透射电镜下成像即可间接反映原样品的表面形貌特征。常用的复型材料是非晶碳膜和各种塑料薄膜。按复型的制备方法，复型主要分为一级复型、二级复型和萃取复型。

一级复型可以是塑料一级复型或碳一级复型，前者是将配制好的塑料溶液在样品表面直接浇注，后者是在高真空室中向样品表面直接喷碳。塑料一级复型的优点是制作简便，不破坏样品表面，其缺点是衬度差，易被电子束烧蚀和分解，且由于塑料的分子尺寸通常比碳颗粒大而分辨率较低（约 10～20nm）。碳一级复型的优点是分辨率较高（约 2～5nm），电子束照射下的稳定性较好，其缺点是制备过程较为复杂且往往在分离碳膜时使样品表面遭到破坏。综合塑料复型和碳复型的某些优点，较为常用的是塑料-碳二级复型。塑料-碳二级复型与碳一级复型相比，优点是第一级复型系用塑料膜进行，膜易从试块揭下，制样过程中不破坏试样表面形貌，可重复复型，它特别适用于粗糙表面和断口的复型，缺点是像的分辨率要比碳一级复型低一些，一般约 10nm 左右。

萃取复型是在使复型膜与样品表面分离时，将样品表面欲分析的颗粒相抽取下来并黏附在复型膜上。虽然复型材料不是原始材料，但黏附的颗粒却是真实的，因此萃取复型实际是一种半直接样品。因为利用萃取复型样品分析这些颗粒时可以避免基体的干扰，因此随着分析电子显微技术的出现，萃取复型再次得到人们的青睐。

在现代电子显微分析中已较少采用复型技术。然而，在某些情况下，复型技术仍具有其独特的优势。例如上述二级复型可用于现场采样而不破坏原始样品。

3.3.2　直接样品的制备

透射电镜的直接样品包括经悬浮分散的超细粉末颗粒和用一定方法减薄的材料薄膜。

3.3.2.1　粉末样品制备

用超声波分散器将需观察的粉末在溶液（不与粉末发生作用的）中分散成悬浮液。用滴管滴几滴在覆盖有碳膜的电镜铜网上。待其干燥（或用滤纸吸干）后，即成为电镜观察用的粉末样品。如需检查粉末在支持膜上的分散情况，可用光学显微镜进行观察。样品制好后，就可以装入电镜的样品杯或样品杆中送入电镜观察。电镜样品铜网直径为 3mm，上有数百个网孔，放大后的形状见图 3-7。图 3-8 为粉末的透射电镜照片。

3.3.2.2　薄膜样品制备

制备薄膜样品的方法有很多，但一般情况下，总的制作过程都分为如下几步：

① 初减薄——制备厚度约 $100～200\mu m$ 的薄片；

② 从薄片上切取直径 3mm 的圆片；

③ 预减薄——从圆片的一侧或两侧将圆片中心区域减薄至数微米；

④ 终减薄。

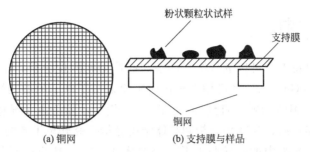

图 3-7　铜网和支持膜样品示意图

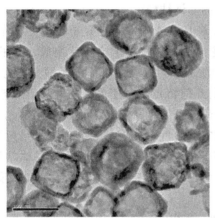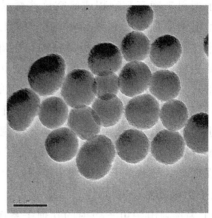

图 3-8　粉末的透射电镜照片

终减薄的方法有超薄切片、电解抛光、化学抛光和离子轰击等。超薄切片适用于生物试样、电解抛光减薄法适用于金属材料，化学抛光法适用于在化学试剂中能均匀减薄的材料，如半导体、单晶体、氧化物等。无机非金属材料大多数为多相、多组分的非导电材料，上述方法均不适用。无机非金属材料大多数为多相、多组分的非导电材料，上述方法均不适用。直至 20 世纪 60 年代初产生了离子轰击减薄装置后，才使无机非金属材料的薄膜制备成为可能。

离子轰击减薄原理是：在高真空中，两个相对的冷阴极离子枪，提供高能量的氩离子流，以一定角度对旋转的样品的两面进行轰击（图 3-9）。当轰击能量大于样品材料表层原子的结合能时，样品表层原子受到氩离子击发而溅射，经较长时间的连续轰击、溅射，最终样品中心部分穿孔。穿孔后的样品在孔的边缘处极薄，对电子束是透明的，就成为薄膜样品（图 3-10）。

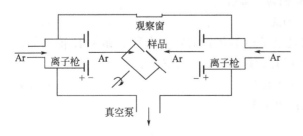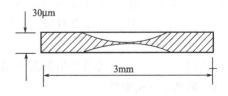

图 3-9　离子轰击减薄装置结构示意　　　　　图 3-10　离子轰击减薄后的薄膜样品断面

3.4　电子衍射

透射电镜的主要特点是可以进行组织形貌与晶体结构同位分析。早在1927年，戴维森（Davisson）和革末（Germer）就已用电子衍射实验证实了电子的波动性，但电子衍射的发展速度远远落后于X射线衍射。直到20世纪50年代，才随着电子显微镜的发展，把成像和衍射有机地联系起来后，为物相分析和晶体结构分析研究开拓了新的途径。

许多材料和黏土矿物中的晶粒只有几十微米大小，有时甚至小到几百纳米，不能用X射线进行单个晶体的衍射，但却可以用电子显微镜在放大几万倍的情况下，用选区电子衍射和微束电子衍射来确定其物相或研究这些微晶的晶体结构。

电子衍射的原理和X射线衍射相似，是以满足（或基本满足）布拉格方程作为产生衍射的必要条件。两种衍射技术所得到的衍射花样在几何特征上也大致相似。电子衍射与X射线衍射的主要区别在于电子波的波长短受物质的散射强（原子对电子散射能力比X射线高约一万倍）。电子波长短，决定了电子衍射的几何特点，它使单晶的电子衍射谱和晶体的倒易点阵的二维截面完全相似，从而使晶体几何关系的研究变得简单多了。第一，衍射束强度有时几乎与透射束相当，因此就有必要考虑它们之间的相互作用，使电子衍射花样分析，特别是强度分析变得复杂，不能像X射线那样从测量强度来广泛地测定晶体结构；第二，由于散射强度高，导致电子穿透能力有限，因而比较适用于研究微晶、表面和薄膜晶体。

3.4.1　电子衍射基本公式

图3-11为透射电镜电子衍射的几何关系图，当电子束 I_0 照射到试样晶面间距为 d 的晶面组（hkl），在满足布拉格条件时，与入射束交成 2θ 角度方向上得到该晶面组的衍射束。透射束和衍射束在照相底板相交得到透射斑点 Q 和衍射斑点 P，它们之间的距离为 R，由图中几何关系得：

$$R = L\tan2\theta \tag{3-1}$$

由于电子波波长很短，电子衍射的 2θ 很小，一般仅为 $1°\sim2°$，所以

$$\tan2\theta \approx \sin2\theta \approx 2\sin\theta \tag{3-2}$$

代入布拉格公式 $2d\sin\theta = \lambda$ 得：

$$Rd = L\lambda \tag{3-3}$$

这就是电子衍射基本公式。

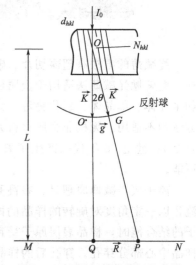

图 3-11　电子衍射的几何关系图

试样到照相底板距离 L 称为衍射长度或电子衍射相机长度；在一定加速电压下，λ 值确定，L 和 λ 的乘积为一常数：

$$K = L\lambda \tag{3-4}$$

K 称为电子衍射的仪器常数或相机常数。它是电子衍射装置的重要参数。如果 K 值已知，即可由衍射斑点的 R 值计算出对应该衍射斑点的晶面组（hkl）的 d 值：

$$d = L\lambda/R = K/R \tag{3-5}$$

电子衍射中 R 与 $1/d$ 的关系是衍射斑点指标化的基础。

3.4.2　单晶电子衍射谱

单晶电子衍射得到的衍射花样是一系列按一定几何图形配置的衍射斑点，通常称为单晶

电子衍射谱。单晶电子衍射谱具有一定几何图形与对称性。图 3-12 为 TiAl 的单晶电子衍射谱。

3.4.3　多晶电子衍射谱

多晶电子衍射谱的几何特征和粉末法的 X 射线衍射谱非常相似，由一系列不同半径的同心圆环所组成，图 3-13 为纳米 TiO_2 的多晶电子衍射谱。

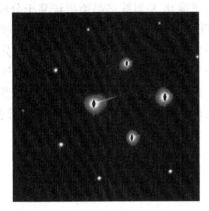

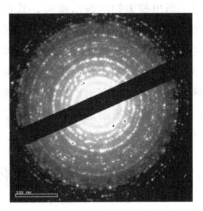

图 3-12　TiAl 的单晶电子衍射谱　　　　　　图 3-13　纳米 TiO_2 的多晶电子衍射谱

产生这种环形花样的原因是：多晶试样是许多取向不同的细小晶粒的集合体，在入射电子束照射下，对每一颗小晶体来说，当其面间距为 d 的 $\{hkl\}$ 晶面族的晶面组符合衍射条件时，将产生衍射束，并在荧光屏或照相底板上得到相应的衍射斑点。当有许多取向不同的小晶粒，其 $\{hkl\}$ 晶面族的晶面组符合衍射条件时，则形成以入射束为轴，2θ 为半角的衍射束构成的圆锥面，它与荧光屏或照相底板的交线，就是半径为 $R = L\lambda/d$ 的圆环。因此，多晶衍射谱的环形花样实际上是许多取向不同的小单晶的衍射的叠加。d 值不同的 $\{hkl\}$ 晶面族，将产生不同的圆环，从而形成由不同半径同心圆环构成的多晶电子衍射谱。

3.4.4　电子衍射方法

物镜是透射电镜的第一级成像透镜。由晶体试样产生的各级衍射束首先经物镜会聚后于物镜后焦面成第一级衍射谱。再经中间镜及投影镜放大后在荧光屏或照相底板上得到放大了的电子衍射谱。因此透射电镜的电子衍射相机长度（衍射长度）L 和相应的相机常数 K 分别为：

$$L = f_0 M' \tag{3-6}$$
$$K = \lambda f_0 M' \tag{3-7}$$

式中，f_0 为物镜焦距；M' 为中间镜及投影镜的总放大倍数。可见 L 及 K 不再是固定不变的，它们随所选用的电子衍射方法及操作条件而改变。因此，有时也称为有效相机长度和有效相机常数。

电子衍射的方法主要有以下几种，选区电子衍射、微束电子衍射、高分辨电子衍射、高分散性电子衍射（小角度电子衍射）和会聚束电子衍射。选区电子衍射是透射电镜中最常使用的一种，就是通过置于物镜像平面的专用选区光阑（或称视场光阑）进行选择特定像区的各级衍射束成谱。

3.4.5　电子衍射物相分析的特点

X 射线衍射是物相分析的主要手段，但电子衍射物相分析因具有下列优点，使用日益增多。

① 分析灵敏度非常高，小至几十甚至几纳米的微晶也能给出清晰的电子图像，因此探测极限非常低。适用于试样总量很少（如微量粉料，表面薄层）、待定物在试样中含量很低（如晶界的微量沉淀，第二相在晶体内的早期预沉淀过程等）和待定物颗粒非常小（如结晶开始时生成的微晶、黏土矿物等）情况下的物相分析。

② 可以得到有关晶体取向关系的资料，如晶体生长的择优取向，析出相与基体的取向关系等。当出现未知的新结构时，其单晶电子衍射谱可能比 X 射线多晶衍射谱易于分析。

③ 电子衍射物相分析可与形貌观察结合进行，得到有关物相大小、形态和分布等资料。

在强调电子衍射物相分析的优点时，也应充分注意其弱点。由于分析灵敏度高，分析中可能会引起一些假象，如制样过程中由水或其他途径引入的各种微量杂质，试样在大气中放置时落上尘粒等，都会给出这些杂质的电子衍射谱。所以，除非一种物相的电子衍射谱经常出现，否则不能轻易断定这种物相的存在。同时，对电子衍射物相分析结果要持分析态度，并尽可能与 X 射线物相分析结合进行。

3.5 透射电镜成像操作

3.5.1 明场成像和暗场成像

利用投影到荧光屏上的选区衍射谱可以进行透射电镜的两种最基本的成像操作。无论是晶体样品或非晶体样品，其选区衍射谱上必存在一个由直射电子束形成的中心亮斑以及一些散射电子。我们既可以选直射电子也可以选部分散射电子来成像。这种成像电子的选择是通过在物镜背焦面上插入物镜光阑来实现的。选用直射电子形成的像称为明场像（BF），选用散射电子形成的像则称为暗场像（DF）。图 3-14(a) 和(b) 分别是晶体样品明场成像和暗场成像的光路原理图。

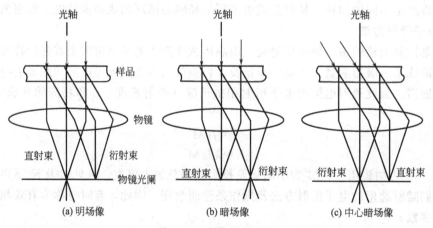

图 3-14 成像光路原理

3.5.2 中心暗场成像

在图 3-14(b) 所示的暗场成像条件下，由于成像电子束偏离了透射电镜的光轴而造成较大的像差并在成像时难以聚焦，成像质量较差。在透射电镜中，为了获得高质量的暗场像，人们总是采取所谓的"中心暗场成像"（Centered Dark Field Imaging），即将入射电子束反向倾斜一个相应的散射角度，而使散射电子沿光轴传播。对晶体样品，如明场成像时 (hkl) 晶面组恰与入射方向交成精确的布拉格角 θ，而其余晶面组均与衍射条件存在较大偏差，此时除直射束外只有一个强的衍射束即 (hkl) 衍射束，即构成所谓的"双光束条件"。在此条件下，通过束倾斜，使入射束沿原先的 (hkl) 衍射束方向入射，即将中心斑点移至 (hkl) 衍射斑点的位置。此时，(hkl) 晶面组将偏离布拉格条件，而晶面组与入射束交成精确的布拉格角，其衍射束与光轴平行，正好通过光阑孔，而直射束和其他衍射束均被挡掉，如图 3-14(c) 所示。

3.6　透射电子显微像

　　一般把电子图像的光强度差别称为衬度。像衬度是图像上不同区域间明暗程度的差别。正是由于图像上不同区域间存在明暗程度的差别即衬度的存在，才使得我们能观察到各种具体的图像。透射电镜的像衬度与所研究的样品材料自身的组织结构、所采用的成像操作方式和成像条件有关。只有了解像衬度的形成机理，才能对各种具体的图像给予正确解释，这是进行材料电子显微分析的前提。

　　总的说来，透射电镜的像衬度来源于样品对入射电子束的散射。当电子波穿越样品时，其振幅和相位都将发生变化，这些变化都可以产生像衬度。所以，透射电镜像衬度从根本上可分为振幅衬度和相位衬度。所以电子图像的衬度按其形成机制分为质厚衬度、衍射衬度和相位衬度，它们分别适用于不同类型的试样、成像方法和研究内容。质厚衬度理论比较简单，适用于用一般成像方法对非晶态薄膜和复型膜试样所成图像的解释；衍射衬度和相位衬度理论用于晶体薄膜试样所成图像的解释，属于薄晶体电子显微分析的范畴。

3.6.1　质厚衬度（散射衬度）

　　对于无定形或非晶体试样，电子图像的衬度是由于试样各部分的密度和厚度不同形成的，这种衬度称为散射衬度［也称为质（量）厚（度）衬度］。

　　由于样品的不均匀性，即同一样品的相邻两点，可能有不同的样品密度、不同的样品厚度或不同的组成，因而对入射电子有不同的散射能力。

　　无定形或非晶体试样中原子的排列是不规则的，电子像的强度可以借助独立地考虑个别原子对电子的散射并将结果相加而得到。

　　质厚衬度来源于电子的非相干弹性散射。当电子穿过样品时，通过与原子核的弹性作用被散射而偏离光轴，弹性散射截面是原子序数的函数。此外，随样品厚度增加，将发生更多的弹性散射。所以，样品上原子序数较高或样品较厚的区域（较黑）比原子序数较低或样品较薄的区域（较亮）将使更多的电子散射而偏离光轴，如图 3-15 所示。

　　透射电镜总是采用小孔径角成像，在图 3-15 所示的明场成像即在垂直入射并使光阑孔置于光轴位置的成像条件下，偏离光轴一定程度的散射电子将被物镜光阑挡掉，使落在像平面上相应区域的电子数目减少（强度较小）。原子序数较高或样品较厚的区域在荧光屏上显示为较暗的区域。反之，质量或厚度较低的区域对应于荧光屏上较亮的区域。所以，图像上明暗程度的变化就反映了样品上相应区域的原子序数

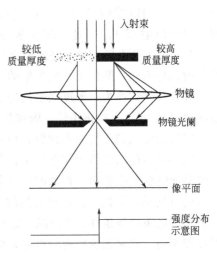

图 3-15　质厚衬度成像光路图

（质量）或样品厚度的变化。此外，也可以利用任何散射电子来形成显示质厚衬度的暗场像。显然，在暗场成像条件下，样品上较厚或原子序数较高的区域在荧光屏上显示为较亮的区域。可见，这种建立在非晶体样品中原子对电子的散射和透射电子显微镜小孔径角成像基础之上的质厚衬度是解释非晶体样品电子显微图像衬度的理论依据。

质厚衬度受到透射电子显微镜物镜光阑孔径和加速电压的影响。如选择的光阑孔径较大，将有较多的散射电子参与成像，图像在总体上的亮度增加，但却使得散射和非散射区域（相对而言）间的衬度降低。如选择较低的加速电压，散射角和散射截面将增大，较多的电子散射到光阑孔以外。此时，衬度提高，但亮度降低。

3.6.2　衍射衬度

对晶体样品，电子将发生相干散射即衍射。所以，在晶体样品的成像过程中，起决定作用的是晶体对电子的衍射。由样品各处衍射束强度的差异形成的衬度称为衍射衬度，简称衍衬。影响衍射强度的主要因素是晶体取向和结构振幅。对没有成分差异的单相材料，衍射衬度是由样品各处满足布拉格条件程度的差异造成的。

衍衬成像和质厚衬度成像有一个重要的差别。在形成显示质厚衬度的暗场像时，可以利用任意的散射电子。而形成显示衍射衬度的明场像或暗场像时，为获得高衬度高质量的图像（同时也便于图像衬度解释），总是通过倾斜样品台获得所谓"双束条件"（two-beam conditions），即在选区衍射谱上除强的直射束外只有一个强衍射束。图 3-16 是晶体样品中具有不同取向的两个相邻晶粒在明场成像条件下获得衍射衬度的光路原理图。图中，在强度为 I_0 的入射束照射下，A 晶粒的 (hkl) 晶面与入射束间的夹角正好等于布拉格角 θ，形成强度为 I_{hkl} 的衍射束，其余晶面均与衍射条件存在较大的偏差；而 B 晶粒的所有晶面均与衍射条件存在较大的偏差。这样，在明场成像条件下，像平面上与 A 晶粒对应的区域的电子束强度为 $I_A \approx I_0 - I_{hkl}$，而与 B 晶粒对应的区域的电子束强度为 $I_B \approx I_0$。反之，在暗场成像的条件下，即通过调节物镜光阑孔位置，只让衍射束 I_{hkl} 通过光阑孔参与成像，有 $I_A \approx I_{hkl}$，$I_B \approx I_0$。由于荧光屏上像的亮度取决于相应区域的电子束的强度，因此，若样品上不同区域的衍射条件不同，图像上相应区域的亮度将有所不同，这样在图像上便形成了衍射衬度。

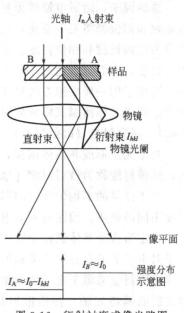

图 3-16　衍射衬度成像光路图

如果晶体试样为一厚度完全均匀、没有任何弯曲和缺陷的完整晶体的薄膜，当其某一组晶面 (hkl) 满足布拉格条件，则该晶面组在各处满足布拉格条件程度相同，衍射强度相同，无论用透射束成像或衍射束成像，均看不到衬度。

但如果在样品晶体中存在缺陷，例如有一刃型位错，图 3-17（a）中的 D 处，则位错周围的晶面畸变发生歪扭，在如图所示条件下，位错右侧晶面 B 顺时针转动，位错左侧晶面 D′反时针转动，使这组晶面在样品的不同部位满足布拉格条件的程度不同。若 D′处晶面处于精确满足布拉格条件，B 处晶面完全不满足布拉格条件，于是 A、B、C、D′处晶面的衍射强度不同，此时无论用透射束还是衍射束成像均产生衬度，得到刃型位错线的衍衬像，如图 3-17（c）所示。

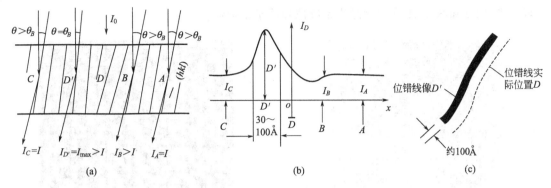

图 3-17 位错衬度的产生及表征

（a）D 处有一刃型位错，使晶体各处满足衍射条件不同；（b）衍射束强度分布；（c）刃型位错线的衍衬像

薄晶体刃型位错的衍衬像是一条线，用透射束成像时，为一暗线，用衍射束成像时为一亮线。位错线的像总是出现在它的实际位置的一侧或另一侧。可以用衍射理论来解释这些现象，按照衍衬理论可以导出样品底表面的衍射束和透射束的强度分布的数学表达式，从而可以解释所成像的衬度，其过程大致如下：先考虑晶体中单个原子、m 个原子的元胞以及一层原子对入射电子的散射产生的散射波振幅，再把各层原子产生的散射波振幅叠加起来（在动力学理论中还要考虑入射束与散射束的动力学相互作用），导出完整晶体试样表面的衍射和透射束的振幅分布，即可得出强度分布。在晶体有某种缺陷的情况下，缺陷附近的某个区域点阵发生畸变，引入相应于该缺陷的位移矢量，即可导出缺陷晶体底表面的衍射束和透射束的强度分布，从而可得到衍衬像的定性和定量（需要考虑吸收）解释。图 3-17(a) 为有刃型位错的晶体底表面的衍射束强度分布图，它说明用衍射束成像时刃型位错的位错线应是一条亮线。图 3-18 为 ZrO_2 陶瓷中的位错网，由位错线是黑线可知是明场像。

由图 3-18 的位错线（线缺陷）像及图 3-19 的堆积层错（面缺陷）像说明缺陷成像时，物与像并不相似。因此必须依据衍衬理论来对图像做出正确的解释，这是衍衬像的特点之一。

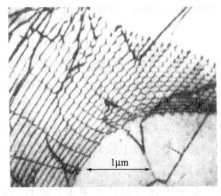

图 3-18 ZrO_2 中的位错网

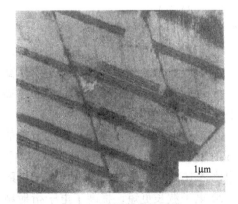

图 3-19 不锈钢中的层错

3.6.3 相位衬度

薄晶体成像除了根据衍射原理形成的衍衬像外，还有根据相位衬度原理形成的高分辨率像，它的研究对象是 1nm 以下的细节。高分辨率像有直接反映晶体晶格一维或二维结构的晶格条纹像；反映晶体结构中原子或分子配置情况的结构像，以及反映单个重金属原子的原

子像。图 3-20 和图 3-21 分别为晶格条纹像和原子结构像。

图 3-20　金的晶格条纹像　　　　　　图 3-21　单晶硅（111）原子结构像

　　观察 1nm 以下的细节，所用的薄晶体试样厚度小于 10nm。入射电子波照射到极薄试样上后，入射电子受到试样原子散射，分成透射波和散射波两部分，它们之间相位差为 π/2。由于试样极薄，散射电子差不多都能通过光阑相干成像，入射电子穿过薄试样只受轻微的散射，不足以产生散射衬度。但是轻微散射电子与透射电子之间存在相位差，再加上透镜失焦和球差对相位差的影响，经物镜的会聚作用，在像平面上发生干涉。由于样品各点的散射波与透射波的相位差不同，在像平面上产生的干涉后的合成波也不同，这就形成了图像上的衬度。由这种衬度形成的图像为相位衬度像。

3.7　高压电子显微镜

　　高压电子显微镜是指加速电压较高的透射电镜。普通透射电镜（CTEM）的加速电压在 100～200kV 左右。加速电压在 500kV 以上的电镜称为高压电镜（HVEM）。高压电镜中，加速电压在 1000kV（1MV）以上的称为超高压电镜，目前超高压电镜最高加速电压达到 3000kV（3MV）。

3.7.1　高压电镜的特点

　　① 由于加速电压高，电子束能量高，穿透本领大，因此高压电镜可以观察较厚的试样。

　　② 改善成像的分辨本领。由于使用高的加速电压，电子束波长更短，减小了球差和色差，从而提高电镜的分辨本领，目前超高压电镜分辨本领已达到或超过了 100kV 电镜的水平。

　　③ 改善成像衬度。计算表明位错象的衬度随加速电压增高而增加。例如，对于厚度为 2μm 的晶体试样，1000kV 下比 100kV 下衬度改善 12～13 倍，由于像差减小，高压电镜暗场像比之 100kV 电镜暗场像更加明锐和具有较高的分辨率。

　　④ 电子波长更短，提高了电子衍射精度，可以对更小区域（如几十纳米）进行选区衍射，并且改善了选区衍射图像与所选试样区域的对应性。

　　⑤ 高压电镜样品台周围空间较大，除了可使用具有各种功能的样品台外，由于高压电镜电子束穿透本领大，可以使用特制的环境样品室。环境样品室是装在样品台上的一个小室，它可以使样品处于保护或反应气体以及潮湿的环境条件下，进行各种动态试验和观察。

3.7.2　高压电镜的应用

高压电镜不仅与普通透射电镜一样能用来进行电子衍射、成明场像和暗场像及进行高分辨率象的观察，并且其电子衍射精度高、暗场像的细节明锐，特别是由于电子束穿透能力强，能对较厚的试样进行观察，因此有更宽广的应用领域。

高压电镜能对较厚的试样进行观察，其优点是：

① 使原来那些由于样品不能成功地减薄到极薄的试样，可以在高压电镜下进行观察。

② 薄膜试样的结构是否能代表块状材料的结构一直是一个值得讨论的问题。100kV 电镜使用的薄晶体试样中的晶体生长、相变以及有关动力学现象的直接观察，以表明与块状材料有所不同，而高压电镜观察的厚样品更加接近于材料的自然状态。

③ 整个固体器件和元件可在高压电镜下直接观察，另外还可对半导体结构进行直接观察。

④ 由于高压电子显微镜的场深很大，厚样品在不同高度上的细节都能同时清楚地成像在同一平面上，因而得到的图像实际上是一张不同高度上的像的叠加，如果在样品的同一部位从两个角度得到两张照片（立体对象），用立体镜进行观察，可以得到物体的三维结构信息。

电子束对不同密度的材料的穿透本领不同，对于像陶瓷一类的密度小的材料的穿透本领更高，因此可使用更厚的试样，例如在 3MV 下，对 Si 试样，厚度可达约 $25\mu m$。

高压电镜由于其电子衍射精度高，暗场像细节明锐，大量用于晶体缺陷的研究，如位错的运动。随着高压电镜分辨率的提高，高压电镜在高分辨率方面的工作也正在大力开展。例如，已能识别铜酞菁蓝染料分子结构的原子，其直径约为 0.19nm，原子间距约为 0.15～0.16nm，非晶态碳膜试样上小到 0.22nm 的细节；大分子中位于三角形三个顶点上的铁原子，其间距为 0.33nm。有人认为最高分辨率的工作，将很快为高压电镜所占领。

3.8　透射电镜在材料科学中的应用

应用电子显微镜对粉末颗粒的分析主要是通过电镜观察，确定粉末颗粒的外形轮廓、轮廓清晰度、颗粒尺寸大小和厚薄、粒度分布和聚集或堆叠状态等。透射电子显微镜由于其分辨率高，可以观察几十纳米甚至几个纳米的粉末颗粒试样或是用复型法制得的粉末颗粒的表面复型。观察粉末颗粒试样时，还可根据像的衬度（透明程度）来估计粉末颗粒的厚度、是空心的还是实心的；对有两种以上物相组成的粉末颗粒，可用选区电子衍射逐个颗粒或逐种形态确定晶体物质的物相及晶体取向。

此外，利用透射电镜可对薄膜样品进行相界、相变、晶体生长和晶体缺陷等方面的观察分析。利用高分辨式透射电镜拍摄样品的晶格像和结构像，可直接观察晶体结构和晶体缺陷。晶格像可用来直接观察脱溶、孪生、晶粒间界以及长周期层状晶体结构的多型体等。结构像显示了晶体结构中原子或原子团的分布，既可以验证以前 X 射线结构分析的结果，又可以确定新的结构，更重要的是它能给出几个纳米范围内的局部结构，而不是像 X 射线衍射方法给出的是亿万个单胞的平均结构，因此特别适宜于晶体结构中各种缺陷及精细结构的研究，以及对晶体表面结构的观察，目前已观察到单个空位、层错、畴界面和表面处的原子组态等。

第4章 扫描电子显微分析

扫描电子显微镜（简称扫描电镜，SEM）是继透射电镜之后发展起来的一种电镜。与透射电镜的成像原理和透射电子显微镜完全不同。它不用电磁透镜放大成像，而是以类似电视摄影显像的方式，利用细聚焦电子束在样品表面扫描时激发出来的各种物理信号来调制成像的。现代扫描电子显微镜（图4-1）的二次电子像的分辨率已达到1nm，放大倍数可从数倍原位放大到80万倍左右。由于扫描电子显微镜的景深远比光学显微镜大，可以用它进行显微断口分析。用扫描电子显微镜观察断口时，样品不必复制，可直接进行观察，这给分析带来极大的方便。因此，目前显微断口的分析工作大都是用扫描电子显微镜来完成的。

由于电子枪的效率不断提高，使扫描电子显微镜的样品室附近的空间增大，可以装入更多的探测器。因此，目前的扫描

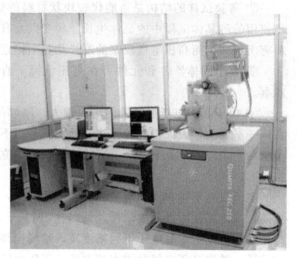

图4-1　FEI热场发射扫描电子显微镜

电子显微镜不只是分析形貌像，它可以和其他分析仪器组合，使人们能在同一台仪器上进行形貌、微区成分和晶体结构等多种微观组织结构信息的同位分析。

4.1　扫描电镜工作原理

扫描电镜是用聚焦电子束在试样表面逐点扫描成像。试样为块状或粉末颗粒，成像信号可以是二次电子、背散射电子或吸收电子。其中二次电子是最主要的成像信号。

现以二次电子的成像过程来说明扫描电镜的工作原理。如图4-2所示，由电子枪发射的能量为5～30keV的电子，以其交叉斑作为电子源，经二级聚光镜及物镜的缩小形成具有一定能量、一定束流强度和束斑直径的微细电子束，在扫描线圈驱动下，于试样表面按一定时间、空间顺序作栅网式扫描。聚焦电子束与试样相互作用，产生二次电子发射（以及其他物理信号），二次电子发射量随试样表面形貌而变化。二次电子信号被探测器收集转换成电信号，经视频放大后输入到显像管栅极，调制与入射电子束同步扫描的显像管亮度，得到反映试样表面形貌的二次电子像。

4.2　扫描电镜特点

早在1935年克诺尔（Knoll）就提出了扫描电镜的工作原理，并设计了简单的实验装置，1938年阿登纳（Ardenne）制成第一台扫描电镜。近十多年来扫描电镜得到了迅速发展，在数量和普及程度上已超过透射电镜，其原因在于扫描电镜本身所具有的

特点。

① 可以观察直径为 10～30mm 甚至更大的大块试样，制样方法简单。对表面清洁的导电材料可不用制样直接进行观察；对表面清洁的非导电材料只要在表面蒸镀一层导电层后即可进行观察。

② 场深大，约三百倍于光学显微镜，适用于粗糙表面和断口的分析观察；图像富有立体感、真实感，易于识别和解释。

③ 放大倍数变化范围大，一般为 15～200000 倍，最大可达 800000 倍，对于多相、多组成的非均匀材料便于低倍下的普查和高倍下的观察分析。

④ 具有相当高的分辨率，一般为 3～5nm，最高可达 1nm。透射电镜的分辨率虽然更高，但对样品厚度的要求十分苛刻，且观察的区域小，在一定程度上限制了其使用范围。

⑤ 可以通过电子学方法有效地控制和改善图像的质量。如通过 γ 调制可改善图像反差的宽容度，使图像各部分亮暗适中。采用双放大倍数装置或图像选择器，可在荧光屏上同时观察不同放大倍数的图像或不同形式的图像。

⑥ 可进行多种功能的分析。与 X 射线谱仪配接，可在观察形貌的同时进行微区成分分析；配有光学显微镜和单色仪等附件时，可观察阴极荧光图像和进行阴极荧光光谱分析等。

⑦ 可使用加热、冷却和拉伸等样品台进行动态试验，观察在不同环境条件下的相变及形态变化等。

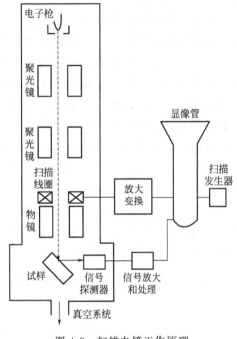

图 4-2 扫描电镜工作原理

4.3 扫描电镜的结构

扫描电子显微镜是由电子光学系统，信号收集处理、图像显示和记录系统和真空系统三个基本部分组成。

扫描电镜的主要结构包括：电子光学系统、信号收集及显示系统、真空系统及电源系统。

4.3.1 电子光学系统（镜筒）

4.3.1.1 电子枪

扫描电子显微镜中的电子枪与透射电子显微镜的电子枪相似，只是加速电压比透射电子显微镜低。扫描电镜通常使用发叉式钨丝阴极三级式电子枪或场发射电子枪。

4.3.1.2 电磁透镜

扫描电子显微镜中各电磁透镜都不作成像透镜用，而是作聚光镜用，它们的功能只是把电子枪的束斑（虚光源）逐级聚焦缩小，使原来直径约为 $50\mu m$ 的束斑缩小成一个只有数个纳米甚至 1nm 以下的细小斑点，要达到这样的缩小倍数，必须用几个透镜来完成。扫描电子显微镜一般都有三个聚光镜，前两个聚光镜是强磁透镜，可把电子束光斑缩小。第三个透镜是弱磁透镜，具有较长的焦距。布置这个末级透镜（习惯上称之为物镜）的目的在于使样品室和透镜之间留有一定的空间，以便装入各种信号探测器。扫描电子显微镜中照射到样品上的电子束直径越小，就相当于成像单元的尺寸越小，相应的分辨率就越高。采用普通热阴极电子枪时，扫描电子束的束径可达到 6nm 左右。若采用六硼化镧阴极和场发射电子枪，电子束束径还可进一步缩小。

4.3.1.3 扫描线圈

扫描线圈的作用是使电子束偏转，并在样品表面作有规则的扫动，电子束在样品上的扫描动作和显像管上的扫描动作保持严格同步，因为它们是由同一扫描发生器控制的。图 4-3 示出电子束在样品表面进行扫描的两种方式。进行形貌分析时都采用光栅扫描方式，见图 4-3(a)。当电子束进入上偏转线圈时，方向发生转折，随后又由下偏转线圈使它的方向发生第二次转折。发生二次偏转的电子束通过末级透镜的光心射到样品表面。在电子束偏转的同时还带有一个逐行扫描动作，电子束在上下偏转线圈的作用下，在样品表面扫描出方形区域，相应地在样品上也画出一帧比例图像。样品上各点受到电子束轰击时发出的信号可由信号探测器接收，并通过显示系统在显像管荧光屏上按强度描绘出来。如果电子束经上偏转线圈转折后未经下偏转线圈改变方向，而直接由末级透镜折射到入射点位置，这种扫描方式称为角光栅扫描或摇摆扫描，见图 4-3(b)。入射束被上偏转线圈转折的角度越大，则电子束在入射点上摆动的角度也越大。在进行电子通道花样分析时，将采用这种操作方式。

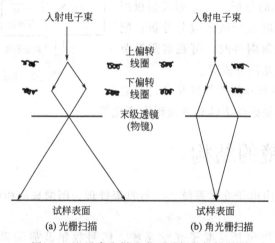

图 4-3 电子束在样品表面进行的扫描方式

4.3.1.4 样品室

样品室内除放置样品外，还安置信号探测器。各种不同信号的收集和相应检测器的安放位置有很大的关系、如果安置不当，则有可能收不到信号或收到的信号很弱，从而影响分析精度。

样品台本身是一个复杂而精密的组件，它应能夹持一定尺寸的样品，并能使样品作平移、倾斜和转动等运动，以利于对样品上每一特定位置进行各种分析。新式扫描电子显微镜的样品室实际上是一个微型试验室，它带有多种附件，可使样品在样品台上加热、冷却和进行机械性能试验（如拉伸和疲劳）。

4.3.2　信号的收集和图像显示系统

　　二次电子、背散射电子和透射电子的信号都可采用闪烁计数系统来进行检测。信号电子进入闪烁体后即引起电离，当离子和自由电子复合后就产生可见光。可见光信号通过光导管送入光电倍增器，光信号放大，即又转化成电流信号输出，电流信号经视频放大器放大后就成为调制信号。如前所述，由于镜筒中的电子束和显像管中电子束是同步扫描的，而荧光屏上每一点的亮度是根据样品上被激发出来的信号强度来调制的，因此样品上各点的状态各不相同，所以接收到的信号也不相同，于是就可以在显像管上看到一幅反映试样各点状态的扫描电子显微图像。

　　探测二次电子、背散射电子和透射电子等电子信号的闪烁计数系统是扫描电镜中最主要的信号探测器。它由闪烁体、光导管和光电倍增管组成。如图 4-4 所示，闪烁体加上 $+10\text{kV}$ 高压，闪烁体前的聚焦环上装有栅网。二次电子和背散射电子可用同一个探测器探测。由于二次电子能量低于 50eV，而背散射电子能量很高，接近于入射电子能量 E_0，因此改变栅网所加电压可分别探测二次电子或背散射电子。当探测二次电子时，栅网上加上 $+250\text{V}$ 电压，吸引二次电子，二次电子通过栅网并受高压加速打到闪烁体上。当用来探测背散射电子时，栅网上加 -50V 电压，阻止二次电子，而背散射电子能通过栅网打到闪烁体上。信号电子撞击闪烁体时产生光信号，光信号沿光导管送到光电倍增管，把信号转变为电信号并进行放大，输出 $10\mu\text{A}$ 左右的信号，再经视频放大器放大即可用来调制显像管的亮度，从而获得图像。闪烁体-光放大器也可用于探测透射电子，此时探测器要放在试样的下方。

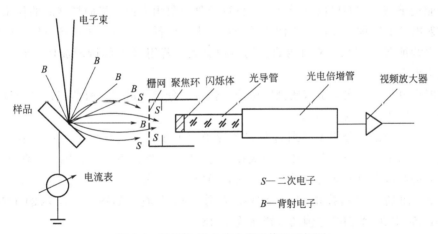

图 4-4　闪烁体-光电放大器系统电子探测

　　闪烁体-光放大器系统探测器对背散射电子收集效率较低。近年来发展了几种专用来探测背散射电子的闪烁探测器，如能在很大立体角内收集背散射电子放大角度闪烁探测器；由一个以上置于不同方位的闪烁体-光导管系统构成的闪烁体组件，各个闪烁体-光管导系统可单独或同时工作，并可进行信号的相加或相减。

4.3.3　真空系统

　　为保证扫描电子显微镜电子光学系统的正常工作，对镜筒内的真空度有一定的要求。一般的扫描电子显微镜，如果真空系统能提供 $10^{-2}\sim10^{-3}\text{Pa}$（$10^{-4}\sim10^{-5}\text{Torr}$）的真空度时，就可防止样品的污染。如果真空度不足，除样品被严重污染外，还会出现灯丝寿命下降，极间放电等问题。

4.4 扫描电镜主要性能指标

4.4.1 分辨本领

扫描电子显微镜分辨率的高低和检测信号的种类有关。表 4-1 列出了扫描电子显微镜主要信号的成像分辨率。

表 4-1 各种信号成像的分辨率

信　　号	二次电子/nm	背散射电子/nm	吸收电子/nm	特征 X 射线/nm	俄歇电子/nm
分辨率	1～5	50～200	100～1000	100～1000	1～5

由表中的数据可以看出，二次电子和俄歇电子的分辨率高，而特征 X 射线调制成显微图像的分辨率最低。由前可知，电子束进入轻元素样品表面后会造成一个梨形作用体积。入射电子束在被样品吸收或散射出样品表面之前将在这个体积中活动。

俄歇电子和二次电子因其本身能量较低以及平均自由程很短，只能在样品的浅层表面内逸出，在一般情况下能激发出俄歇电子的样品表层厚度约为 0.5～2nm，激发二次电子的层深为 5～10nm 范围。入射电子束进入浅层表面时，尚未向横向扩展开来，因此，俄歇电子和二次电子只能在一个和入射电子束斑直径相当的圆柱体内被激发出来，因为束斑直径就是一个成像检测单元（像点）的大小，所以这两种电子的分辨率就相当于束斑的直径。

入射电子束进入样品较深部位时，向横向扩展的范围变大，从这个范围中激发出来的背散射电子能量很高，它们可以从样品的较深部位处弹射出表面，横向扩展后的作用体积大小就是背散射电子的成像单元，从而使它的分辨率大为降低。入射电子束还可以在样品更深的部位激发出特征 X 射线来。X 射线的作用体积更大，若用 X 射线调制成像，它的分辨率比背散射电子更低。

因为图像分析时二次电子（或俄歇电子）信号的分辨率最高。所谓扫描电子显微镜的分辨率，即二次电子信号的分辨率。

扫描电子显微镜的分辨率是通过测定图像中两个颗粒（或区域）间的最小距离来确定的。测定的方法是在已知放大倍数（一般在 10 万倍）的条件下，把在图像上测到的最小间距除以放大倍数所得数值就是分辨率。目前普通钨灯丝扫描电子显微镜二次电子像的分辨率在 3～5nm，而场发射扫描电镜的分辨率达到 1nm 左右，如图 4-1 所示的 FEI 公司的 QUANTA 250 FEG 型扫描电镜的分辨率为 1.2nm。

4.4.2 放大倍数

当入射电子束作光栅扫描时，若电子束在样品表面扫描的幅度为 A_S，相应地在荧光屏上阴极射线同步扫描的幅度是 A_C，A_C 和 A_S 的比值就是扫描电子显微镜的放大倍数 M，即：

$$M = \frac{A_C}{A_S} \tag{4-1}$$

由于扫描电子显微镜的荧光屏尺寸是固定不变的，电子束在样品上扫描一个任意面积的矩形时，在阴极射线管上看到的扫描图像大小都会和荧光屏尺寸相同。因此只要减小镜筒中电子束的扫描幅度，就可以得到高的放大倍数，反之，若增加扫描幅度，则放大倍数就减小。例如荧光屏的宽度 $A_C = 100mm$ 时，电子束在样品表面扫描幅度 $A_S = 5mm$，放大倍数 $M = 20$。如果 $A_S = 0.05mm$，放大倍数就可提高到 2000 倍。20 世纪 90 年代后期生产的高级扫描电子显微镜放大倍数可从数倍到 80 万倍左右。

4.5 扫描电镜图像及其衬度

4.5.1 扫描电镜图像的衬度

扫描电镜图像的衬度是信号衬度，它可定义如下：

$$C = \frac{i_2 - i_1}{i_2} \tag{4-2}$$

式中，C 为信号衬度；i_2 和 i_1 代表电子束在试样上扫描时从任何两点探测到的信号强度。扫描电镜图像的衬度，根据其形成的依据，可分为形貌衬度、原子序数衬度和电压衬度。

（1）形貌衬度

形貌衬度是由于试样表面形貌差异而形成的衬度。利用对试样表面形貌变化敏感的物理信号作为显像管的调制信号，可以得到形貌衬度图像。形貌衬度的形成是由于某些信号，如二次电子、背散射电子等，其强度是试样表面倾角的函数，而试样表面微区形貌差别实际上就是各微区表面相对于入射束的倾角不同，因此电子束在试样上扫描时任何两点的形貌差别实际，表现为信号强度的差别，从而在图像中形成显示形貌的衬度。二次电子像的衬度是最典型的形貌衬度。

（2）原子序数衬度

原子序数衬度是由于试样表面物质原子序数（或化学成分）差别而形成的衬度。利用对试样表面原子序数（或化学成分）变化敏感的物理信号作为显像管的调制信号，可以得到原子序数衬度图像。背散射电子像、吸收电子像的衬度，都包含有原子序数衬度，而特征 X 射线像的衬度是典型的原子序数衬度。

现以背散射电子为例，说明原子序数衬度形成原理。对于表面光滑无形貌特征的厚试样，当试样由单一元素构成时，则电子束扫描到试样上各点时产生的信号强度是一致的 [图 4-5(a)]，根据式(4-2)，得到的像中不存在衬度。当试样由原子序数分别为 Z_1、Z_2（$Z_2 > Z_1$）的纯元素区域 1、区域 2 构成时，则电子束扫描到区域 1 和区域 2 时产生的背散射电子数 n_B 不同 [图 4-5(b)]，且 $(n_B)_2 > (n_B)_1$，因此探测器探测到的背散射电子信号强度 i_B 也不同，且 $(i_B)_2 > (i_B)_1$，按式(4-2)，得到的背散射电子像中存在衬度，这就是原子序数衬度。

在原子序数衬度像中，原子序数（或平均原子序数）大的区域比原子序数小的区域更亮。

（3）电压衬度

电压衬度是由于试样表面电位差别而形成的衬度。利用对试样表面电位状态敏感的信号，如二次电子，作为显像管的调制信号，可

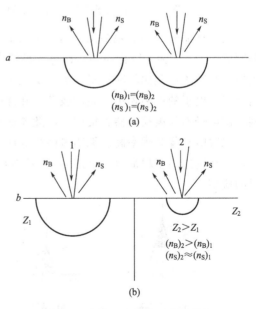

图 4-5　试样原子序数对背散射电子和二次电子发射的影响

得到电压衬度像。

4.5.2 二次电子像

二次电子信号主要用于分析样品的表面形貌。二次电子只能从样品表面层 5～10nm 深度范围内被入射电子束激发出来，大于 10nm 时，虽然入射电子也能使核外电子脱离原子面变成自由电子，但因其能量较低以及平均自由程较短，不能逸出样品表面，最终只能被样品吸收。

被入射电子束激发出的二次电子数量和原子序数没有明显的关系，但是二次电子对微区表面的几何形状十分敏感。图 4-6 说明了样品表面和电子束相对位置与二次电子产额之间的关系。入射束和样品表面法线平行时，即图中 $\theta=0°$，二次电子的产额最少。若样品表面倾斜了 45°，则电子束穿入样品激发二次电子的有效深度增加到 $\sqrt{2}$ 倍，入射电子使距表面 5～10nm 的作用体积内退出表面的二次电子数量增多（见图中黑色区域）。若入射电子束进入了较深的部位 [例如图 4-6(b) 中的 A 点]，虽然也能激发出一定数量的自由电子，但因 A 点距表面较远（大于 $L=5～10nm$），自由电子只能被样品吸收而无法逸出表面。

图 4-7 为根据上述原理画出的造成二次电子形貌衬度的示意图。图中样品上 B 面的倾斜度最小，二次电子产额最少，亮度最低。反之，C 面倾斜度最大，亮度也最大。

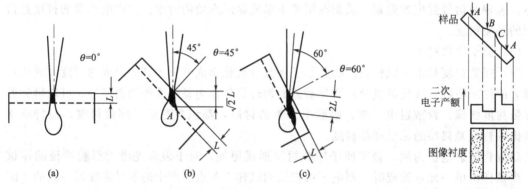

图 4-6　二次电子产额与试样倾角的关系　　4-7　二次电子形貌衬度成因示意

实际样品表面的形貌要比上面讨论的情况复杂得多，但是形成二次电子像衬度的原理是相同的。图 4-8 为实际样品中二次电子被激发的一些典型例子。从例子中可以看出，凸出的尖棱、小粒子以及比较陡的斜面处二次电子产额较多，在荧光屏上这些部位的亮度较大；平面上二次电子的产额较小，亮度较低；在深的凹槽底部虽然也能产生较多的二次电子，但这些二次电子不易被检测器收集到，因此槽底的衬度也会显得较暗。

二次电子像分辨率高、无明显阴影效应、场深大、立体感强，是扫描电镜的主要成像方式，它特别适用于粗糙表面（图 4-9）及断口（图 4-10）的形貌观察，在材料科学中得到广泛的应用。

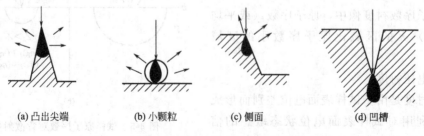

(a) 凸出尖端　　　(b) 小颗粒　　　(c) 侧面　　　(d) 凹槽

图 4-8　实际样品中二次电子的激发过程示意

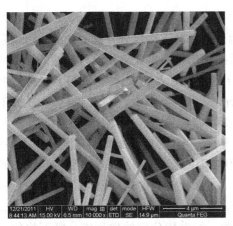

图 4-9　ITO 基底上制备的 ZnO 二次电子像

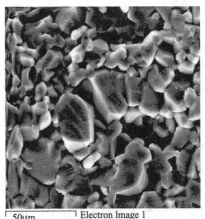

图 4-10　氧化铝陶瓷断口的二次电子像

4.5.3　背散射电子像

背散射电子的信号既可用来进行形貌分析，也可用于成分分析。在进行晶体结构分析时，背散射电子信号的强弱是造成通道花样衬度的原因。下面主要讨论背散射电子信号引起形貌衬度和成分衬度的原理。

4.5.3.1　背散射电子形貌衬度特点

用背散射电子信号进行形貌分析时，其分辨率远比二次电子低，因为背散射电子是在一个较大的作用体积内被入射电子激发出来的，成像单元变大是分辨率降低的原因。此外，背散射电子的能量很高，它们以直线轨迹逸出样品表面，对于背向检测器的样品表面，因检测器无法收集到背散射电子而变成一片阴影，因此在图像上显示出很强的衬度，衬度太大会失去细节的层次、不利于分析。用二次电子信号作形貌分析时，可以在检测器收集栅上加以一定大小的止电压（＋250V），来吸引能量较低的二次电子、使它们以弧形路线进入闪烁体，这样在样品表面某些背向检测器或凹坑等部位上选出的二次电子也能对成像有所贡献，图像层次（景深）增加，细节清楚。图 4-11 为带有凹坑样品的扫描电镜照片，可见，凹坑底部仍清晰可见。

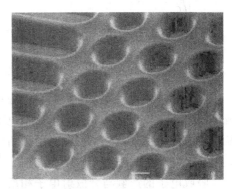

图 4-11　带有凹坑样品（IC）
的扫描电镜照片

虽然背散射电子也能进行形貌分析，但是它的分析效果远不及二次电子。因此，在做无特殊要求的形貌分析时，都不用背散射电子信号成分。

4.5.3.2　背散射电子原子序数衬度原理

图 4-12 示出了原子序数对背散射电子产额的影响。在原子序数 Z 小于 40 的范围内，背散射电子的产额对原子序数十分敏感。在进行分析时，样品上原子序数较高的区域中由于收集到的背散射电子数量较多，故荧光屏上的图像较亮。因此，利用原子序数造成的衬度变化可以对各种金属和合金进行定性的成分分析。样品中重元素区域相对于图像上是亮区，而轻元素区域则为暗区；当然，在进行精度稍高的分析时，必须事先对亮区进行标定，才能获得

满意的结果。

用背散射电子进行成分分析时，为了避免形貌衬度对原子序数衬度的干扰，被分析的样品只进行抛光，而不必腐蚀。对有些既要进行形貌分析又要进行成分分析的样品，可以采用一对检测器收集样品同一部位的背散射电子，然后把两个检测器收集到的信号输入计算机处理，通过处理可以分别得到放大的形貌信号和成分信号。图 4-13 示意地说明了这种背散射电子检测器的工作原理。图 4-13(a) 中 A 和 B 表示一对半导体硅检测器。如果一成分不均匀但表面抛光平整的样品作成分分析时，A、B 检测器收集到的信号大小是相同的。把 A 和 B 的信号相加，得到的是信号放大一倍的成分像；把 A 和 B 的信号相减，则成一条水平线，表示抛光表面的形貌像。图 4-13(b) 是均一成分但表面有起伏的样品进行形貌分析时的情况。例如分析中的 P 点，P 位于检测器 A 的正面，使 A 收集到的信号较强，但 P 点背向检测器 B，使 B 收集到较弱的信号，若把 A 和 B 的信号相加，则二者正好抵消，这就是成分像；若把 A 和 B 二者相减，信号放大就成了形貌像。如果待分析的样品成分既不均匀，表面又不光滑，仍然是 A、B 信号相加是成分像，相减是形貌像，见图 4-13(c)。

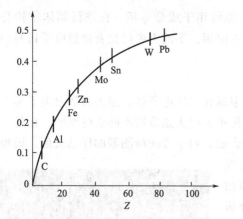

图 4-12　原子序数和背散射电子产额之间的关系曲线

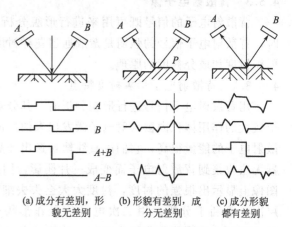

(a) 成分有差别，形貌无差别　(b) 形貌有差别，成分无差别　(c) 成分形貌都有差别

图 4-13　半导体硅对检测器的工作原理

利用原子序数衬度来分析晶界上颗粒内部不同种类的析出相是十分有效的。因为析出相成分不同，激发出的背散射电子数量也不同，致使扫描电子显微图像上出现亮度上的差别。从亮度上的差别，就可根据样品的原始资料定性地判定析出物相的类型。

4.5.4　吸收电子像

吸收电子的产额与背散射电子相反，样品的原子序数越小，背散射电子越少。吸收电子越多，反之样品的原子序数越大，则背散射电子越多，吸收电子越少。因此，吸收电子像的衬度是与背散射电子和二次电子像的衬度互补的。因为 $I_0 = I_s + I_b + I_a + I_t$，如果试样较厚，透射电子流强度 $I_t = 0$，故 $I_0 = I_s + I_b + I_a$。在相同条件下，背散射电子发射系数比二次电子发射系数大得多，例如对铜试样，当入射束能量为 20keV 时，$I_b = 0.3I_0$，$I_s = 0.1I_0$。现假设二次电子电流 $I_s = C$ 为一常数（例如试样的表面光滑平整），则吸收电流为

$$I_a = (I_0 - C) - I_b \tag{4-3}$$

或者，在试样上加上 50V 电压，阻止二次电子逸出，则

$$I_a = I_0 - I_b \tag{4-4}$$

由式(4-3)和式(4-4)可知，吸收电流与背散射电子电流存在着互补关系。因此，背散射电子图像上的亮区在相应的吸收电子图像上必定是暗区。图 4-14 为铁素体基体球墨铸铁拉伸

断口的背散射电子和吸收电子像，二者正好互补。

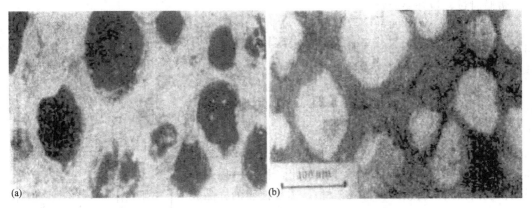

图 4-14 铁素体基体球墨铸铁拉伸断口的背散射电子像和吸收电子像
(a) 背散射电子像，黑色团状物为石墨相；(b) 吸收电子像，白色团状物为石墨相

4.6 扫描电镜样品制备方法

4.6.1 对试样的要求

试样可以是块状或粉末颗粒，在真空中能保持稳定，含有水分的试样应先烘干除去水分。表面受到污染的试样，要在不破坏试样表面结构的前提下进行适当清洗，然后烘干。新断开的断口或断面，一般不需要进行处理，以免破坏断口或表面的结构状态。有些试样的表面、断口需要进行适当的侵蚀，才能暴露某些结构细节，则在侵蚀后应将表面或断口清洗干净，然后烘干。对磁性试样要预先去磁，以免观察时电子束受到磁场的影响。

试样大小要适合仪器专用样品座的尺寸，不能过大，样品座尺寸各仪器不均相同，一般小的样品座为 $\phi 3 \sim 5mm$，大的样品座为 $\phi 30 \sim 50mm$，以分别用米放置不同大小的试样，样品的高度也有一定的限制，一般在 $5 \sim 10mm$ 左右。

4.6.2 块状试样

扫描电镜的试样制备是比较简便的。对于块状导电材料，除了大小要适合仪器样品座尺寸外，基本上不需要进行什么制备，用导电胶把试样黏结在样品座上，即可放在扫描电镜中观察。对于块状的非导电或导电性较差的材料，要先进行镀膜处理，在材料表面形成一层导电膜。以避免电荷积累，影响图像质量，并防止试样的热损伤。

4.6.3 粉末试样

粉末样品需先黏结在样品座上，黏结的方法可在样品座上先涂一层导电胶或火棉胶溶液，将试样粉末撒在上面，待导电胶或火棉胶挥发把粉末粘牢后，用洗耳球将表面上未粘住的试样粉末吹去。也可先在样品座上粘贴一张双面胶带纸，将试样粉末撒在上面，再用洗耳球把未粘住的粉末吹去。试样粉末粘牢在样品座上后，而再镀层导电膜，然后才能放入扫描电镜中观察。

4.6.4 镀膜

最常用的镀膜材料是金、金/钯、铂/钯和碳等。镀膜层厚约 $10 \sim 30nm$，表面粗糙的样品，镀的膜要厚一些。对只用于扫描电镜观察的样品，先镀膜一层碳，再镀膜 5nm 左右的金，效果更好；对除了形貌观察还要进行成分分析的样品，则以镀膜碳为宜。为了使镀膜均匀，镀膜时试样最好要旋转。

镀膜的方法主要有两种，一种是真空镀膜，其原理和方法与前面透射电镜制样方法中介绍的基本相同，只是不论是蒸镀碳或金属，试样均放在蒸发源下方。另一种方法是离子溅射镀膜。

离子溅射镀膜的原理是：在低气压系统中，气体分子在相隔一定距离的阳极和阴极之间的强电场作用下电离成正离子和电子，正离子飞向阴极，电子飞向阳极，二电极间形成辉光放电，在辉光放电过程中，具有一定动量的正离子撞击阴极，使阴极表面的原子被逐出，称为溅射。如果阴极表面为用来镀膜的材料（靶材），需要镀膜的样品放在作为阳极的样品台上，则被正离子轰击而溅射出来的靶材原子沉积在试样上，形成一定厚度的镀膜层。图 4-15 为离子溅射镀膜装置示意图。

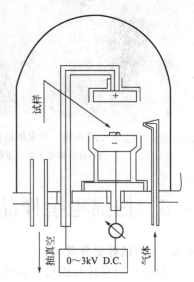

图 4-15　离子溅射镀膜装置示意

离子溅射镀膜与真空镀膜相比，其主要优点是：

① 装置结构简单，使用方便，溅射一次只需几分钟，而真空镀膜则要半个小时以上。

② 消耗贵金属少，每次仅约几毫克。

③ 对同一种镀膜材料，离子溅射镀膜质量好，能形成颗粒更细、更致密、更均匀、附着力更强的膜。

离子溅射镀膜方法的主要缺点是热量辐射比较大，容易使试样受到热损伤，一般样品表面温度可达到 323K 左右，比真空镀膜时要高，所以对一些表面易受热损伤的样品，要适当减小辉光放电电流，以减小热辐射。

4.7　扫描电镜在材料科学中的应用

扫描电镜是一种有效的显微结构分析工具。利用扫描电镜可观察粉末颗粒的三维形态和聚焦或堆叠状态，图像及照片的立体感、真实感强。但由于扫描电镜的分辨率比透射电镜低，对细小的颗粒不易得到清晰的图像。

由一个均匀的液相分离为两个互不混溶的液相区的过程，称为分相。玻璃和釉玻璃在一定的条件下会存在分相结构，采用扫描电子显微镜可进行玻璃分相的观察。

各种材料的结构复杂，性能各异，但其各项机械物理性能均直接受到其成分、物相组成及结构状态的控制。利用电镜可以对其显微结构进行观察与分析，对它们的物理与化学及使用性能做出直观的评价，为改善材料性能途径的研究提供可靠的依据。同时电镜在生产工艺过程的控制，新材料设计与研制等许多方面都发挥了重要作用。

扫描电子显微镜具有高的放大倍数、高的分辨率和多种功能，特别适用于粗糙表面及断口的形貌观察，因此在材料科学中得到了广泛应用。

第5章 晶体光学基础

在材料研究生产领域中，使用的原材料、研究所得的试件制品及材料生产的产品，大部分是由结晶矿物组成的。光凭原料的化学成分来制定生产工艺及预测产品的性能是不完全的，也是不可靠的。同样，产品质量优劣、技术指标、应用性能的评价，也不能单凭化学组成而定。决定产品性能的根本因素是产品的矿物组成及显微结构。因为物相组成及显微结构是材料生产过程和生产工艺条件的直接记录，每个环节发生的变化均在物相组成及显微结构上有所体现。而材料制品的物相组成和显微结构特征，又直接影响甚至决定着制品的性能、质量、应用性状和效果。

显微结构是指构成材料的各种矿物的形态、大小、分布以及它们之间的相互关系。利用光学显微镜进行光学显微分析就是研究原料和产品的物相组成及显微结构，并以此来研究形成这些物相结构的工艺条件和产品性能间的关系。本章介绍光学显微分析的基础，晶体光学基础相关内容。

5.1 自然光与偏振光

光学显微镜所使用的照明源为可见光，可以是自然光，也可以是偏振光；可以是单色光，也可以是复色光。可见光是电磁波谱中的一种电磁波，光的振动方向垂直于传播方向，是横波。电磁波谱（图 5-1）从长波长到短波长包括无线电波、微波、红外线、可见光、紫外线、X 射线和 γ 射线。

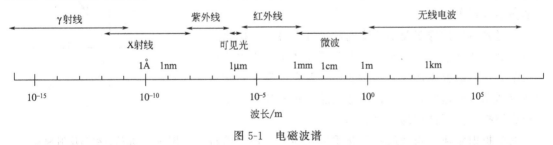

图 5-1 电磁波谱

由图 5-1 可以看出，可见光波仅为电磁波谱中很窄的一小段，波长范围大致为 $390 \sim 760nm$。不同波长的光可呈现不同色彩，波长由长至短，可分别呈现红、橙、黄、绿、蓝、青、紫。各色光连续过渡，没有明显的界线。而通常所说的"白光"，其实是各色光按一定比例混合而成的混合光。

按光波的振动方向不同，可见光可分为自然光和偏振光。

自然光一般是指各种光源直接发出的光，其振动特点是：光波在垂直于光的传播方向的平面内作任意方向振动，或者说其振动面在传播过程中瞬息万变，如图 5-2(a) 所示。太阳光、灯光、烛光等均为自然光。

偏振光是指光在传播的过程中，振动方向不变的可见光。自然光经反射、折射、双折射及吸收作用后，可能只保留某一固定方向振动的光，即可成为偏振光，简称偏光。其特点是：光波在垂直于光的传播方向上在某一固定方向振动。偏光的传播方向与振动方向构成的平面称为振动面，也即偏光的振动面只有一个，因此，偏光亦称平面偏光，如图 5-2(b) 所示。

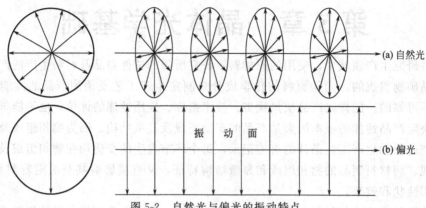

图 5-2　自然光与偏光的振动特点

晶体光学研究所用的设备是偏光显微镜，主要应用偏光进行研究。偏光显微镜上装有偏光镜，能使自然光转变为偏光。偏光镜就是利用偏振片的选择吸收或是用冰洲石做的棱镜的双折射原理使自然光偏振化，自然光通过偏光镜后变为振动方向固定的偏光。

5.2　光的折射和全反射

光波从一种介质向另一种介质传播时，在两种介质的分界面上将会发生反射和折射现象，使光的传播方向发生改变。其中，反射光在同一介质中传播，按光的反射定律返回原介质；而折射光按折射定律进入另一介质中。图 5-3 是光在两种介质传播过程中发生的折射与反射现象。

可见光可穿过透明及半透明的矿物进入另一种矿物或介质，而不能穿透不透明矿物。因此研究透明矿物主要使用折射光，但研究不透明矿物时要用反射光。晶体光学主要研究透明（半透明）矿物，因此在晶体光学基础一章中主要介绍折射光所遵循的折射定律。

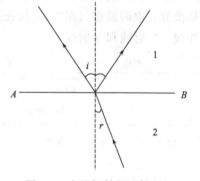

图 5-3　光的折射与反射现象

光的折射定律：当光从一种介质进入到另一种介质将发生折射，入射线、折射线及介质分界面法线恒处于同一个平面，入射角的正弦与折射角的正弦之比等于光波在入射介质中的波速与折射介质中的波速之比，此值称为折射介质相对于入射介质的相对折射率。如图 5-3 所示，AB 表示两种不同介质的分界面，法线为界面的垂线，入射线与法线的夹角称为入射角，用 i 表示，折射线与法线的夹角称为折射角，用 r 表示。v_i 为光在入射介质 1 中传播速度，v_r 为光在折射介质 2 中的传播速度。

对于确定的两种介质来说，则有：

$$N_{2,1} = \frac{\sin i}{\sin r} = \frac{v_i}{v_r} \qquad (5-1)$$

式 (5-1) 中 $N_{2,1}$ 为一常数，称为折射介质相对于入射介质的相对折射率。相对折射率也可表示为两种各向同性介质中光速的比值。如果入射介质为真空，则折射率用 N 表示：

$$N=\frac{\sin i}{\sin r}=\frac{v_{真空}}{v_{介质}} \tag{5-2}$$

N 称为折射介质的绝对折射率，简称折射率。从式(5-2)中可以看出，介质的折射率与光在介质中的传播速度成反比，也就是说介质中光传播的速度愈大，则该介质的折射率愈小。相反，若介质中光传播的速度愈小，则该介质的折射率愈大。

光在真空中的传播速度最大，在其他各种液体和固体中，光的传播速度总是小于真空中的传播速度，故其折射率总是大于1。而光在空气中的传播速度与光在真空中的传播速度几乎相同，其折射率为 1.003，通常可将空气的折射率视为1。

折射率 N 值的大小反映了介质对光波折射的能力，它与介质密度成正比，介质密度愈大，光的传播速度愈小，N 值愈大。

当 $v_i > v_r$ 时，则 $N_{2,1} > 1$，也即当光线从密度较小的光疏介质射入密度较大的光密介质时，入射角 $i >$ 折射角 r，折射线比入射线更靠近法线，将永远发生折射。而当 $v_i < v_r$ 时，则 $N_{2,1} < 1$，光线从光密介质射入光疏介质，入射角 $i <$ 折射角 r，折射线偏离法线；当 $r \geqslant 90°$时，光线则不再射入折射介质中，将产生全反射现象。当 $r = 90°$ 时的入射角 i 称为全反射临界角，用 φ 表示。由图 5-4 可见，光线由光密介质射入光疏介质中，当入射角小于临界角时产生折射，入射角大于等于临界角时产生全反射。

当入射角为临界角 φ 时，折射角为 90°，若两种介质的折射率分别为 n 和 N，则：

$$\frac{n}{N}=\frac{\sin\varphi}{\sin 90°}=\sin\varphi \tag{5-3}$$

所以

$$n=\sin\varphi N \tag{5-4}$$

利用公式(5-4)的关系可以测定介质的折射率。如果一种介质的折射率 N 已知，则可以求出另一种介质的折射率 n。用来测定介质折射率的阿贝折射仪就是依据上述原理制造的。如图 5-5 所示，当光线 2 在介质 I 中以 90°角入射，发生折射后进入介质 II 中，折射角为临界角 r_c。通过望远式放大镜可以测定 r_c 角，进而测得介质 II 的折射率。

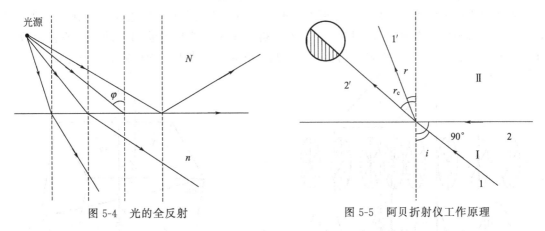

图 5-4　光的全反射　　　　　　　　图 5-5　阿贝折射仪工作原理

在晶体光学的研究中，折射率 N 是鉴定透明矿物最可靠的常数之一。

5.3　光的色散

光有单色光和复色光之分。单色光是只有一种频率或波长的光，但在实际应用中一般将频率（或波长）范围很窄的色光近似地认定为单色光；复色光是包括多种频率（或波长）的混合光。光的色散是复色光分解成为单色光而形成光谱的现象。白光即是一种复色光，经过分光棱镜的作用，而被分解成为按频率（或波长）大小依次排列的七色光（如图 5-6 所示）。这是由于各色光的频率不同，因此折射率不同，所偏转的角度不同而造成的。在可见光中，按红橙黄绿青蓝紫

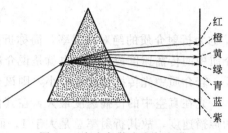

图 5-6　白光色散成彩色光谱

的顺序，随频率增大，波长减小，折射率逐渐增大。各色光的波长如表 5-1 所示。

表 5-1　各色光的波长

色　　光	波长 λ/nm	代 表 波 长
红（Red）	760～620	700
橙（Orange）	620～590	620
黄（Yellow）	590～530	560
绿（Green）	530～500	515
青（Cyan）	500～470	470
蓝（Blue）	470～420	440
紫（Violet）	420～390	410

5.4　光在晶体中的传播

　　根据光在物质中的传播特点，可将透明物质分为光性均质体（简称均质体）和光性非均质体（简称非均质体）。均质体是指光学性质各向同性的物质，包括高级晶族矿物，也即立方晶系的晶体物质，还有非晶质物质如玻璃、树胶、水以及大多数高分子材料等。非均质体是光学各向异性的物质。其中包括中级晶族和低级晶族的晶体。

　　光在均质体中传播时，其传播速度不因振动方向、传播方向而发生改变，也就是说均质体的折射率值不变。光波射入均质体中发生单折射现象，并且光波的振动特点不发生改变（图 5-7）。换句话说，自然光射入均质体后还是自然光，偏光射入均质体后也还是偏光。

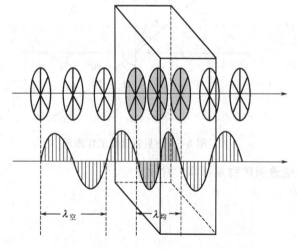

图 5-7　光波垂直均质本薄片入射示意图

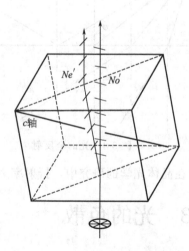

图 5-8　冰洲石的双折射现象

光在非均质体中的传播时，只在其中的一个或两个特殊的方向上不发生双折射现象，这些特殊方向称为晶体的光轴。其中中级晶族晶体只有一根光轴，称为一轴晶。低级晶族晶体有两根光轴，称为二轴晶。除光轴方向外，光射入非均质体中的都要发生双折射。即光在传播过程中改变了振动特点，分解为振动方向互相垂直、折射率不同的两束偏振光 Ne'、No'（图 5-8）。这两束光折射率之差称为双折射率。

5.5　光率体

光率体表示光波在晶体中传播时，光波振动方向与相应折射率之间关系的一种光性指示体，是假想的立体图形。光在晶体中各方向传播的折射率可用光率体表示。在各个光波的振动方向上，将其相应的折射率值按一定比例截取线段，自中心以这些线段为半径，并将这些线段的端点连接起来，就构成了空间几何体。实际操作时，光率体是根据晶体不同方向的切片，在折光仪上测定各光波振动方向上的相应折射率，从而做出立体图形。它简单形象，运用方便，成为解释一切晶体光学现象的基础。各类物质的光学性质不同，其光率体形态亦不相同，可分为均质体光率体、一轴晶光率体和二轴晶光率体三类。

5.5.1　均质体光率体

光性均质体各向同性，光射入均质体中不产生双折射，其折射率为一常量。因此，根据光率体作图法，可用相等的线段来表示各方向振动的折射率。因各方向折射率值相等，其光率体为球体，如图 5-9 所示。通过光率体中心的任意切面均为圆切面，圆的半径就是该均质体的折射率值。

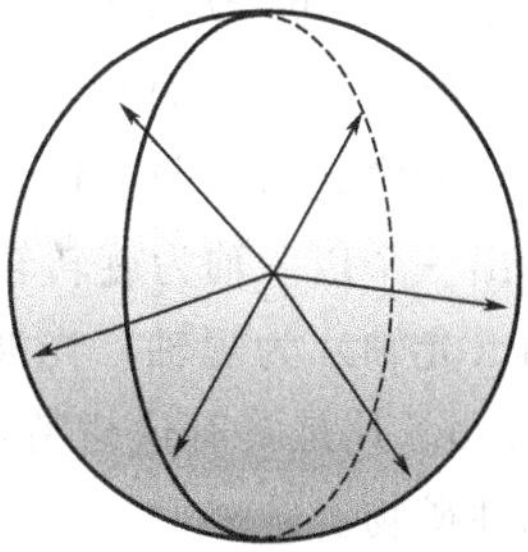

图 5-9　均质体光率体形态

5.5.2　一轴晶光率体

一轴晶只有一根光轴，当光沿光轴方向传播，折射率不发生变化，不发生双折射现象。光在其他方向上传播都要发生双折射，产生一条常光，一条非常光，它们的振动方向互相垂直，其中常光的振动方向永远垂直于光轴（c 轴）。常光的折射率 No 在晶体中不同的光线入射方向上均一样，为一常数。非常光的折射率 Ne 随入射方向的变化而改变。

一轴晶为中级晶族的晶体，其水平结晶轴（a，b）相等，水平方向上光学性质相同。因此一轴晶的光率体为一以 c 轴为旋转轴的旋转椭球体（二轴椭球体），并有正负之分。正一轴晶光率体又称为一轴晶正光性光率体，为一拉长的旋转椭球体；负一轴晶光率体又称为一轴晶负光性光率体，为一压扁了的旋转椭球体。下面分别以石英和方解石为例，加以说明。

当光波沿石英 c 轴（光轴）方向射入晶体时，不发生双折射现象，折射仪上测得光波垂直 c 轴振动时的折射率均为 1.544，即 $No=1.544$。以此数值为半径构成一个垂直入射光波（即垂直 c 轴）的圆切面，见图 5-10（a）。而当光波垂直石英 c 轴射入晶体时 [图 5-10（b）] 发生双折射，分解成两束偏光。其一振动方向垂直 c 轴（为常光），测得其折射率为 $No=$ 1.544。另一偏光振动方向平行 c 轴，测得其折射率 $Ne=1.553$。在 c 轴方向上，从中心向两边以一定比例截取 Ne 值，在垂直 c 轴的方向上以一定比例截取 No 值，以此两个线段为长短半径，构成一个垂直入射光波，包含 c 轴的椭圆切面。将此两切面联系起来，便构成一个以 c 轴为旋转轴的拉长的旋转椭球体 [图 5-10（c）]，即是石英的光率体。

这类光率体的特点是旋转轴（光轴）为长轴，光波平行光轴振动时的折射率总是比垂直

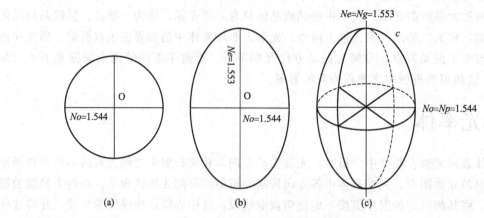

图 5-10 一轴晶正光性光率体的构成

光轴振动时的大，即 $Ne>No$。凡具有这种特点的光率体称为一轴晶正光性光率体，相应的矿物称一轴晶正光性矿物。

同样，当光波平行方解石 c 轴射入晶体时，不发生双折射，测得其各个方向的折射率均为 1.658，即 $No=1.658$ ［图 5-11(a)］。而光波垂直 c 轴射入时发生双折射，分解成两束偏光。其一振动方向垂直 c 轴（常光），测得折射率为 $No=1.658$，另一偏光振动方向平行 c 轴（非常光），测得其折射率 $Ne=1.486$ ［图 5-11(b)］。按石英晶体光率体的做法，就可以得出一个以 c 轴为旋转轴的扁形旋转椭球体 ［图 5-11(c)］。与石英光率体的区别在于其旋转轴（光轴）为短轴。光波平行光轴振动的折射率总是比垂直光轴振动时的折射率小，即 $Ne<No$。凡是具有这样特点的光率体，称为一轴晶负光性光率体，相应的矿物称为一轴晶负光性矿物。

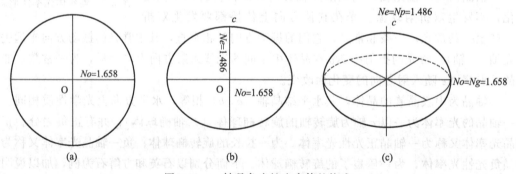

图 5-11 一轴晶负光性光率体的构成

无论是正光性或负光性的一轴晶矿物，其光率体都是旋转椭球体，其旋转轴（直立轴）永远是 Ne 轴，水平轴永远是 No 轴。Ne 与 No 代表一轴晶矿物折射率的最大与最小值，称为主折射率。

折射率的最大值一般以 Ng 表示，最小值以 Np 表示。一轴晶矿物的光性正负取决于 Ne、No 的相对大小。当 $Ne>No$ 时，即 $Ne=Ng$ 时，其光性为正 ［图 5-10(c)］；当 $Ne<No$，即 $Ne=Np$ 时，其光性为负 ［图 5-11(c)］。Ne 与 No 的差值为一轴晶矿物的最大双折射率。

在偏光显微镜下观察、鉴定矿物时，会遇到晶体矿物各种方向的光率体切面。一般来说，一轴晶光率体主要可分为以下三种切面。以一轴晶正光性矿物为例，见图 5-12。

（1）垂直光轴的切面　为一圆切面，其半径等于 No［图 5-12(a)］。当光波垂直于这种切面入射（即平行于光轴入射，或称沿着光轴入射）晶体切片时，不发生双折射，光波的振动方向也不会发生改变，其折射率均等于 No，也可以说其双折射率等于零。一轴晶光率体中圆切面只有一个。

（2）平行光轴的切面［图 5-12(b)］　为椭圆切面，其长短半径分别为 Ne 与 No（正光性光率体长半径为 Ne，短半径为 No，负光性的刚好相反）。光波垂直这种切面入射（即垂直光轴入射）时，发生双折射现象，分解成两束偏光。两束偏光的振动方向必定分别平行椭圆切面的长短半径，其中非常光的振动方向平行于 Ne 方向，常光的振动方向平行于 No 方向。其相应的折射率必分别等于椭圆切面的长短半径 Ne 与 No。其双折射率等于椭圆切面长短半径 Ne 和 No 之差，是一轴晶矿物的最大双折射率。一轴晶光率体中平行光轴的切面有无数多个。

（3）斜交光轴的切面［图 5-12(c)］　仍为椭圆切面，其长短半径分别等于 Ne' 与 No。光波垂直这种切面入射（即斜交光轴入射）时，发生双折射现象，分解成两束偏光，其振动方向必定分别平行椭圆切面的长短半径，相应的折射率必分别等于椭圆切面长短半径 Ne' 与 No。双折射率值等于椭圆切面长短半径 Ne' 与 No 之差，大小位于零到最大双折射率之间。一轴晶任何斜交光轴的椭圆切面的长短半径中始终有一个是 No。当光性为正时，短半径是 No，光性为负时，长半径是 No。一轴晶光率体中斜交光轴的切面有无数多个。

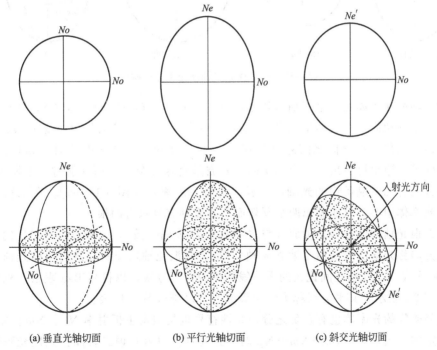

(a) 垂直光轴切面　　　　(b) 平行光轴切面　　　　(c) 斜交光轴切面

图 5-12　一轴晶正光性光率体的主要切面

5.5.3　二轴晶光率体

低级晶族包括斜方晶系、单斜晶系和三斜晶系的矿物都属二轴晶。这类矿物晶体的三个结晶轴晶胞参数不等，即 $a \neq b \neq c$，表明晶体三度空间方向的不均一性。实验证明，这类矿物都有与互相垂直的三个振动方向相对应的大、中、小三个主折射率值，分别以符号 Ng、Nm、Np 表示。其他振动方向相当的折射率值递变于 Ng、Nm、Np 之间，分别以 Ng' 和 Np' 代表，即 $Ng > Ng' > Nm > Np' > Np$。所有这些折射率以中心点联系起来就构成了一个三轴不等的三轴椭球体，这就是二轴晶光率体。

三轴椭球体中包含两根主轴的切面，称主轴面（主切面）。二轴晶光率体有三个互相垂直的主轴面，即 $NgNp$ 面、$NgNm$ 面和 $NmNp$ 面。

以镁橄榄石为例，其三个主要方向切面分别具有大（1.715）、中（1.680）、小（1.651）三个主折射率，它们分别平行于 a、b、c 三个结晶轴振动。图 5-13(a)、(b)、(c) 分别为镁橄榄石的 $NgNp$ 面、$NmNp$ 面和 $NgNm$ 面，显然，把这三个椭圆切面按照它们在空间的位置联系起来，便构成了镁橄榄石的二轴晶光率体 [图 5-13(d)]。

实验证明，其他的二轴晶矿物也都有大、中、小（Ng、Nm、Np）三个主折射率分别与互相垂直的三个振动方向相当，只是其主折射率值（Ng、Nm、Np）的大小以及它们的振动方向在晶体中的位置与镁橄榄石不同而已。

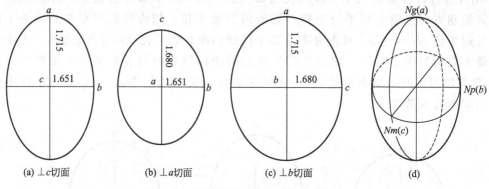

图 5-13　镁橄榄石二轴晶光率体的构成

因为二轴晶光率体是一个三轴椭球体，通过 Nm 轴在光率体的一边（Ng 轴与 Np 轴之间）可作一系列切面，它们的半径之一始终为 Nm，另一个半径的长短递变于 Ng 与 Np 之间，因系连续变化，在它们之间总可找到一个半径为 Nm 的圆切面 [图 5-14(a)]。同样，在光率体的另一边也可截出另一个圆切面。光波垂直这两个圆切面入射时，不发生双折射，故这两个方向为二轴晶矿物的光轴，一般以符号 OA 表示 [图 5-14(b)]。在二轴晶光率体中，通过光率体中心，只能截出两个圆切面，故光轴有且只有两根。

包含二根光轴的面称为光轴面（与主轴面 $NgNp$ 面一致），一般以符号 AP 代表。垂直光轴面的方向称光学法线（与主轴 Nm 轴一致）。两根光轴之间所夹的锐角称光轴角，一般以符号 $2V$ 代表。二光轴之间锐角的平分线称为锐角等分线，以符号 Bxa 表示；光轴之间所夹的钝角用 $2E$ 表示，其平分线称为钝角等分线，以符号 Bxo 代表。

二轴晶矿物的光率体也有正负之分，光性符号也是根据主折射率 Ng、Nm、Np 的相对大小来确定的。当 $Ng - Nm > Nm - Np$ 时为正光性。也就是说二轴晶正光性光率体中，其 Nm 值比较接近 Np 值，以 Nm 为半径所作的两圆切面必然是比较靠近 Np 轴，垂直于圆切面的两个光轴必然更靠近于 Ng 轴。因此两个光轴之间的锐角等分线 Bxa 必定是 Ng 轴 [图 5-14(b)、5-15(a)]。反之，当 $Ng - Nm < Nm - Np$ 时，为负光性。其 Nm 值比较接近 Ng，以 Nm 为半径所作的两圆切面必然更靠近 Ng 轴，垂直于圆切面的两个光轴必更靠近 Np

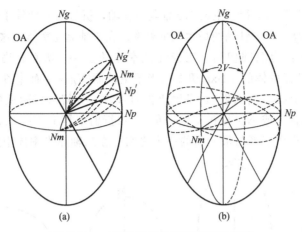

图 5-14 二轴晶光率体的圆切面及光轴

轴，两个光轴之间的锐角等分线 Bxa 必为 Np 轴 [图 5-15(b)]。由此可知，二轴晶的光性符号也可根据 Bxa 是 Ng 轴或 Np 轴来确定。当 Bxa＝Ng，Bxo＝Np 时，或者说当 Bxa∥Ng，Bxo∥Np 时，为正光性；当 Bxa＝Np，Bxo＝Ng 时，或者说当 Bxa∥Np，Bxo∥Ng 时，为负光性。

$2V$ 角的大小可由以下公式求得：

正光性时：
$$\tan V = \sqrt{\frac{Nm - Np}{Ng - Nm}} \tag{5-5}$$

负光性时：
$$\tan V = \sqrt{\frac{Ng - Nm}{Nm - Np}} \tag{5-6}$$

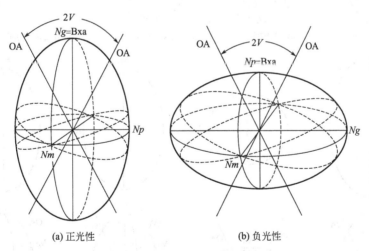

图 5-15 二轴晶光率体

二轴晶光率体的主要切面有以下几种（图 5-16）。

① ⊥光轴的切面：为圆切面，其半径等于 Nm [图 5-16(a)]。光波垂直该切面入射时（即沿光轴入射），不发生双折射，也不改变入射光波的振动方向，其折射率等于 Nm，双折率等于零。在二轴晶光率体中这样的切面有两个。

② ∥光轴面的切面：为椭圆切面，与主轴面 $NgNp$ 面一致。椭圆的长短半径分别等于 Ng、Np [图 5-16(b)]。光波垂直这种切面入射（即沿 Nm 入射）时，发生双折射现象，分解

成两束偏光，振动方向分别平行于主轴 Ng 轴与 Np 轴，折射率分别等于主折射率 Ng 与 Np。双折射率等于 $Ng-Np$，为二轴晶的最大双折射率。在二轴晶光率体中这种切面只有一个。

③⊥Bxa 的切面：为椭圆切面，正光性光率体的⊥Bxa 切面相当于主轴面 $NmNp$ 面 [图 5-16(c)]，负光性光率体的⊥Bxa 切面相当于主轴面 $NgNm$ 面 [图 5-16(d)]。光波垂直该切面入射时（即沿 Bxa 方向入射），发生双折射现象，分解形成两束偏光，振动方向分别平行 Nm 与 Np 轴（正）或 Ng 与 Nm 轴（负），双折射率等于 $Nm-Np$（正）或 $Ng-Nm$（负），双折射率值大小介于零与最大值的一半之间。在二轴晶光率体中这种切面只有一个。

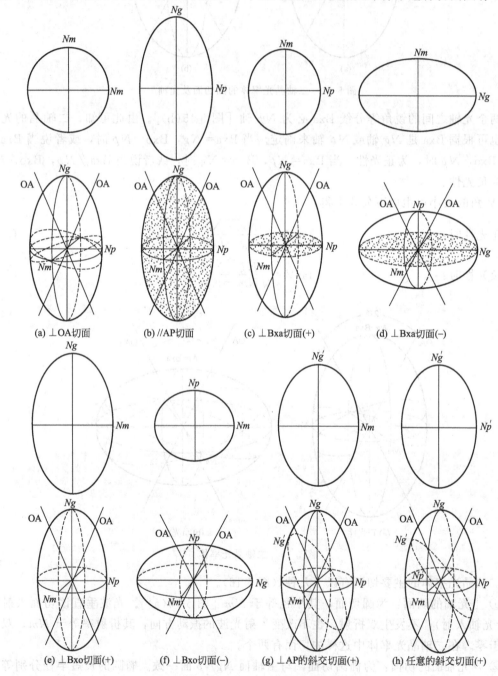

图 5-16　二轴晶光率体的主要切面

④ ⊥Bxo 的切面：为椭圆切面，正光性光率体的⊥Bxo 切面相当于主轴面 $NgNm$ 面 [图 5-16(e)]，负光性光率体的⊥Bxo 切面相当于主轴面 $NmNp$ 面 [图 5-16(f)]。光波垂直此切面入射（即沿 Bxo 方向入射）时，发生双折射现象，分解形成两束偏光，其振动方向分别平行 Ng 与 Nm 轴（正），或 Nm 与 Np 轴（负）；双折射率等于 $Ng-Nm$（正）或 $Nm-Np$（负），其大小介于最大值的一半与最大值之间。所以无论光性是正或是负，⊥Bxo 切面的双折射率总是大于⊥Bxa 切面的双折射率。在二轴晶光率体中这种切面只有一个。

平行光轴面切面、⊥Bxa 切面和⊥Bxo 切面是二轴晶光率体的三个主轴面。

⑤ 斜交切面：既不垂直主轴，也不垂直光轴的切面属于斜交切面。这种切面有无数个，它们都是椭圆切面。斜交切面大体上可以分为两种类型。

a. 垂直主轴面（即 $NgNp$ 面，$NgNm$ 面和 $NmNp$ 面）的斜交切面，称为半任意切面。这类切面的椭圆半径中有一个为主轴（Ng 或 Nm 或 Np），另一个半径为 Ng' 或 Np'。上述垂直光轴的圆切面，实质上是这一类切面中的特殊类型。在半任意切面中比较重要的垂直光轴面（即 $NgNp$ 面）的斜交切面 [图 5-16(g)]，其椭圆长短半径中总有一个是 Nm，另一个半径为 Ng' 或 Np'。

b. 任意斜交切面，其椭圆的长短半径分别为 Ng' 和 Np' [图 5-16(h)]。光波垂直这类斜交切面入射时，发生双折射，分解成两束偏光，其振动方向分别平行椭圆长短半径方向，折射率分别等于长短半径，双折射率等于长短半径之差，其大小变化于零与最大值之间。

5.6　光性方位

光性方位是指光率体的主轴与晶体结晶轴之间的对应关系。因不同晶体所属的晶系不同，光性方位有所差别。

5.6.1　高级晶族晶体的光性方位

在高级晶族矿物中，因为其结晶学常数 $a_0=b_0=c_0$，$\alpha=\beta=\gamma=90°$，a、b、c 轴方向的物理性质完全相同，因而高级晶族矿物的光率体为圆球体，通过圆球体中心的任何三个互相垂直的直径完全相等。因此，两者的各向同性使它们的光性方位不受任何空间方向的制约。

5.6.2　中级晶族晶体的光性方位

在中级晶族矿物中，因为其结晶学常数 $a_0=b_0\neq c_0$，$\alpha=\beta=\gamma=90°$，a、b 轴方向具有几乎相同的物理性质，而 c 轴方向与 a、b 轴方向物理性质不同，因此中级晶族晶体均为一轴晶，其光率体均为一轴晶光率体，为旋转椭球体，无论光性正负，其旋转轴（光轴）与晶体的 c 轴（高次对称轴）一致，a、b 轴平行于光率体的圆切面。也即中级晶族矿物的光性方位为：c 轴 // Ne，a 轴和 b 轴 // No，如图 5-17 所示。正光性晶体如石英 [图 5-17(a)]，负光性晶体如方解石 [图 5-17(b)]。

5.6.3　低级晶族晶体的光性方位

在低级晶族矿物中，因为其结晶学常数 $a_0\neq b_0\neq c_0$，a、b、c 轴方向的物理性质不同，因此低级晶族晶体均为二轴晶，其光率体均为二轴晶光率体，为三轴椭球体。低级晶族各晶系晶体的光性方位各不相同，下面分别介绍。

（1）斜方晶系

斜方晶系矿物的轴角 $\alpha=\beta=\gamma=90°$，三个结晶轴 a、b、c 相互垂直，它们正好是三

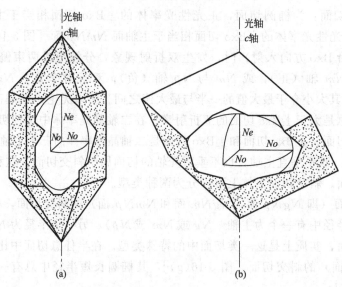

图 5-17　中级晶族晶体的光性方位

个二次对称轴的位置，因此斜方晶系的光性方位是：光率体的三个主轴与晶体的三个结晶轴重合。至于哪一个主轴与哪一个结晶轴重合，因晶体矿物不同而不同。如黄玉：$Nm=b$ 轴，$Ng=c$ 轴，$Np=a$ 轴（图 5-18）。

（2）单斜晶系

单斜晶系矿物的轴角 $\alpha = \gamma = 90° < \beta$，即 b 轴同时垂直 a 轴和 c 轴，单斜晶系矿物晶体 b 轴方向为主结晶轴，可与光率体三个主轴之一重合，其余二主轴与晶体的结晶轴斜交。究竟是哪个主轴与 b 轴一致，其他二主轴与 a 轴或 c 轴斜交角度有多大，视矿物不同而异。如透闪石是：$Nm=b$ 轴，$Ng \wedge c=20°$（图 5-19）。

（3）三斜晶系

三斜晶系对称程度最低，矿物的轴角 $\alpha \neq \beta \neq \gamma \neq 90°$，即三个结晶轴彼此互不垂直。只有晶体的中心与光率体的中心重合，其光性方位是：光率体的三个主轴与晶体的三个结晶轴斜交，其斜交角度因矿物而异，图 5-20 为斜长石的光性方位。

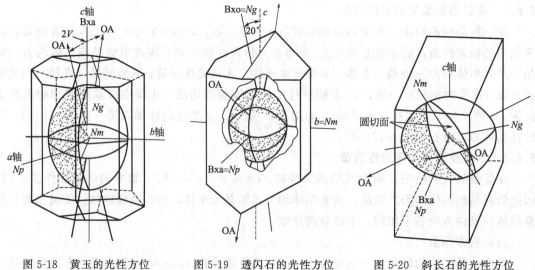

图 5-18　黄玉的光性方位　　　　图 5-19　透闪石的光性方位　　　　图 5-20　斜长石的光性方位

第6章 光学显微分析

利用光学显微镜在单偏光镜下可以观察矿物的形态、晶形及自形程度；观测矿物的解理及解理夹角、矿物的颜色及多色性吸收性现象；根据轮廓、糙面的发育程度及突起等级判断矿物折射率的大致范围。在正交偏光镜下可以观察到矿物的干涉与消光现象，测定干涉色级序、双折射率及最大双折射率；观测测定消光类型、消光角及延性符号。在锥光镜下可以观察矿物的干涉图，测定矿物的轴性及光性。通过矿物的各种光学性质的测定，可以完成晶体矿物的镜下鉴定工作。

6.1 偏光显微镜

光学显微镜可分为透射光显微镜及反射光显微镜两大类。透射光显微镜又可分为生物显微镜及偏光显微镜，主要是利用光波穿透待研究的物质来进行成像和观测的。反射光显微镜分为金相显微镜及矿相显微镜，主要是利用被待研究的物质的反射光来进行成像和观测。

偏光显微镜是研究透明晶体矿物切片光学性质的重要的光学仪器，它与普通生物显微镜的重要区别在于它装有两个偏光镜及勃氏镜。偏光镜一个位于载物台下方，称为下偏光镜，也称为起偏镜，另一个位于物镜之上，称为上偏光镜，也可称为检偏镜或分析镜。透过二者出来的光波都是平面偏光，但通过上下偏光镜得到的偏光其振动方向互相垂直。上下偏光镜可以单独或联合使用，只利用下偏光镜可形成单偏光系统，同时使用形成正交偏光系统，而在正交偏光的基础上加上勃氏镜就可以形成锥光系统。利用这些装置，使我们可以观察和测定在普通生物显微镜所不能观测到的晶体的许多光学特性。

偏光显微镜生产厂家及型号较多，如以前教学中使用的我国江南光学仪器厂生产的

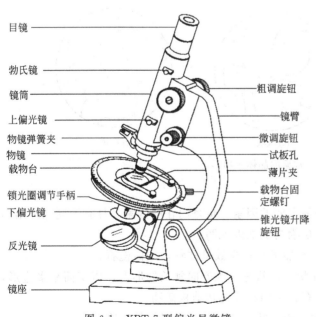

图 6-1 XPT-7 型偏光显微镜

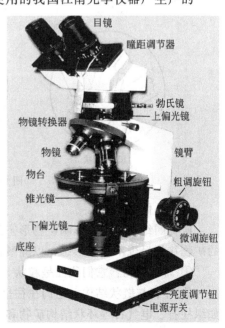

图 6-2 NP-107B 型偏光显微镜

XPT-7 型偏光显微镜（图 6-1）和目前使用的宁波永新光学仪器公司出产的 NP-107B 型偏光显微镜（图 6-2）等，它们的外形各异，但其构造和作用是完全相似。有关偏光显微镜的具体构造、调节、校正和使用方法参见《现代材料测试技术实验指导书》，在此不再详述。

6.2　单偏光镜下晶体的光学性质

偏光显微镜只利用下偏光镜进行工作就可形成单偏光系统。在单偏光镜下，光源通过下偏光镜后，日光或灯光（统称自然光）就变成为一束振动方向只有东西向的、平行传播的偏光。偏光射入矿物薄片后，我们可以观察和测定矿物的一些特殊光学性质，如矿物的多色性、吸收性、闪突起等现象。同时，我们也可以观察到矿物的普通光学特征，如形态、解理、颜色等。这些现象的观察与光源是否为偏光无关，但在单偏光系统下不影响观察效果，所以在偏光显微镜中通常仍在单偏光系统下对这些现象进行观测。

6.2.1　晶体形态

矿物的形态千差万别，常见的有针状、片状、柱状、板状和粒状等（图 6-3）。对于某种具体的矿物来说，因为矿物具有一定的结晶习性而形成相对特定的形态。但实际上，矿物的结晶习性决定于它的晶体结构以及生成条件。此外，在偏光显微镜下观察的矿物的切片，因此矿物形态还与切面方向有关。

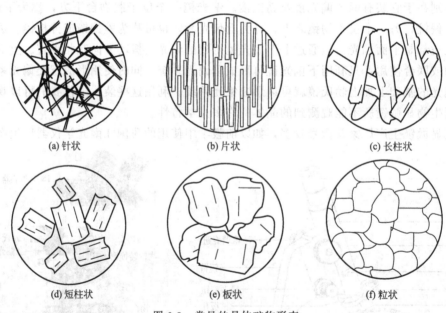

(a) 针状　　　　　　　(b) 片状　　　　　　　(c) 长柱状

(d) 短柱状　　　　　　(e) 板状　　　　　　　(f) 粒状

图 6-3　常见的晶体矿物形态

（1）晶体结构

矿物的结晶习性是影响矿物形态的最主要的因素，也是内在的因素。具有不同晶体结构的矿物往往呈现不同的形态，以硅酸盐矿物为例加以说明。

①岛状结构：它们往往呈粒状，如石榴子石；少数呈柱状，如橄榄石。

②环状与链状结构：它们往往呈柱状、针状等一维方向延长的形态，横切面呈多边形，如绿柱石、电气石等环状结构矿物和辉石、角闪石等链状结构矿物。

③层状结构：它们基本上呈叶片状、鳞片状，如云母、绿泥石等矿物。

④ 架状结构：它们的形态变化较大，可以是粒状的，如白榴石；也可以是柱状的，如方柱石、石英等；甚至是板状的，如长石。但是，它们不同的形态与其独特的内部结构有关，也和组成矿物的元素以及它们的结合方式、结合力等有关。

因此，根据薄片中观察到的矿物形态，可以粗略地推测它们的晶体结构类型，从而达到鉴定矿物种属的目的。

（2）生成条件

即使是内部结构相同的晶体，在不同的生成条件、生长空间等条件下，其形态可以呈现较大的差异。如辉石、角闪石、磷灰石等柱状矿物，它们在恒温条件下结晶为短柱状，而在骤冷条件下结晶为针状；再如石英，在岩浆成岩的过程中属最晚结晶的矿物之一，只能在已经结晶的其他矿物的空隙中生长，以粒状为主，但如果有充分的生长空间如晶洞中，则可形成结晶完好的柱状晶体。因此，晶体形态也可以有效地提供它们的成因信息。

晶体矿物结晶时间顺序及生长环境不同，晶体的自形程度不同。根据薄片中晶体边棱的规则程度，可将晶体划分为以下几个类型。

① 自形晶：晶形完整，呈规则的多边形，边棱全为直线［图 6-4(a)］。这类晶体结晶能力强、析晶早物理化学环境适宜于晶体生长。

② 半自形晶：晶形较完整，部分边棱呈直线，部分为不规则的曲线［图 6-4(b)］。这类晶体析晶较自形晶晚。

③ 他形晶：晶形呈不规则的粒状，边棱全为曲线［图 6-4(c)］。这类晶体是析晶最晚或温度下降较快时析出的晶体。

另外，因矿物析晶时物质成分、黏度、杂质等因素的影响，有可能形成一些畸形的晶体，如雪花状、树枝状、鳞片状和放射状等形态。

因此，从矿物鉴定的角度看，由于某些矿物在特定的结晶环境中形成相对特殊的形态，因此依据晶体形态，也可以达到鉴定矿物的目的。

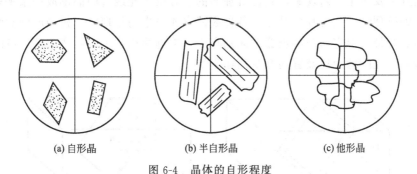

(a) 自形晶　　　　　　(b) 半自形晶　　　　　　(c) 他形晶

图 6-4　晶体的自形程度

（3）切片方向

薄片中见到的矿物形态，不是矿物的立体形态，而是切片方向上的矿物切面的二维形态。因此，在薄片中观察矿物的形态，还取决于切面的方向。由图 6-5 可见，同一晶体在不同方向上进行切片，可得到不同的形态。如图在一个四方柱体的晶体上，可以切出正方形、三角形、六边形、长方形等不同的形态。

因此，在实际鉴定中，需要寻找各种不同的切面形态，然后通过统计分析，组合出晶体的立体形态。如在薄片中，磷灰石常具六边形和长条形切面，由此可以判断磷灰石为六方柱状晶体。

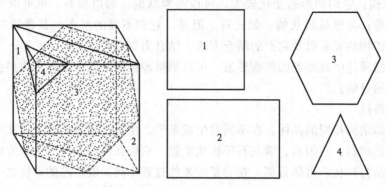

图 6-5 矿物的形态与切片方向的关系

6.2.2 解理

解理是指晶体矿物在外力的作用下沿着一定方向裂开的性质。开裂面呈光滑的平面，称解理面。许多晶体矿物都具有解理，且有些晶体矿物具有两组或两组以上解理，两组解理形成的夹角称解理角，一般以所夹的锐角表示解理角。不同的矿物在解理的方向、完善程度及解理角方面可以是各不相同的。特别是解理的方向往往与晶面、结晶轴有一定的空间关系，故它的出现对于判别晶体的晶系、光性方位等是十分重要的。所以，解理及解理角是鉴定矿物的一个重要依据。

6.2.2.1 解理的完善程度

在单偏光镜下，在薄片中观察到的矿物的解理表现为一组平行的暗色细缝，叫做解理缝。解理缝的形成是在切片磨薄、磨光的过程中，由于机械力的作用，矿物沿解理面裂开 [图 6-6(a)]，并在用加拿大树胶粘接薄片的过程中，树胶充填到解理缝中 [图 6-6(b)]。由于大部分情况下，矿物的折射率（N）大于树胶的折射率（$n=1.54$），垂直薄片的透射光在两者的界面处会发生全反射现象，致使解理面的上方由于光线转向而形成一条平行解理面的细长暗带，即解理缝。在薄片中晶体的各种裂缝（如原生的裂理缝、机械的碎裂缝等）也表现为一条细长暗带，但它们与解理缝的区别在于，裂缝往往是不规则弯曲的，有时也可以较平直，但缝与缝之间的距离及缝的宽窄往往不等。

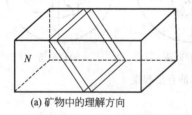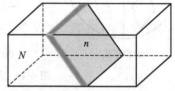

(a) 矿物中的理解方向   (b) 裂开的解理与充填的树胶

图 6-6 解理缝的成因

根据解理缝的发育程度，可以把薄片中见到的矿物解理按完善程度分为三个级别。

（1）极完全解理　解理缝细密，其延续长度往往可以贯穿整个晶体，如云母类矿物的解理缝 [图 6-7(a)]。

（2）完全解理　解理缝的间距较大，其延续长度不能贯穿整个晶体，如辉石、角闪石类矿物的解理缝 [图 6-7(b)]。

（3）不完全解理　解理缝稀少，且断断续续，如橄榄石类矿物的解理缝 [图 6-7(c)]。

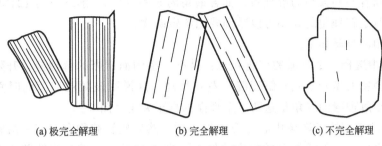

(a) 极完全解理   (b) 完全解理   (c) 不完全解理

图 6-7　解理发育完善程度

6.2.2.2　解理缝的清晰程度和可见性

晶体矿物中的解理存在与否以及它的完善程度取决于晶体结构，而镜下观察到的解理缝的清晰程度则取决于切片的方向。如图 6-8 所示，光线垂直于切片入射，设如入射光线与解理面的交角为 α，矿物折射率为 N、树胶折射率 n。则当 α 较小时，在解理面上光线发生全反射，解理面上方出现一个暗色带，故解理缝清晰 [图 6-8(a)]；当 α 较大时，在解理面上光线经过两次折射而进入解理面上方，不出现暗色带，故解理缝模糊 [图 6-8(c)]。显然，在上述两种情况之间存在一个解理缝可见临界角度，它的大小等于全反射临界角 φ_0 的余角 [图 6-7（b）]：

$$\alpha_0 = 90° - \varphi_0 = 90° - \arcsin(n/N) \quad (N > n) \tag{6-1}$$

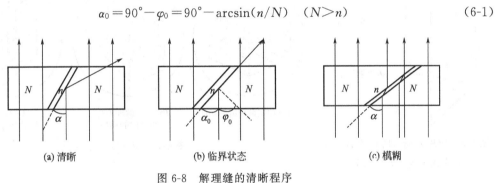

(a) 清晰   (b) 临界状态   (c) 模糊

图 6-8　解理缝的清晰程序

当 $\alpha \leqslant \alpha_0$，解理缝清晰；当 $\alpha > \alpha_0$，解理缝就模糊。因此，同一矿物中，不同方向的切片上解理缝并不是同等清晰的。由此可以判断，在矿物中具有非常清晰解理缝的切面往往近于垂直解理面，从而可以测定某些特殊结晶学方位上的光学参数。如在云母类矿物中，具有非常清晰的解理缝的切面往往是近于平行 c 轴的切面，该切面上的双折射率接近于具有最大双折射率值。

从式(6-1) 也可以看出，α_0 的大小取决于矿物折射率 N 值的大小。矿物的 N 值越大，它的 α_0 越大，这意味着该矿物的解理缝的可见性越大。因此，在具有解理的矿物之间，往往折射率较大的矿物的解理缝相对常见。例如，辉石具有完全解理而斜长石具有极完全解理，但在薄片里可以见到辉石解理缝的机会比见到斜长石解理缝的机会要大得多。

6.2.2.3　解理角

有些矿物，可以出现两个或两个以上方向的解理。但在一个切面上，很少见到两个以上不同方向的解理。镜下观察时，常把同一方向的解理缝称为一组。如在普通角闪石平行 c 轴的切面上，可以见到一组解理缝，而在垂直 c 轴的切面上，可以见到两组解理缝及其解理角。这两组解理缝在结晶学上同属 {110} 单形，故称为 {110} 解理。

　　不同的矿物有不同大小的解理角，如普通角闪石的 {110} 解理角为 124°和 56°。因此，在切片中通过测定解理角的大小可以帮助我们鉴定矿物。

　　测定解理角的步骤如下：

　　① 在薄片中选择一个合适的矿物颗粒：具有两组细而清晰的解理缝，升降镜筒或升降载物台（因显微镜的型号不同）解理缝不左右移动。这说明该颗粒切面同时垂直两组解理面，切面上两组解理缝的夹角是这两组解理面的真正夹角（图 6-9）。

　　② 把选好的切面置于视域中心 [图 6-10(a)]，然后旋转载物台，使一组解理缝平行于目镜十字丝的纵丝、记下载物台的刻度 [如 $x°$，图 6-10(b)]；继续旋转载物台，使另一组解理缝平行于目镜十字丝的纵丝，再次记下载物台的刻度 [如 $y°$，图 6-10(c)]。

　　③ 两次刻度的差值 $|(y-x)°|$ 为解理角的大小，用两组解理面的晶面符号 (hkl) 的夹角表示如普通角闪石垂直 c 轴切面上的解理角被记录为（110）解理 $\wedge$（1$\bar{1}$0）解理 ＝124°。

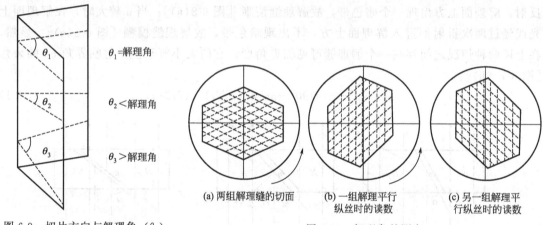

图 6-9　切片方向与解理角（θ_1）、
视解理角（θ_2、θ_3）的关系

(a) 两组解理缝的切面　(b) 一组解理平行纵丝时的读数　(c) 另一组解理平行纵丝时的读数

图 6-10　解理角的测定

6.2.3　矿物的颜色与多色性、吸收性

　　电磁波谱通过物质时其能量总是要被吸收掉一部分，可见光也不例外。而不同矿物往往吸收白光中不同频率的光波，且吸收强度不同，由此产生了矿物的颜色、多色性、吸收性等光学现象。

6.2.3.1　颜色

　　矿物的颜色是因为吸收可见光中各色光的比例不同而呈现的。白光是由红、橙、黄、绿、蓝、青、紫七种不同频率的单色光按一定比例混合组成。根据混合-互补原理（图 6-11），对顶象限的两种颜色为互补色，两者等浓度混合就互相抵消呈现白色，而如果白光中某单色光被吸收减弱时，白光就转化为其对顶象限单色光的颜色。比如白光中的红光被吸收，就会显现绿光。此外，如果相邻的单色光等浓度混合，就呈现两者的混合色；反之，白光中两种相隔的单色光被减弱时，白光就转化为两者之间所夹的单色光的对顶象限单色光的颜色。如滤去白光中的黄光和绿光，白光就变为紫光。

图 6-11　复色光的混合-
互补原理

如果某一矿物对白光中的各单色光同等程度地吸收，则白光光源透过矿物后仍为白光，只是强度有所减弱，此时矿物不具颜色，称为无色。如果矿物对白光中的各单色光不同等程度地吸收，即有选择性地吸收一定频率的光波，则根据混合-互补原理，将呈现出矿物的颜色。

矿物呈色机理非常复杂，与矿物的化学成分、晶体结构、杂质包裹体等有关。许多变价元素（如过渡金属元素）或镧系元素离子的内层由于晶体场分裂而形成不同的能级，当白光经过这些元素的晶体场时，电子吸收白光中部分单色光而引起跃迁，从而使透射光呈现被吸收光颜色的互补色。因此，当矿物中含有这些元素的离子时，就会呈现一定的颜色，故这些离子被称为呈色离子，主要有 Ti、V、Cr、Mn、Fe、Co、Ni、Cu、U 和稀土元素等变价离子，如：

Fe^{2+}：使矿物呈绿色，如阳起石、钙铁辉石、富铁钠闪石、黑云母、蓝宝石等。

Fe^{3+}：使矿物呈褐色或红色，如玄武闪石、黑云母等。

Mn^{2+}：使矿物呈浅玫瑰色，如菱锰矿、蔷薇辉石等。

Mn^{3+}：使矿物呈浅红色或蓝紫色，如锂云母、电气石等。

Ti^{3+}：使矿物呈深褐色，如黑云母等；或呈紫色，如蓝线石、含钛普通辉石等。

Cr^{3+}：使矿物呈亮绿色，如含铬普通辉石、珍珠云母、翡翠等；或呈浅紫色或蓝紫色，如铬铁斜绿泥石等。

Cu^{2+}：使矿物呈蓝色或蓝绿色，如电气石、硅孔雀石等。

Ni^{2+}：使矿物呈黄绿色，如绿泥石。

除色素离子外，其他成分也影响矿物的颜色，如同样是含 Fe^{2+}，但海蓝宝石呈湖绿色，金绿宝石呈黄绿色，普通角闪石呈蓝绿色。

6.2.3.2 多色性

均质矿物各向同性，对光的选择性吸收亦相同，因此任何方向都呈相同的颜色。但非均质矿物的光学性质各向异性，对光的选择性吸收也会随着切片方向的不同而不同，故在单偏光系统下旋转载物台，有些非均质矿物的颜色会发生变化，呈现多色性。如在黑云母平行光轴面的切面上，当其 Ng 与下偏光的振动方向平行时，为深褐色 [图 6-12(c)]；而当 Np 与下偏光的振动方向平行时，浅黄色 [图 6-12(a)]。换言之，慢光（Ng）与快光（Np）通过黑云母时，两者被选择性吸收的单色光种类是不同的，犹如两者通过晶体时的速度不等一样。多色性可用多色性公式表示，如黑云母的多色性公式为：Ng＝深褐色，Nm＝深褐色，Np＝浅黄色。而矿物多色性的测定必须在包含主轴的切面上才能观察到真正的、明显的多色性现象。

6.2.3.3 吸收性

因为非均质矿物的光学性质呈现为各向异性，造成了对透射光的吸收总量也随方向的变化而不同。在有多色性的矿物切面上，随载物台的旋转，其颜色的浓度也会发生深浅变化，这种现象称为矿物的吸收性。如在黑云母垂直（001）的切面上，当其 Ng 平行下偏光镜振动方向时，光波最容易被晶体吸收，故透过晶体的光波总量减少，黑云母呈深褐色 [图 6-12(c)]；当其 Np 平行下偏光镜振动方向时，只有 Np 振动方向的光波（即快光）通过晶体，它被晶体吸收最少，故透过晶体的光波总量最多，黑云母呈浅黄色 [图 6-12(a)]。由于该切面上，黑云母的解理缝方向几乎平行 Ng，因此可以利用黑云母的吸收性特征来检验下偏光镜的振动方向。

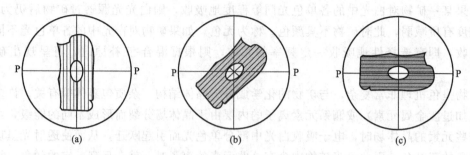

图 6-12　单偏光系统下黑云母的 $\{hk0\}$ 切面上颜色的深浅变化

(a) 解理缝垂直下偏光镜振动方向时，黑云母的颜色最浅（浅黄色）

(b) 解理缝斜交下偏光镜振动方向时，黑云母的颜色变深（深黄色）

(c) 解理缝平行下偏光镜振动方向时，黑云母的颜色最深（深褐色）

与观测多色性现象相似，吸收性的测定必须在包含主轴的切面上进行。在一轴晶矿物中，需在平行光轴的切面上观察，其观察结果可以用吸收性公式表示：①$Ne>No$ 表示 Ne 方向的吸收程度大于 No 方向，如金红石矿物；②$No>Ne$ 表示 No 方向的吸收程度大于 Ne 方向，如电气石、绿柱石等矿物。

同样，在二轴晶矿物中，则需在平行光轴面和垂直光轴的两个切面上观察，其观察结果同样用吸收性公式表示：①$Ng>Nm>Np$，表示三个主轴方向上的吸收程度随折射率降低而减弱，故称为正吸收，如普通角闪石、十字石等矿物；②$Ng<Nm<Np$，表示三个主轴方向上的吸收程度随折射率降低而增强，故称为负吸收，如钠铁闪石、霓石等矿物。

很显然，对于无色矿物是无所谓多色性和吸收性的。而对于具有颜色的矿物，可以在相应的切面上同时观察矿物的多色性和吸收性，至于如何寻找用来观察多色性和吸收性切面的方法将在下面章节中介绍。

6.2.4　矿物的轮廓、贝克线、糙面及突起

矿物的轮廓、糙面、突起、贝克线及其移动规律可反映矿物的折射率大小及矿物之间折射率的相对高低。折射率是鉴定矿物的重要光学常数之一。

6.2.4.1　轮廓

单偏光镜下，两个不同折射率介质的接触处往往会出现一条暗色条带。对于矿物颗粒而言，该条带总是沿着颗粒边缘分布而呈封闭状，这就是矿物的轮廓。

轮廓形成的原因是因为两种介质的折射率不同，在它们的倾斜接触面上垂直薄片的透射光要发生折射或全反射，导致光线偏离原来的传播方向，故在接触面上方形成如图 6-13 所示的无光线或少光线的暗色条带。

但为什么我们看到像图 6-14 那样有些矿物（如橄榄石、角闪石等）的轮廓粗而黑，而有些矿物（如石英、长石等）的轮廓细而淡呢？

这是因为根据折射定律：

$$\frac{\sin i}{\sin r}=\frac{v_i}{v_r}=\frac{N_r}{N_i} \qquad (6-2)$$

从式(6-2)可以知道，如果折射介质的折射率 N_r 与入射介质的折射率 N_i 相差越大，则折射角 r 与入射角 i 相差越大，说明折射光偏离薄片法线的角度越大，使两种介质接触面上方光线减

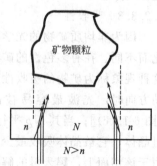

图 6-13　轮廓及其成因

少的范围越大，显得条带越宽，同时接触面上方光线减少的程度也越大，使得条带越黑，因此显示的轮廓就越显著；反之，两种介质的折射率接近或相等，轮廓就不显著（图 6-14）。因此，观察轮廓的显著程度，有助于判别矿物间折射率的相对大小。

6.2.4.2　糙面

在单偏光镜下观察薄片时，可以看到有些矿物表面似乎较为光滑，而另有些矿物表面呈麻点状，好像表面比较粗糙。这种晶体表面的光滑-粗糙的视觉感称为糙面。

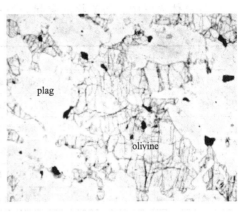

图 6-14　橄榄岩的单偏光镜下照片

olivine 为橄榄石；plag 为斜长石

形成糙面的原因与矿物实际表面的平整度有关。实际上，在磨制薄片时，其内部各种矿物表面的平整度是相同的，即都存在相同程度的凹凸不平。但是因不同矿物的折射率不同，与覆盖在矿物表面上的树胶的折射率的差值不等，造成光通过矿物-树胶之间的界面时，产生折射的角度不一样，使光线在矿物表面上集散不均。光线集中的区域显得明亮而高凸，光线分散的区域显得暗淡而低凹，这种高凸、低凹的随机分布造成了矿物表面的粗糙感［图 6-15（a）、（b）］。矿物与树胶的折射率差别越大，矿物表面的光线集散越强烈，明暗的反差越大，粗糙感越显著。反之，当矿物与树胶折射率的接近或相同时，没有光线的集散现象，粗糙感趋于消失［图 6-15(c)］。因此，矿物的糙面表现了矿物与树胶的折射率的相对差别。如橄榄石、萤石等的折射率与树胶折射率差值达到 0.1 以上，它们的糙面显著，而石英、长石的折射率与树胶折射率之差，均在 0.03 以下，它们的糙面就不显著（图 6-14）。因此，矿物的糙面与轮廓的显著程度是一致的，即轮廓越显著的矿物必然糙面越显著。

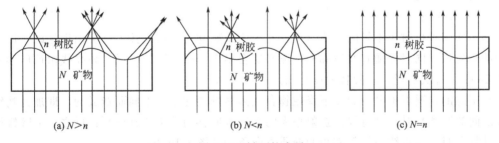

(a) $N > n$　　　　　　　　(b) $N < n$　　　　　　　　(c) $N = n$

图 6-15　糙面的成因

6.2.4.3　突起

突起是由矿物的糙面与轮廓而引起一种综合的视觉感受，即有些矿物的表面显得高凸，如橄榄石；另一些矿物的表面显得低平，如长石（图 6-14）。

事实上，同一薄片中各个矿物的表面都是近似处于同一平面上，只是有些矿物的折射率与树胶的折射率相差较大，有显著的轮廓和糙面使得矿物表面在视觉上感觉具有较大的起伏、厚度，表现出它的表面显得高凸。另有些矿物的折射率与树胶的折射率相差较小，使得矿物表面显得低平。因此，矿物的突起的高低反映了矿物与树胶的折射率之差。

矿物的突起有正负之分，以树胶的折射率（$N = 1.54$）为标准，将折射率大于树胶的矿物的突起称为正突起，反之，则称为负突起。

在晶体光学中，将矿物的突起分为六个等级，见表 6-1。

表 6-1　矿物的突起等级及特征

突 起 等 级	折射率范围	糙面及轮廓特征	实　例
负高突起	＜1.48	糙面及轮廓显著，下降载物台，贝克线移向树胶	萤石
负低突起	1.48～1.54	表面光滑，轮廓不明显，下降载物台，贝克线移向树胶	钾长石
正低突起	1.54～1.60	表面光滑，轮廓不明显，下降载物台，贝克线移向矿物	石英
正中突起	1.60～1.66	糙面显著，轮廓清晰，下降载物台，贝克线移向矿物	黑云母、透闪石
正高突起	1.66～1.78	糙面很显著，轮廓较宽，下降载物台，贝克线移向矿物	橄榄石、C_3S
正极高突起	＞1.78	糙面非常显著，轮廓很宽，下降载物台，贝克线移向矿物	榍石、锆石

由上表可以知道，矿物突起的高低与它们的轮廓和糙面的显著程度是完全相关的。因此，这三种现象应统一地观察和分析，以正确估计矿物折射率的大致范围。

均质体矿物的折射率只有一个，在薄片中可以看到它们的轮廓、糙面及突起等级等现象不会发生改变。而非均质矿物切面上有两个不同的折射率，如在方解石平行 c 轴的切面上，$No=1.658$，$Ne=1.486$。当 No 与下偏光镜振动方向一致时，晶体接近正高突起，轮廓和解理缝粗黑，糙面显著；当 Ne 与下偏光镜振动方向一致时，晶体呈现为负低突起，轮廓和解理缝不明显，糙面不显著。如果连续地旋转载物台，镜下可见方解石晶体的突起会发生由高变低、由正变负，然后又由低变高、由负变正的现象，这种现象称为闪突起。在矿物切面上能否观察到闪突起现象取决于两个因素：①该矿物必须具有较大的双折射率，且其中一个折射率比较接近树胶的折射率，如方解石族矿物、滑石等；②该切面必须为接近最大双折射率的切面，如对于一轴晶矿物须近于平行光轴的切面或对于二轴晶矿物须近于平行光轴面的切面。另外，载物台转动越快，闪突起现象就越明显。至于突起正负的判断，可以通过贝克线的移动规律确定。

6.2.4.4　贝克线

当相邻两种折射率不等的介质（矿物与矿物或矿物与树胶）接触处会出现轮廓，即一条封闭的暗色带；同时伴随着在轮廓的一侧必定会出现一条细窄的亮线。该亮线由德国学者贝克于 1893 年首次发现，故命名为贝克线。

在正焦的情况下提升镜筒或下降载物台（因显微镜的型号不同而造成的，即加大物镜与薄片之间的距离）时，贝克线向折射率大的介质方向移动 [图 6-16(a)]；反之，下降镜筒或提升载物台时，贝克线向折射率小的介质方向移动 [图 6-16(b)]。

贝克线产生的原因主要是由于相邻物质的折射率不同而引起的。无论相邻物质的接触面与切面的夹角如何变化，透射光到达接触面后总是向折射率大的物质折射或全反射，致使接触面上方光线减少，形成轮廓；同时，折射率高的物质上方光线增多，形成贝克线。图6-17给出贝克线的形成原因及其移动规律，按两种物质的接触关系有以下几种情况。

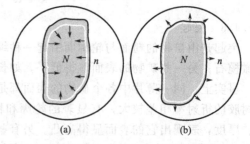

图 6-16　矿物的轮廓与贝克线及移动规律 （$N>n$）

(a) 下降载物台，贝克线移向矿物；

(b) 提升载物台，贝克线移向树胶

① 相邻两物质倾斜接触，折射率小的物质盖在折射率大的物质上，如果接触界面较陡 [图 6-17(a)]，平行光线射入到接触面时，将发生全内反射（此时的入射角大于全反射临界角），光线将向折射率大的物质方向集中。致使接触界面上方光线减弱，形成轮廓；折射大的物质边缘，光线增强，形成贝克线。如果接触界面较缓 [图 6-17(b)]，平行光线射入到接触面时，将发生折射，此时光线由光密介质进入光疏介质，折射光线远离法线，向折射率的物质上方集中，造成与图 6-17(a) 同样的效果。

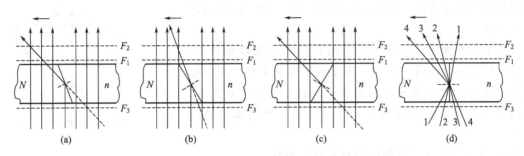

图 6-17　贝克线的成因及移动规律 （$N>n$）

(a) 光在密介质内全反射；(b) 光由密介质向疏介质折射；
(c) 光由疏介质向密介质折射；(d) 散射光折射及全反射

② 相邻两物质倾斜接触，折射率大的物质盖在折射率小的物质上 [图 6-17(c)]，平行光线射入到接触面上，发生折射，此时折射光线由光疏介质进入光密介质，光线将靠近法线，同样致使光线向折射率大的物质上方集中。

③ 当两物质垂直接触时 [图 6-17(d)]，散射光线将发生折射、全反射，仍向折射率大的一方集中。

在显微镜准焦后，上述所有的情况，当提升镜筒或下降载物台时，物镜的焦平面由 F_1 升到 F_2，作为亮线的贝克线（即垂直的透射光与折射光的交汇处）将向折射率大的物质方向移动；当下降镜筒或提升载物台时，物镜的焦平面由 F_1 下降到 F_3，贝克线将向低折射率介质方向移动。

因此在升降镜筒或升降载物台时，根据贝克线的移动方向，就可以判别相邻介质的折射率相对大小。当矿物的相邻介质是树胶时，就可以利用贝克线的移动方向判别矿物突起的正负。

为了在单偏光镜下能够看清贝克线及其移动方向，观察时必须注意以下几点：①适当缩小锁光圈，以排除视域中非垂直入射的散射光，增加反差，提高图像衬度，并使视域背景变暗，突出贝克线的明亮程度；②适当提高物镜的放大倍数，使视域中的贝克线与轮廓的距离增大，利于观察；③升降镜筒或载物台时一定要缓慢，边升降，边观察。

6.3　正交偏光镜下晶体的光学性质

6.3.1　正交偏光镜装置及特点

图 6-18 为正交偏光镜的装置示意图，由图可见，正交偏光镜就是在单偏光镜的基础上，把上偏光镜推入镜筒的偏光显微镜，使上、下偏光镜振动方向相互垂直，并与目镜十字丝一致。正交偏光镜以平行光进行观察，并以 PP 表示下偏光镜的振动方向，一般为东西方向

（或称左右方向），以 AA 表示上偏光镜的振动方向，为南北方向（或称上下方向）。

在正交偏光镜下不放置任何晶体薄片时，视域是黑暗的。因为自然光通过下偏光镜 PP 后，由于偏振片的偏振化作用，光的振动方向就变成了平行 PP 的平面偏光，而当 PP 方向振动的光到达上偏光镜 AA 时，因两个偏振片的偏振方向相互垂直，使光无法通过上偏光镜，而使视域呈现黑暗。

如果将矿物切片放在上、下偏光镜之间的载物台上，由于不同晶体的性质和切片方向不同，视域中将呈现一系列光学现象，如全消光、消光、干涉色、延性、双晶等。通过对这些现象的观察测定，可以确定晶体的部分光学性质。

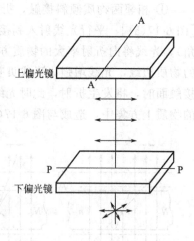

图 6-18　正交偏光镜装置示意图

6.3.2　正交偏光镜下矿物的消光及干涉现象

6.3.2.1　消光现象

矿片在正交偏光镜间呈现黑暗的现象，称为消光现象。分为全消光和 4 次消光现象。

全消光现象：在正交偏光镜间，放置均质体任意方向的切片或非均质体垂直于光轴的切片，因这两种切片的光率体切面都是圆切面，光波垂直这种切面入射时，不发生双折射，也不改变入射偏光的振动方向。因此，由于下偏光镜透出的振动方向平行 PP 的偏光，通过矿物切片后，光没有改变原来的振动方向，与上偏光镜的振动方向 AA 垂直，故不能透出上偏光镜，而使矿片呈现黑暗，旋转载物台一周（360°），矿片的消光现象不改变，称为全消光 [图 6-19(a)]。

4 次消光现象：在正交偏光镜间，放置非均质体除垂直光轴方向外的其他方向切面的薄片，由于这种薄片的光率体切面为椭圆切面，透过下偏光镜的偏光射入矿片时，必然要发生双折射，产生振动方向平行光率体椭圆切面长、短半径的两束偏光。当矿片光率体椭圆切面长、短半径与上、下偏光镜的振动方向 AA、PP 一致时 [图 6-19(b)]，从下偏光镜透出的振动方向平行 PP 的偏光，可以透过矿片而不改变原来的振动方向（或者说 AA 方向分解的

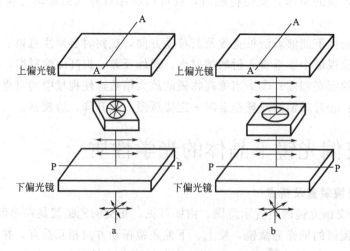

图 6-19　晶体薄片在正交偏光镜间的消光现象

振动分量为零），当其到达上偏光镜时，因 PP 与 AA 垂直，透不过上偏光镜而使矿片消光。旋转载物台一周过程中，光率体椭圆半径与上、下偏光镜的振动方向 AA、PP 有 4 次平行的机会，故矿物切片出现 4 次消光现象。

　　因此可得，在正交偏光镜间呈现全消光的矿片，可能是均质体矿物、也可能是非均质体矿物垂直光轴的切片。而呈现 4 次消光的切片，一定是非均质体矿物。所以 4 次消光现象是非均质体的特征。

　　非均质体矿物除垂直光轴切面以外的任何方向切面，在正交偏光镜间处于消光时的位置，称为消光位。当薄片处于消光位时，其光率体椭圆切面半径必定与上、下偏光镜的振动方向平行。由于上、下偏光镜的振动方向是已知的（通常以目镜十字丝的方向代表），故据此可以确定薄片的光率体椭圆半径的位置。

　　非均质体垂直光轴以外的任意方向切面，不在消光位时，将发生干涉作用。

6.3.2.2　干涉现象

　　图 6-20 是非均质体任意方向切面在正交偏光镜间的偏光振动矢量分解示意图，从图中可见，当非均质体的光率体椭圆半径 K_1、K_2 与上、下偏光镜的振动方向 AA、PP 斜交时，透出下偏光镜平行 PP 的偏光进入矿片后，发生双折射，分解的形成振动方向平行 K_1、K_2 的两束偏光。K_1、K_2 的折射率不等（假设 $N_{K_1} > N_{K_2}$），在矿片中传播的速度也不相同（K_1 为慢光，K_2 为快光），因此 K_1、K_2 两束偏光在透过矿片的过程中，必然要产生光程差 R。当 K_1、K_2 都透出矿片后在空气中传播时，由于传播速度相同，所以它们在到达上偏光镜之前，光程差 R 保持不变。

　　因 K_1、K_2 两束偏光的振动方向与上偏光镜的振动方向（AA）斜交，故当 K_1、K_2 先后进入上偏光镜时，必然再度发生分解，形成 K_1'、K_2' 和 K_1''、K_2'' 四束偏光，其中 K_1''、K_2'' 的振动方向，垂直上偏光镜的振动方向 AA，不能透过上偏光镜。K_1'、K_2' 的振动方向平行于上偏光镜的振动方向，可以透过。透出上偏光镜后的 K_1'、K_2' 两束偏光具有以下特点：

　　① K_1'、K_2' 为同一偏光束经过两度分解（透过矿片和上偏光镜时）而成，故其频率

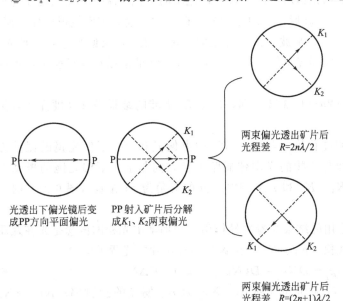
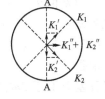
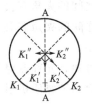

图 6-20　非均质体任意方向切面在正交偏光镜间的偏光振动矢量分解平面图

相等。

② K_1'、K_2' 两者之间有固定的光程差。

③ 两者在同一平面（AA）内振动。

因此 K_1'、K_2' 两束偏光符合光波干涉的条件，必然要发生干涉作用。

由同一平面内两偏光叠加原理可得合成光波的振幅 A。

$$A^2 = OB^2 \sin^2 2\alpha \sin^2 (R\pi/\lambda) \tag{6-3}$$

式中　OB——入射光波的振幅；

　　　　α——晶体切片的光率体椭圆半径与上下偏光镜振动方向的夹角；

　　　　λ——入射光的单色光波长；

　　　　R——光程差。

由式（6-3）可知，合成振幅的大小与晶体切片的光率体椭圆半径与上下偏光镜振动方向的夹角有关，也与光程差有关：

当 $\alpha = 0°$ 时，$\sin^2 2\alpha = 0$，合成振幅 $A = 0$，因为此时晶体切片的光率体椭圆半径与上下偏光镜振动方向一致，PP 偏光进入晶体矿物后不发生分解，到达上偏光镜后无法通过，视域呈现黑暗，晶体矿物处于消光位置。

当 $\alpha = 45°$ 时，$\sin^2 2\alpha = 1$，合成振幅 A 最大，此时晶体切片的光率体椭圆半径与上下偏光镜振动方向呈 45° 夹角，下偏光 PP 经晶体矿物后分解成两束偏光，振动方向都与上下偏光镜振动方向呈 45° 夹角，这两束偏光到达上偏光镜后再度分解，其中与 AA 方向一致的偏光通过上偏光镜后，发生干涉作用，亮度、合成振幅增强，干涉色最明亮。

当光程差 $R = 0$ 时，$A = 0$，表明矿物的两个方向的折射率大小相同，光率体切面应为圆切面，此时矿物呈现全消光现象。

若光源为单色光，当光程差 $R = 2n\lambda/2 = n\lambda$，即半波长的偶数倍时，$K_1'$、$K_2'$ 干涉的结果是互相抵消而变黑暗。因为两束偏光透出矿片后，当光程差为半波长的偶数倍时为同周相的（或称位相差相同），当其进入上偏光镜后再度分解后，透出的 K_1'、K_2' 两束偏光便成为反周相（或称位相差相反），它们发生干涉后，光的振动相互抵消，振幅为零而使视域变成黑暗。

当光程差 $R = (2n+1)\lambda/2$，即半波长的奇数倍时，K_1、K_2 两束偏光进入上偏光镜，再度分解的与 AA 方向平行的两束偏光 K_1'、K_2'，发生干涉后结果是振动互相叠加，振幅增大，亮度加强。

当光程差 R 介于 $2n\lambda/2$ 和 $(2n+1)\lambda/2$ 之间，K_1'、K_2' 干涉的结果是其亮度介于全黑和最亮之间。

所以矿片干涉结果呈现的明亮程度，与 K_1、K_2 两束偏光和上、下偏光镜的振动方向 AA、PP 之间的夹角有关，也即与矿物的光率体椭圆半径方向与上、下偏光镜的振动方向 AA、PP 之间的夹角有关。当 K_1、K_2 和 AA、PP 之间的夹角为 45° 位置（图 6-21）时，干涉色最明亮。

由上可知，光程差对干涉作用的结果起着主导作用。物理学中光程的概念是光在媒质中通过的路程和该媒质折射率的乘积。K_1、K_2 两束偏光透过矿片的光程差应为：

$$R = DN_{K_1} - DN_{K_2} = D(N_{K_1} - N_{K_2}) = D\Delta N \tag{6-4}$$

式中，D 为矿片厚度；N_{K_1} 为 K_1 偏光的折射率；N_{K_2} 为 K_2 偏光的折射率；$N_{K_1} > N_{K_2}$；ΔN 为双折射率。

从式（6-4）可知，此两束偏光的光程差与矿片厚度和双折射率成正比，而双折射率与矿

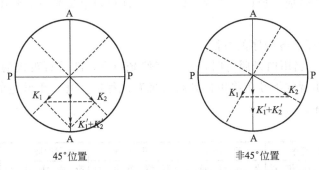

图 6-21　光率体椭圆半径与上下偏光镜的振动方向之间的夹角与振幅大小的关系

物性质和切面方向有关。因此影响光程差的因素有：矿物性质、矿物切面的方向和矿片的厚度，这三方面的因素必须联系起来考虑。不同矿物的最大双折射率可以不同，对同一矿物来说切面方向不同，双折射率也不同，其中平行光轴或平行光轴面的切面，双折射率最大，垂直光轴切面的双折射率最小，其他方向切面的双折射率介于最大和最小值之间。

6.3.3　干涉色及干涉色色谱表

6.3.3.1　干涉色及其成因

为了方便叙述干涉色及其成因，以石英楔为例加以说明。石英楔就是将石英沿光轴（c 轴）方向，由薄至厚磨成楔形，称为石英楔。石英的最大双折射率 $Ne-No=0.009$ 为一常数。若将此石英楔由薄端至厚端，慢慢插入正交偏光镜间的试板孔内（即相当于晶体的光率体椭圆半径与上下偏光镜振动方向的夹角为 45°），则其光程差将随着石英楔厚度的增大而增大。

若显微镜的光源为单色光时，随着石英楔的推入，将依次出现明暗相间的干涉条带（图 6-22）。在光程差 $R=2n\lambda/2$ 处，出现黑暗条带，在光程差 $R=(2n+1)\lambda/2$ 处出现该色光的最亮条带，光程差介于以上两者之间，亮度也介于最亮与最黑之间。明亮和黑暗条带之间的距离，取决于所用单色光的波长。红色光波长最长，明暗条带间的距离最大；紫色光波长最短，明暗条带间距离最短（图 6-23）。

一般情况下，显微镜使用普通光源即白光。用白光照射石英楔时，由于白光是复色光，由七种不同波长的色光所组成，任一光程差（除零以外）都不可能同时相当于各色光波半波长的偶数倍，而使之同时抵消，出现黑暗条带。某一光程差下，白光中只可能有部分色光接近半波长的偶数倍，而使这部分色光抵消或减弱；同时，另一部分色光接近于半波长的奇数倍，相干加强，所有未被抵消的色光混合起来，便构成了与该光程上相应的混合色，它是由

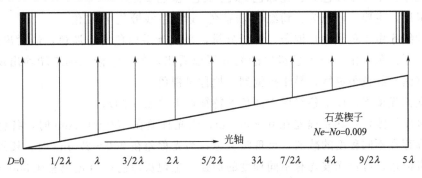

图 6-22　采用单色光照射时，石英楔在正交偏光镜下出现的明暗条纹

于白光干涉的结果所造成，所以称之为干涉色。干涉色与单偏光镜下矿片的颜色不同，切不可将两者混淆。

6.3.3.2　干涉色级序及各级序的特征

如图 6-23 所示，当用白光照射时，在正交偏光镜下，随着石英楔的慢慢推入，光程差逐渐增大，视域中出现的干涉色将由低到高出现有规律的变化。干涉色的这种规律性变化，就构成了干涉色级序。

第一级序	第二级序	第三级序	第四级序	
暗灰色 灰白色 浅黄色 橙色 紫红色	蓝色 蓝绿色 绿色 黄橙色 紫红色	蓝绿色 绿色 黄色 橙色 红色	粉红色 浅蓝色 浅绿色 浅橙色 浅红色	高级白色

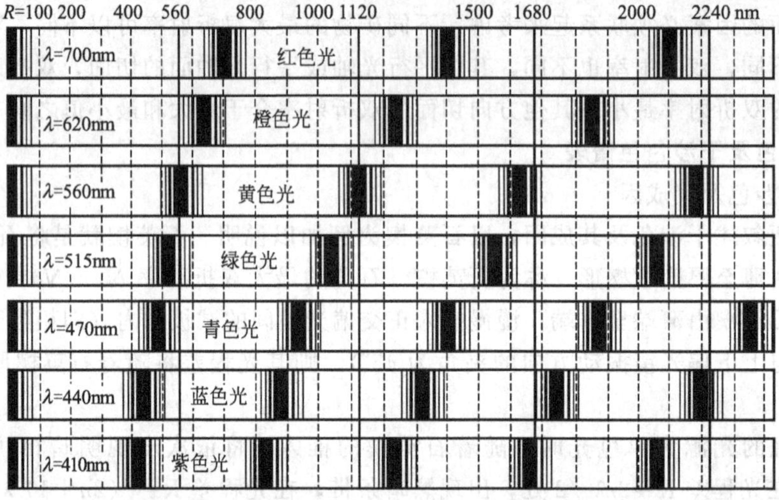

图 6-23　正交偏光镜下各色光透出石英楔干涉后所构成的明暗条带及干涉色级序

随着光程差由小增大，依次出现的干涉色变化情况大致如下：

暗灰-灰白-浅黄-橙-紫红-蓝-蓝绿-绿-黄-紫红-蓝绿-绿-黄-橙-红-粉红-线绿-浅橙-浅红……至亮白色。

根据上述干涉色的变化情况及出现的一些特点，一般将干涉色划分为 4～5 个级序。

第一级序，主要干涉色为：暗灰色-灰白色-浅黄色-橙色-紫红色。

第二级序，主要干涉色为：蓝色-蓝绿色-绿色-黄橙色-紫红色。

第三级序，主要干涉色为：蓝绿色-绿色-黄色-橙色-红色。

第四级序，主要干涉色为：粉红色-浅蓝色-浅绿色-浅橙色-浅红色。

更高的级序由于色浅而且混杂，难于分辨，呈现近乎白色的干涉色，最后出现亮白色，称为高级白干涉色。由上干涉色级序的划分可以看出，各级干涉色的末端均出现（紫）红色。由于（紫）红色很灵敏，易于感觉到，故称灵视色。

在正交偏光镜下，以上各级序干涉色的特征如下（图 6-23）。

第一级序干涉色：其光程差在 0～560nm。当光程差在 100～150nm 时，各色光波因干涉作用后都存在不同程度的减弱，呈现暗灰色；当光程差在 200～270nm 时，接近各色光波半波长的奇数倍，各色光波均有不同程度的加强，呈现灰白色；当光程差在 300nm 左右时，接近黄光半波长，黄光加强，其他色光也较强，故呈现浅黄色；光程差在 300～350nm 时，黄光较强，红、橙也较强，合成亮黄色；光程差在 400～450nm 时，青光近于抵消，黄、绿、蓝、紫也减弱，仅红、橙光加强，故呈橙色；光程差在 500～550nm 时，红、紫、青不同程度加强，其余色光减弱，合成紫红色。第一级序无蓝色、绿色而有灰色、灰白色。在镜下观察石英楔的干涉色级序时，可以发现第一级序各干涉色相对其他级序的干涉色来说发暗。

第二级序干涉色，其光程差在 560～1120nm。其干涉色为蓝、绿、黄、橙、紫红等色依次出现，色较纯，色带间界线较清楚。在镜下观察时发现，蓝色带较宽且颜色偏深。

第三级序干涉色，其光程差在 1120～1680nm。其干涉色为蓝绿、绿、黄、橙、红等色依次出现。与第二级序干涉色比较，色序一致，但颜色较第二级序干涉色浅，且颜色鲜艳，尤以绿色最为鲜艳，干涉色条带之间的界线不如第二级序清楚。

第四级序及更高级序的干涉色，其光程差更大，干涉色的颜色更浅，颜色混杂不纯，干涉色条带间的界线更模糊不清。当光程差增大到相当于五级以上的干涉色时，几乎接近于各色，光波半波长的奇数倍，同时又接近它们半波长的偶数倍，各色光波都有不等量的出现，互相混杂的结果，形成一种与珍珠表面颜色相近的亮白色，称高级白干涉色。一般情况下薄片的厚度都在 0.03mm 左右，如矿片呈现高级白干涉色，则说明该矿物具很大的双折射率值。

实验中观察石英楔干涉色级序时也应注意，各干涉色之间并没有严格的界限，因为光程差是连续增加的，干涉色也是逐渐过渡的，界限清晰与否，只是相对的关系。同时在镜下观察时，用较高倍数的物镜及适当缩小锁光圈可得到较好的观察效果。

由上可知：干涉色级序的高低，取决于相应的光程差的大小。而光程差大小又决定于矿片厚度和双折射率的大小。双折射率大小则与矿物性质及矿片方向有关。在镜下观察时应注意以下几点：

① 在同一晶体矿物薄片中，虽然各矿物颗粒的厚度相同，但因各颗粒的切片方向不同，可显示出不同的干涉色。也就是说，普通多颗粒的晶体矿物切片（单晶体的切片除外），在正交偏光镜下可以看到多种干涉色，不同颗粒可能呈现的干涉色不同。

② 不管何种矿物的切片，矿物颗粒只要在正交偏光镜下观察到干涉色为同一级序，则它们产生的光程差相同。

③ 平行光轴或平行光轴面的切面，双折射率最大，呈现的干涉色级序最高；所以在正交偏光镜下观测的时候，可以通过寻找具有最高干涉色的矿物颗粒，用来测定该矿物的最大双折射率值，因为不同矿物的最大双折射率不同，它们所显示的最高干涉色也不同。所以在鉴定矿物时，测定它们的最高干涉色才有鉴定意义。另外还可以确定该矿物颗粒的切片方向。

④ 垂直光轴切面双折射率为零，呈全消光，因此在镜下观察到全消光的矿物颗粒，就可以确定该矿物颗粒的光率体切面为圆切面。至于该颗粒是均质体矿物切面还是非均质体垂直光轴的切面，其测定方法在以后章节介绍。

⑤ 其他方向的切面，双折射率变化于零和最大之间，其干涉色级序也介于灰黑与最高干涉色之间。

6.3.3.3　干涉色色谱表

干涉色色谱表是表示干涉色级序、光程差、双折射率及薄片厚度之间关系的图表（图 6-24）。它是根据光程差公式 $R = D\Delta N$ 做成的图表。

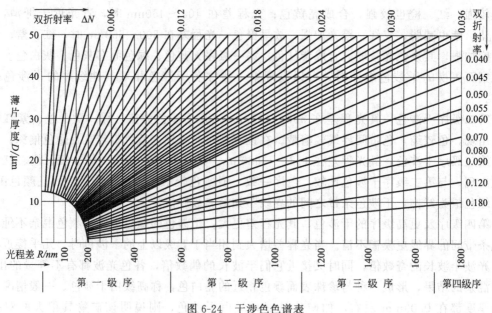

图 6-24　干涉色色谱表

色谱表的横坐标表示光程差的大小，以 nm（纳米）为单位；纵坐标表示薄片厚度，以 μm（微米）为单位；斜线表示双折射率大小；在各种光程差的位置上，填上相应的干涉色，便构成了干涉色色谱表。根据光程差、薄片厚度、双折射率三者之间的关系，若已知其中任意两个数据，应用色谱表，就可以求出第三个数据。例如已知石英的最大双折射率为 0.009，显微镜下观察石英的最高干涉色为一级黄色，根据色谱表可知此薄片厚度大约为 0.04mm，比标准薄片厚度稍厚。若石英最高干涉色为一级黄白，则薄片接近标准厚度。

6.3.4　补色法则及补色器

正交偏光镜下，利用补色法则测定一些晶体光学性质，在测定的过程中往往要借助于一些补色器（或称为试板）。

6.3.4.1　补色法则

所谓补色法则是指在正交偏光镜下两个非均质矿物任意方向的切面（垂直光轴的切面除外），在 45°位置重叠时光通过此两薄片后总光程差的增减法则。光程差的增减具体表现为干涉色级序的升降变化。

现假设一非均质任意方向切面的薄片，其光率体椭圆半径为 Ng' 与 Np'（Ng' 的折射率大小在 Ng 与 Nm 之间，永远为光率体椭圆的长轴；Np' 的折射率大小在 Nm 与 Np 之间，永远为光率体椭圆的短轴）。光波射入此薄片后发生双折射，分解形成两束偏光，透出薄片所产生的光程差为 R_1。另一矿片的光率体椭圆半径为 Ng'' 与 Np''，产生的光程差为 R_2。

将两个薄片重叠于正交偏光镜间，并使两薄片的光率体椭圆半径与上、下偏光镜的振动方向均成 45°夹角，光波通过两薄片后，必然产生一个总光程差，以 R 表示。总光程差 R 是增大还是减小，取决于两薄片重叠的方式（即重叠时光率体椭圆半径的相对位置）。

当两薄片的同名半径（也可称为同名轴）平行时，即 Ng' 平行 Ng''、Np' 平行 Np'' [图 6-25(a)]，光透过两薄片后，其总光程差增大，且 $R=R_1+R_2$。光程差的增加在镜下表现为干涉色级序的升高，因此总光程差 R 反映出的干涉色级序，比两薄片各自产生的干涉色都要高，即同名半径相平行，干涉色级序升高，可简单描述为"同名轴平行，干涉色升高"。

当薄片的异名半径相平行时，即 Ng' 平行 Np''、Ng'' 平行 Np' [图 6-25(b)]，光透过两薄片后，总光程差为 $R=|R_1-R_2|$。因此，总光程差 R 反映的干涉色级序可能比原来两薄片都低，或者比其中一薄片的干涉色要低，总光程差 R 一般为干涉色级序高的薄片的光程差减去干涉色级序低的薄片的光程差。因此，当异名半径相平行，干涉色级序降低，可简单描述为"异名轴平行，干涉色降低"。

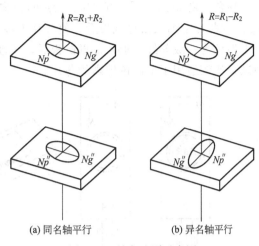

(a) 同名轴平行　　　　(b) 异名轴平行

图 6-25　补色法则示意图

故两薄片在正交偏光镜间 45° 位置重叠时，当其光率体椭圆半径的同名半径相平行时，总光程差 R 等于原来两薄片光程差之和，镜下表现为干涉色级序升高；异名半径相平行时，总光程差等于两薄片光程差之差，其干涉色级序降低（一定比原来干涉色高的薄片低）。

若总光程差 $R=R_1-R_2=0$，即两个薄片各自产生的光程差相等，但处于异名轴平行，光程差抵消，此时视域变为黑暗（一般呈现暗灰色），即出现了消色现象。消色现象在正交偏光镜下进行一些光学性质的测定中非常有用，出现消色现象即表明一方面两个薄片处于异名轴平行，另一方面表示这两薄片产生的光程差相等。

如果在两薄片中，一个薄片的光率体椭圆半径名称及光程差为已知，就可以根据补色法则，测定另一薄片的光率体椭圆半径名称及光程差。

偏光显微镜的附件补色器，就是光率体椭圆半径名称及光程已知的薄片，简称试板。常用的试板有石膏试板、云母试板及石英楔。

6.3.4.2　补色器

（1）石膏试板

石膏试板在正交偏光镜下产生的光程差约为 560nm，在正交偏光镜下本身呈现一级紫红干涉色 [图 6-26(a)]。其光率体椭圆半径 Ng、Np 方向注明在试板上，一般试板的短边方向为 Ng。在正交偏光镜下，45° 位加入石膏试板，可使镜下薄片的光程差增加或减少 560nm 左右，可使视域中看到的晶体矿物颗粒的干涉色整整升高或降低一个级序。

如果薄片为二级黄干涉色，加入石膏试板后就可能升高为三级黄或降低为一级黄。一级黄与三级黄颜色均为黄色，不易辨别，因此不容易判断干涉色级序的升降，二级黄以上的干涉色存在同样的情况。另外薄片的干涉色在一级黄到二级黄之间的，在同名轴平行的情况，加入石膏石板后的干涉色与原薄片的干涉色也相似（虽然干涉色升高了一个级序），不易辨别。所以这种试板比较适宜于干涉色较低（一级黄以下的干涉色）的薄片的测定。

例如薄片干涉色为一级灰白（$R=150nm$ 左右），加入石膏试板后，如果同名轴径平行，总光程差 $R=560+150=710nm$，薄片干涉色由一级灰变为二级蓝绿；异名轴平行，总光程差 $R=560-150=410nm$，薄片干涉色由一级灰变为一级橙黄，得到干涉色对薄片的干涉一级灰来说，是升高的，但对石膏试板的干涉色一级紫红来说，则是降低的。因此，在这种情况下，判断干涉色级序的升降，应当以石膏试板的干涉色为准。

（2）云母试板

该试板能够产生光程差约为黄光波长的 $1/4\lambda$，约 150nm，在正交偏光镜间呈现一级灰白干涉色［图 6-26(b)］。其 Ng、Np 的方向一般注明在试板上，一般试板的短边方向为 Ng。在薄片上加入云母试板后，使薄片干涉色级序按色谱表顺序升降大约一个色序。如薄片干涉色为一级紫红，加入云母试板后，干涉色升高则变为二级蓝，降低变为一级橙黄。这种试板比较适用于干涉色较高的薄片。

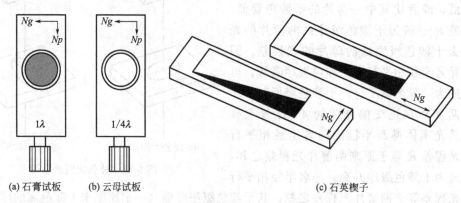

(a) 石膏试板　　　　(b) 云母试板　　　　　　　　　　(c) 石英楔子

图 6-26　偏光显微镜中常用的试板

(3) 石英楔子

沿石英平行光轴方向从薄至厚磨成一个楔形，用树胶黏结在两块玻璃片之间，称为石英楔子（或石英楔）。其 Ng 方向一般注明在试板上，不同的显微镜生产厂家，磨制方法不同，Ng 方向可以是试板的长边，也可以是短边［图 6-26(c)］。其光程差一般是在 $0\sim2240nm$，在正交偏光镜间，由薄至厚可以依次产生 1～4 级的各干涉色。由薄至厚插入石英楔，当同名轴平行时，薄片干涉色级序逐渐升高；异名轴平行时，薄片干涉色级序逐步降低，当插至石英楔与薄片光程差相等处，薄片消色而出现黑带，该黑带称为消色带。

6.3.5　正交偏光镜下晶体主要光学性质的观测

6.3.5.1　非均质体薄片上光率体椭圆半径方向和名称的测定

在正交偏光镜下非均质体晶体矿物（除垂直光轴方向的切片）呈现干涉色，测定其光率体椭圆半径的方向和名称是显微镜下研究这些晶体矿物光学性质的基础，具体的测定方法如下。

(1) 在单偏光镜下准焦矿物薄片后，推入上偏光镜，观察矿物的干涉及消光情况，寻找需要测定的合适的矿物颗粒。

(2) 将待测矿物颗粒移至视域中心，并转动载物台使该矿物颗粒消光［图 6-27(a)］。此时该矿物颗粒的光率体椭圆半径方向分别平行上、下偏光镜的振动方向（即目镜十字丝的方向）。

(3) 再转载物台 45°，此时矿物上光率体椭圆半径与目镜十字丝成 45° 夹角［图 6-27(b)］，矿物呈现最明亮的干涉色。

(4) 根据矿物颗粒呈现的干涉色级序的高低，选用合适的试板。如果矿物的干涉色为一级黄以下，可选用石膏试板；如果为一级黄以上，选用云母试板或石英楔子。

(5) 从试板孔插入试板，观察矿物颗粒上的干涉色变化情况。如果干涉色降低，根据补色法则可知，此时试板与矿片呈异名轴平行［图 6-27(c)］；如果干涉色升高，则说明为同名轴平行［图 6-27(d)］。因为试板的光率体椭圆半径名称是已知的，据此即可确定矿物的光率体椭圆半径的方向及名称。

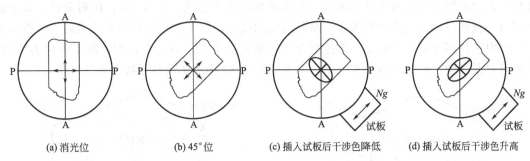

| (a) 消光位 | (b) 45°位 | (c) 插入试板后干涉色降低 | (d) 插入试板后干涉色升高 |

图 6-27　非均质体矿物光率体椭圆半径方向和轴名的测定

　　测出的矿物切片的光率体椭圆长短半径，是否为光率体主轴，决定于切面方向。若是一轴晶矿物，则平行于主轴面的切片测出的光率体椭圆长短半径应为 Ne 与 No；而不平行主轴的斜交切面，其测出的光率体椭圆长短半径则为 Ne' 与 No，至于 Ne（Ne'）、No 哪个为长轴哪个是短轴，由下一节介绍的测定方法去确定。若是二轴晶矿物，则平行于主轴面的切片测出的光率体椭圆长短半径应为 Ng、Nm、Np 中之任二主轴，至于具体是哪两个主轴，也需要通过下一节介绍的测定方法确定；若矿片不平行主轴面，则光率体椭圆半径为 Ng'、Np'（二轴晶）。

6.3.5.2　干涉色级序的观察和测定

　　根据光程差公式 $R = D (N_1 - N_2)$ 可知，在同一晶体矿物薄片中，同一种矿物因切片方向不同，双折射率值的大小不同，呈现的干涉色级序高低也不同（图 6-28）。在观察和测定一种矿物的干涉色级序，必须选择干涉色最高的颗粒，因为只有具有最高干涉色的矿物颗粒，才具有最大的双折射率值，且其值不变，具有鉴定意义。一般在鉴定时采用统计的方法，多测几个颗粒，取其中最高的干涉色。要精确测定，就必须选择平行光轴或平行光轴面的矿物颗粒，这种颗粒要在锥光镜下检查确定，或直接磨制平行光轴或平行光轴面的矿物薄片。

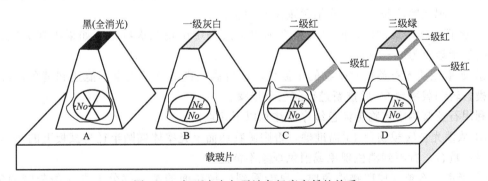

图 6-28　切面方向与干涉色级序高低的关系

　　干涉色级序的观测的方法有多种，有边缘色带法、补偿法和目估法等。其中前两种是常用的方法，而目估法需要观察者有丰富的镜下观察鉴定的经验。

　　（1）边缘色带法

　　边缘色带法也称为楔形边法，是利用矿物楔形边缘的干涉色色环，判断矿物的干涉色级序，是一种比较简便的方法。在晶体矿物薄片中，有些矿物颗粒具有楔形边，其边缘较薄，向中央逐渐加厚，与石英楔类似。因此，矿物颗粒的干涉色级序也是边缘较低、向中央逐渐升高，达到矿物上表面后干涉色最高，即为此颗粒的干涉色（图 6-29）。在测定时，如果最外环为一级灰白，向里干涉色级序逐渐升高而构成细小的干涉色色环或不连续的干涉色细条带，其中红色环（带）最明显。若这些色环（带）中出现一条红带，则矿物干涉色为二级；若出现 n 条红带，矿物干涉色为 $(n+1)$ 级。图 6-29 中的矿物的干涉色为三级绿。

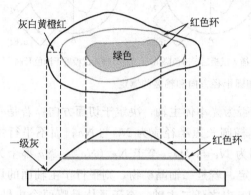 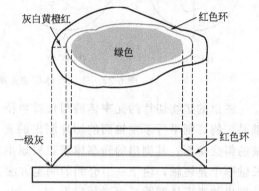

图 6-29　矿物薄片边缘的干涉色色环示意　　　图 6-30　矿物楔形边不完整的干涉色色环示意

　　边缘色带法在观察测定时虽然简洁方便，但准确度不高，如果矿物边缘最外圈不是从一级灰白开始，则不能应用这种方法判断干涉色级序；再例如在矿物楔形边不完整的情况下，可能会出现错误的判断。图 6-30 所示的情况，如使用边缘色带法观测，干涉色为二级绿，但实际应为三级绿。这就是因楔形边不完整，在镜下观察时看不到第二条红色带而造成了错误的判断。

　　（2）利用石英楔测定干涉色级序（补偿法）

　　利用石英楔测定干涉色级序，是实验室常用的一种判断干涉色级序的方法，测出的干涉色级序十分准确，可靠程度高，具体测定方法如下：

　　① 将欲测矿物颗粒移置视域中心，再由消光位旋转载物台 45°。

　　② 将石英楔从试板孔缓缓插入（薄端在前）。如果干涉色是逐渐降低的，则一直插至矿物切面上出现灰黑色条带（出现消色现象）为止。

　　③ 将石英楔缓缓抽出，同时观察在抽出的过程中出现几次红色。如果出现 n 次红色，则矿物的干涉色为 $n+1$ 级。

　　④ 如果在插入石英楔时矿物的干涉色不断升高，则继续插入永不能达到消色，需抽出石英楔，转动载物台 90°后重新进行前三个步骤。

　　利用石英楔测定矿物干涉色级序需注意以下几点：

　　① 从消光位转载物台 45°需准确，否则矿物切面上光率体椭圆半径与试板上的光率体椭圆半径不重合，看不到消色现象或消色现象不清楚。

　　② 当插入石英楔使矿物消色时，只能看到矿物切面的某一部分上有一条灰暗的条带，并非在全部面积上同时消色。

　　③ 在观察消色带时，如不清楚，可适当缩小锁光圈，减少杂散光的影响。

　　④ 如果在观察石英楔抽出过程中出现的红色带时，受下面的矿物干涉色的干扰，可在矿物消色后拿掉薄片，此时原矿物所在的位置呈现的干涉色就是矿物的干涉色，再慢慢抽出石英楔，记录红色出现次数应该更加清晰。

6.3.5.3　双折射率的测定

　　同一矿物切面方向不同，双折射率大小不同，只有测定最大双折射率才有鉴定意义。所以，测定矿物的双折射率，必须在平行光轴（一轴晶）或平行光轴面（二轴晶）的切面上进行。这两种切面的特征是：正交偏光镜下干涉色最高，锥光镜下显示平行光轴或平行光轴面切面的干涉图（其形象特征下一节介绍）。

根据光程差公式 $R = D(N_1 - N_2)$，测出薄片厚度及光程差后，即能确定双折射率值。一般岩石薄片厚度约为 0.03mm，如果双折射率要求不高，薄片厚度可直接定为 0.03mm，通过色谱表求得双折射率。如测定要求较高，薄片厚度可利用其中的一些已知矿物测定，最常用的已知矿物有长石和石英。如果对双折射率要求很高，建议使用定向切片用折射率测定仪进行测定。

6.3.5.4 消光类型与消光角的测定

（1）消光类型

矿物消光时，其光率体椭圆半径与上、下偏光镜的振动方向平行，也即与目镜十字丝平行。非均质体矿片的消光类型是根据矿片消光时，其解理缝、双晶缝、晶体边棱等与目镜十字丝的关系进行划分的。

① 平行消光：矿物消光时，其解理缝、双晶缝或晶体延长方向与目镜纵丝或横丝平行 [图 6-31(a)]。主要见于一轴晶矿物和二轴晶斜方晶系矿物中，因为它们的光率体主轴与结晶轴平行一致。在二轴晶单斜晶系矿物的特定切面上也可以出现平行消光，如普通辉石的（100）切面消光时，其晶体的延长方向或切面消光时（110）解理缝与目镜纵丝或横丝平行（图 6-32）。

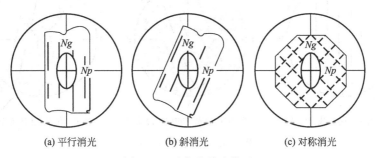

(a) 平行消光　　(b) 斜消光　　(c) 对称消光

图 6-31　矿物的消光类型

② 斜消光：矿物切片消光时，其解理缝、双晶缝或晶体延长方向与目镜十字丝斜交 [图 6-31 (b)]。主要见于二轴晶单斜晶系和三斜晶系矿物中。对于一轴晶矿物和二轴晶斜方晶系矿物，当切面与三个结晶轴均斜交时，也呈现斜消光。

③ 对称消光：矿物切片消光时，目镜十字丝平分两组解理缝的夹角 [图 6-31(c)]。主要见于一轴晶矿物中，但在二轴晶斜方晶系和单斜晶系矿物中，当切面垂直于某一结晶轴，而该结晶轴与两组解理的交线方向一致，这两组解理又与另两个结晶轴斜交时，在这种切面向上也表现对称消光，如在普通辉石垂直 c 轴的切面消光时，就出现对称消光（图 6-32）。

（2）消光角

当矿物呈斜消光时，光率体主轴与解理缝、双晶缝、边棱或晶体延长方向之间的夹角，称为消光角。一般以结晶轴或晶面符号与光率体主轴之间的夹角来表示消光角，它是晶体光性方位的组成部分。例如，在普通辉石的（010）晶面方向的切面上，｛110｝晶面组的解理缝与之的夹角为 44°。因为 ｛110｝解理缝与 c 轴平行，所以消光角可记为 $Ng \wedge c = 44°$。

在二轴晶单斜晶系和三斜晶系矿物中，不同的矿物具有不同的消光角，因此，准确地测

定消光角对于矿物鉴定是非常重要的。消光角的测定
具体步骤如下：

①　在单偏光镜下（也可在正交偏光镜下），把待
测矿物颗粒移至视域中心，旋转载物台，使解理缝、
双晶缝或晶体延长方向与目镜十字丝纵丝平行，记录
载物台上的读数，例如 $x°$ [图 6-33(a)]。

②　在正交偏光镜下，顺时针旋转载物台，使矿物
消光。此时，处于消光位的矿物切面上的某个光学主
轴（Ng 或 Np）必平行目镜纵丝，再记录载物台上的
读数 $y°$ [图 6-33(b)]，则两次读数之差（$y°-x°$）为
消光角的大小。

③　再逆时针旋转载物台 45°，使矿物从消光位转
到具有最明亮干涉色的 45°位置，此时原来平行目镜纵
丝的光学主轴平行于试板孔的插入方向。插入试板，
确定该方向的轴是 Ng 还是 Np [图 6-33(c)]。从而写
出消光角的完整的表达式，如普通辉石 $Ng \wedge c = 44°$。

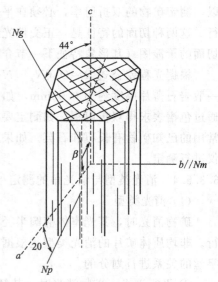

图 6-32　普通辉石结晶轴与
光率体主轴的关系

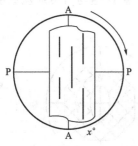　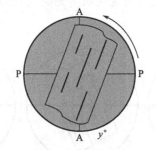　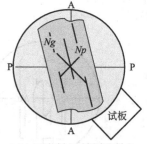

(a) 平行纵丝时的载物台读数　(b) 矿物消光时的载物台读数　(c) 45°位插入试板确定轴名

图 6-33　消光角测定方法

6.3.5.5　晶体延性符号的测定

晶体的延性是指晶体沿某一方向延长生长的特性。对于长条状矿物的切面，其延长方向
与光率体椭圆切面长半径（Ng 或 Ng'）平行或其夹角小于 45°时，称正延性 [图 6-34(a)]；
延长方向与光率体椭圆切面的短半径（Np 或 Np'）平行或其夹角小于 45°时，称负延性
[图 6-34(b)]。

当矿物晶体延长方向与 Nm 平行时，则矿物的延性可正可负 [图 6-34(c)]。如果长条
状矿物的消光角为 45°时，则延性正负不分。

延性符号是某些长条状矿物的鉴定特征，测定方法与图 6-33 测定的方法类似。

6.3.5.6　双晶的观察

矿物的双晶是指同一种晶体的两个或两个以上的单体连生在一起，在正交偏光镜间，表
现为相邻两单体不同时消光，呈现一明一暗的现象 [图 6-35(a)]。双晶的连接面称为双晶结
合面，在正交偏光镜下呈现为一比较平直的细线，称为双晶缝。当双晶缝平行目镜纵丝（或
横丝）时，或当与双晶缝目镜纵丝（或横丝）成 45°交角时，两个单体明亮程度一致 [图
6-35(b)、(c)]。

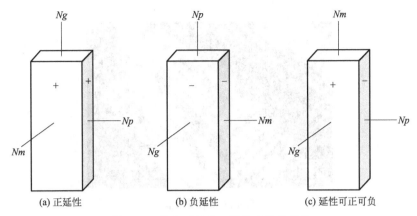

(a) 正延性　　　　　　　　　(b) 负延性　　　　　　　　　(c) 延性可正可负

图 6-34　单向延长的二轴晶矿物的延性

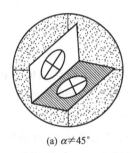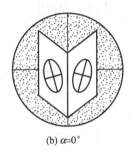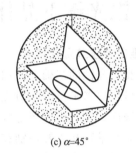

(a) $\alpha \neq 45°$　　　　　　　　　(b) $\alpha = 0°$　　　　　　　　　(c) $\alpha = 45°$

图 6-35　双晶现象

根据双晶单体的数目，双晶类型可以分为下列几种：简单双晶、复式双晶。简单双晶仅由两个单体组成。在正交偏光镜间，旋转载物台，两个单体明暗交替出现，如图 6-35(a) 所示。复式双晶是由两个以上的单体组成，根据其结合关系又可分为聚片双晶、联合双晶和格子双晶等。

聚片双晶的双晶面彼此平行，在正交镜下旋转载物台时，奇数和偶数两组双晶单体交替消光，呈现明暗相间的条带（图 6-36）。

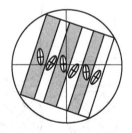

图 6-36　聚片双晶示意图

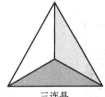

三连晶　　　　　　四连晶　　　　　　六连晶

图 6-37　联合双晶

联合双晶是两个以上的单体连生在一起，结合面相互不平行。按单体的数目可分为三连晶、四连晶和六连晶。在正交镜下相邻两个单体轮流消光（图 6-37）。

格子双晶是许多单体在相互垂直的两个方向交替排列，在正交镜下形成了明暗变化（图 6-38）。

矿物的双晶是鉴定矿物的重要特征，而双晶缝还是在镜下确定晶体光性方位的重要依据。

图 6-38 格子双晶

6.4 锥光镜下晶体的光学性质

6.4.1 锥光系统装置及特点

在正交偏光镜的基础上，加入锥光镜、换用高倍物镜、推入勃氏镜就构成了锥光系统。加锥光镜可使原来平行的入射光束变成锥形光束，然后升高锥光镜使得锥形光的顶点正好位于薄片的底面，此时锥形光呈倒锥形进入矿物切片［图 6-39(b)］。

锥形光与平行光主要差别在于平行光束基本上以同一方向垂直射入矿物切片［图 6-39 (a)］，因此每条光线通过晶体的路程是相等的，其对应的光率体切面也是相同的（双折射率相等），也即每条光线在同一晶体中产生的光程差相等，因此在正交偏光镜下整个矿物颗粒切面的干涉色是相同的。而在锥形光束中，除中央一条光线垂直射入矿物切片以外，其余光线都是倾斜射入矿物切片，且愈向外倾斜角愈大［图 6-39(b)］，故每条光线通过晶体的路程和相应的光率体切面各不相等，即每条光线在晶体中产生的光程差各不相等，因此在锥光系统下整个矿物切面的干涉色是不相同、不均匀的，构成特殊的干涉色图像，称为干涉图。

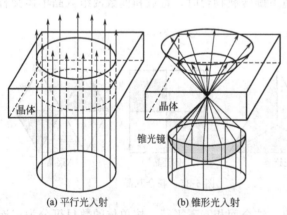

(a) 平行光入射　　　　　(b) 锥形光入射

图 6-39 偏光显微镜中光线的两种不同入射方式

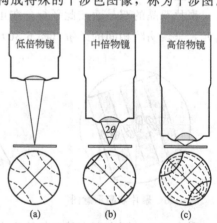

图 6-40 各物镜的光孔角 (2θ) 及其观察范围

物镜的性能指标中有一个重要的技术指标——光孔角，它是指准焦状态下进入物镜最边缘的光线所构成的角度，以 2θ 表示［图 6-40(b)］。高倍物镜曲率大、焦距短，能够接纳倾斜角度较大的透射光，因此换上高倍物镜的目的是为了观察更大范围的更完整的干涉图。事实上，高倍物镜能接纳与薄片法线成 60°夹角或更高角度以内的倾斜透射光［图 6-40(c)］，而低倍物镜只能接纳与薄片法线成 5°夹角以内的透射光 ［图 6-40(a)］。

观察干涉图时，推入勃氏镜的作用是与目镜联合组成一个望远镜式的放大系统，所以能看到一个放大的干涉图，但看到的图像较为模糊。因此也可以去掉目镜和勃氏镜，在目镜镜筒中直接观察物镜焦平面上的干涉图，观察到的图形虽小，但较清晰。

利用干涉图可以观察和测定晶体的轴性、光性、光轴角等光学性质，它们都是矿物鉴定中的重要光性参数。也可以通过观察干涉图来确定矿物的切片方向。

6.4.2　一轴晶干涉图

一轴晶光率体有垂直光轴、斜交光轴和平行光轴三种主要切面，在锥光镜下可以分别观察到三种不同的干涉图：垂直光轴干涉图、斜交光轴干涉图及平行光轴干涉图。

6.4.2.1　垂直光轴干涉图

（1）形态特征

一轴晶矿物垂直光轴切片上所呈现的干涉图，称为垂直光轴干涉图（图 6-41）。它具有如下几个方面的形态特征。

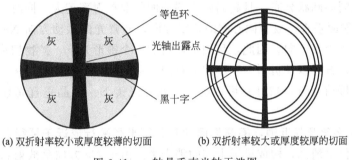

(a) 双折射率较小或厚度较薄的切面　　　　(b) 双折射率较大或厚度较厚的切面

图 6-41　一轴晶垂直光轴干涉图

① 视域中出现一个黑十字，与目镜十字丝（上下偏光镜振动方向）重合。黑十字的中心部分较细，边缘部分较粗。黑十字的中心即两根黑臂的交点为光轴的出露点。黑十字将视域分为四个象限，四个象限均呈现相同的干涉色。

② 干涉色围绕着黑十字中心呈现同心环状，同一环内的干涉色级序相同，故称为等色环；不同等色环的干涉色级序由中心向外逐渐升高，且等色环越向边缘越密。

③ 旋转载物台 360°，黑十字与等色环均不发生变化。

④ 双折射率不同的晶体或不同厚度同一晶体的切片，其垂直光轴干涉图是有差别的，表现为：双折射率越大或切片厚度越厚，黑十字越细而等色环越密。

（2）成因

因为射入矿物切片的是锥形偏光，除中央一条偏光垂直切片入射外，其余各束偏光均沿不同方向倾斜入射，其与光轴的夹角越向外越大。如图 6-42(a)，根据光率体的概念，垂直每条入射光都可做出相应的光率体椭圆切面，其双折射率随入射光方向与光轴的夹角越大而变得越大。

① 入射光由平行光轴到斜交光轴射入晶体时，所呈现的光率体切面由圆切面（$NoNo$）变为椭圆切面（$Ne'No$），其双折射率由零变得越来越大；同时，夹角越大，光通过晶体的路程 D（也即厚度）越大，故在晶体中每条偏光产生的光程差随着入射夹角的增大而增大。

② 由于入射光是以光轴为中线的锥形偏光，而一轴晶光率体是一个围绕光轴旋转的椭球体，因此只要透射光与光轴的夹角相同，产生的椭圆切面是相同的，即从干涉图平面看同

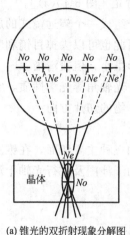 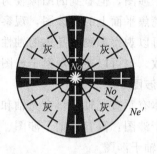

(a) 锥光的双折射现象分解图　　　　　　(b) 波向正投影图

图 6-42　一轴晶垂直光轴干涉图成因

样的椭圆切面成同心圆状分布，且越向外椭圆切面的双折射率越大。同时，因常光的振动方向 No 总是与入射面垂直，故为同心圆的切线方向，非常光的振动方向 Ne' 总是与入射面平行，故为同心圆的半径方向。因此，我们可以得到一个锥形光下，矿物切片上各个传播方向的两束偏光的振动方向以及折射率大小的分布图，称为波向正投影图 [图 6-42(b)]。

根据上述分析结合图 6-42(b) 可以确定，在锥光镜下一轴晶垂直光轴切面的干涉图必然为：

① 在目镜十字丝及其近侧，椭圆切面的长、短半径平行或近于平行上、下偏光镜的振动方向，这些部位呈消光，构成呈黑十字的消光影。由于 Ne 方向呈放射状，所以黑十字消光影内窄外宽。

② 其余部位的椭圆切面的长、短半径都与上、下偏光镜振动方向斜交，故不消光，而显示干涉色。由于相同光程差（切面的双折射率与通过晶体的路程均相同）的偏光出露点呈同心圆状分布，且越向外其光程差越大，故相同级别的干涉色构成同心圆状的等色环，且越向外等色环的干涉色级序越高，等色环的密度越大。显然，晶体本身的最大双折射率（$\Delta N_{\max}$）越大或切片的厚度越大（图 6-41），自中心至边缘的等色环干涉色级别之差越大，即等色环越多且显得越密；同时，黑十字显得越来越细。

（3）光性符号测定

在一轴晶矿物的垂直光轴干涉图中，黑十字消光影把视域分隔成四个象限，与数学的坐标系一样，右上角为第 Ⅰ 象限，然后以逆时针方向依次为第 Ⅱ、Ⅲ、Ⅳ 象限（图 6-43）。其中，Ⅰ、Ⅲ 象限的 Ne' 方向与试板孔的延伸方向垂直，也即与试板的 Ng 方向平行，而 No 方向与试板孔的延伸方向平行（即与试板的 Np 平行）。Ⅱ、Ⅳ 象限的情况正好相反。根据一轴晶光率体光性符号的判别公式，$Ne>No$，为正光性；$Ne<No$，为负光性。只要在试板孔插入合适的试板，根据对角象限（Ⅰ、Ⅲ 象限或 Ⅱ、Ⅳ 象限）的干涉色升降情况，通过补色法则就可判断所观察的一轴晶矿物的光性符号。

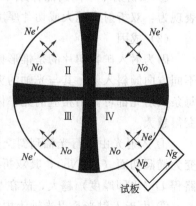

图 6-43　⊥OA 干涉图中的四个象限及 Ne'、No 的方向

例如：某一轴晶垂直光轴干涉图的四个象限都呈Ⅰ级灰白［图6-44(a)］，沿Ⅱ～Ⅳ象限方向插入石膏试板后，原黑十字位置呈Ⅰ级紫红（即为石膏试板的干涉色），而四个象限的干涉色则变化为：

① 如果Ⅱ、Ⅳ象限为Ⅰ级黄［图6-44(b)］，则说明为"干涉色降低，异名轴平行"，也即在Ⅱ、Ⅳ象限中，试板长边方向的 Np（短轴）与晶体 Ne'（长轴，即 Ng）方向重合，故 $Ne' = Ng$，属正光性；而Ⅰ、Ⅲ象限为Ⅱ级蓝［图6-44(b)］，说明"干涉色升高，同名轴平行"，也即在Ⅰ、Ⅲ象限中，试板短边方向的 Ng（长轴）与晶体 Ne'（长轴，即 Ng）方向重合，故 $Ne' = Ng$，同样得到属正光性的结论。可以简单总结为"Ⅰ、Ⅲ象限干涉色升高，Ⅱ、Ⅳ象限干涉色降低，晶体为正光性"。

② 如果Ⅱ、Ⅳ象限为Ⅱ级蓝［图6-44(c)］，说明"干涉色升高，同名轴平行"，即试板长边方向的 Np（短轴）与晶体 Ne'（短轴，即 Np）方向重合，故 $Ne' = Np$，属负光性；而Ⅰ、Ⅲ象限为Ⅰ级黄［图6-44(c)］，说明"干涉色降低，异名轴平行"，即试板短边方向的 Ng（长轴）与晶体 Ne'（短轴，即 Np）方向重合，故 $Ne' = Np$，同样可以得到属负光性的结论。可以简单总结为"Ⅱ、Ⅳ象限干涉色升高，Ⅰ、Ⅲ象限干涉色降低，晶体为负光性"。

③ 如果沿Ⅱ、Ⅳ象限方向插入云母试板，黑十字呈Ⅰ级灰（为云母试板的干涉色），而对角象限干涉色的变化及其光性符号的判别与上述使用石膏试板时的情况基本相同，即Ⅰ、Ⅲ象限干涉色升高［图6-44(d)］，为正光性；Ⅱ、Ⅳ象限干涉色升高［图6-44(e)］，为负光性；反之，则结论正好相反。

上一节曾提到，不同补色器具有不同的使用范围，对于等色环较少或只有Ⅰ级灰的干涉图，使用石膏试板来判别光性符号更适合；而对于等色环较多的干涉图，使用云母试板来判别光性符号更方便。当使用云母试板时，在"异名轴平行"的对角象限内，原来Ⅰ级灰的等色环［图6-45(a)］将被云母试板的Ⅰ级灰抵消，呈现黑点，称为补偿黑点。同时等色环向外移动；而在"同名轴平行"的对角象限内，原来Ⅰ级灰的等色环升高为Ⅰ级黄，等色环内移［图6-45(b)、(c)］。因此，通过补偿黑点的出现及等色环的移动方向可帮助我们准确判断对角象限干涉色的升降情况，从而可以确定光性符号。

（4）确定切片方向

垂直光轴干涉图是测定光性符号最有效的干涉图，为此必须首先找到垂直光轴的切面。由于该切面上的 $\Delta N = 0$，在正交偏光系统下呈全消光，故应在低倍物镜下仔细寻找干涉色黑暗或灰黑的、粒径较大的颗粒。然后，在锥光系统下观察它的干涉图。一旦呈现黑十字消光影和同心环状的等色环，就可以断定该矿物既不属于均质矿物（无干涉图），也不属于二轴晶（二轴晶矿物的⊥OA干涉图具有不同的图像），而属于一轴晶。然后，利用补色器，确定它的光性符号。反过来，如果在锥光镜下观察到了一轴晶垂直光轴的干涉图，就可以确定该矿物颗粒的切片方向为一轴晶垂直光轴的切片。

6.4.2.2 斜交光轴干涉图

普通的矿物薄片中大多数矿物颗粒一般以斜交光轴的形式存在。在斜交一轴晶光轴的矿物颗粒切片上，大致可以观察到两种不同的干涉图：

① 当切片法线与光轴的斜交角度不大，视域内还能见到光轴出露点（黑十字中心），但与目镜十字丝中心不重合，故黑十字呈不完整的形态出现，等色环也略变为同心卵圆形，该图像称为偏心光轴干涉图［图6-46(a)］。

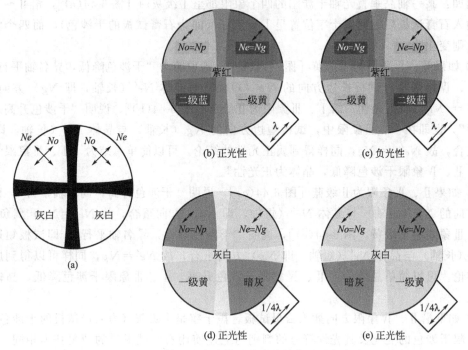

图 6-44　一轴晶垂直光轴干涉图光性符号测定方法

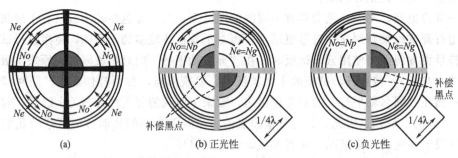

图 6-45　一轴晶垂直光轴干涉图上的补偿黑点及其光性符号测定

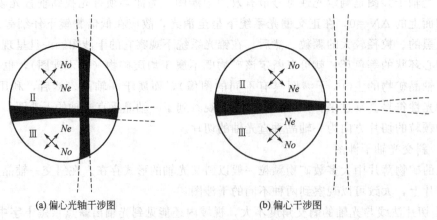

图 6-46　一轴晶斜交光轴干涉图

② 当切片法线与光轴的斜交角度较大，视域内不再看到光轴出露点，而仅见一条黑臂

（纵臂或横臂的一部分），等色环变为一组弧线，该图像称为偏心干涉图 ［图 6-46(b)］。

　　③ 转动载物台时，偏心光轴干涉图中的黑十字中心绕视域中心做圆周运动，黑十字的纵臂和横臂分别做左右和上下移动；而偏心干涉图中的黑臂也做近于平移运动，但有扫动现象，即粗的一端比细的一端移动得更快一些。如果沿着顺时针方向旋转载物台，将依次观察到Ⅳ-Ⅲ-Ⅱ-Ⅰ-Ⅳ……象限，它们分别被自下而上运动的横向黑臂 ［图 6-47(a)］、自左而右运动的纵向黑臂 ［图 6-47(b)］、自上而下运动的横向黑臂 ［图 6-47(c)］ 和自右而左运动的纵向黑臂 ［图 6-47(d)］ 分隔开来。

　　因此，通过一轴晶矿物斜交光轴的偏心光轴干涉图和偏心干涉图在镜下的移动情况，可以判断矿物的轴性和光性符号。因这两种干涉图为一轴晶矿物所特有，具有轴性指示意义；至于光性符号的判别，则必须首先确定视域中的干涉图（局部）属于哪个象限，也就是说干涉图中显示干涉色部分相当于垂直光轴干涉图的哪个象限，然后方可插入试板进行鉴定。象限的确定主要根据下述三种现象（图 6-47）。

　　① 黑臂的粗细方向：黑臂细的部分指向黑十字的中心，即光轴出露点，根据光轴的出露点的位置或黑臂的粗细可以判断在视域中的黑臂分开的两个象限，特别可以确定有明亮干涉色的象限是哪个象限。

　　② 等色环的凹凸方向：如有等色环，则其凹向指向黑十字的中心。

　　③ 旋转载物台时黑臂的移动方向：当顺时针方向旋转载物台时，当横向黑臂向上移动后出现的视域必为第Ⅳ象限；反之，当横向黑臂向下移动后出现的视域必为第Ⅱ象限。同理，当纵向黑臂向左移动后出现的视域必为第Ⅰ象限，当纵向黑臂向右移动后出现的视域必为第Ⅲ象限。在旋转载物台的过程中，通过这些现象的综合观察，就能确定视域中的象限号码。在确定象限后，光性的测定方法步骤与垂直光轴干涉图的相似，不再叙述。

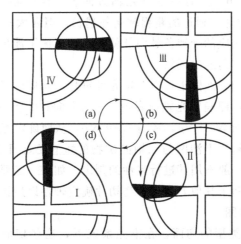

图 6-47　顺时针旋转物台时一轴晶偏心干涉图黑臂移动变化情况
(a) 右侧横臂上移；(b) 下侧纵臂右移；(c) 左侧横臂下移；(d) 上侧纵臂左移

6.4.2.3　平行光轴干涉图

　　锥光镜下在一轴晶平行光轴的切片上，当光轴与上、下偏光镜振动方向一致时，称为0°位，此时视域中呈现一个粗大的黑十字，几乎占满整个视域，仅在四个象限的边缘有一定亮度的干涉色 ［图 6-48(a)］。稍微转动载物台，该黑十字马上分裂，并迅速退出视域，整个视域呈现明亮的干涉色 ［图 6-48(b)］。因此，这类干涉图称为瞬变干涉图或闪图。

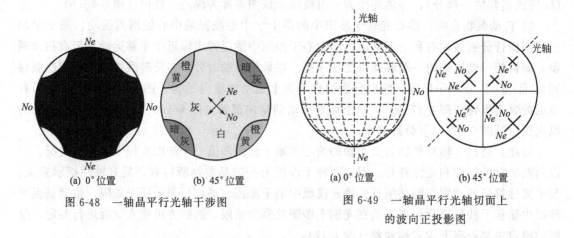

(a) 0°位置　　　　　　　(b) 45°位置
图 6-48　一轴晶平行光轴干涉图

(a) 0°位置　　　　　　(b) 45°位置
图 6-49　一轴晶平行光轴切面上
的波向正投影图

干涉图瞬变的现象可以用由平行光轴切面上的波向正投影图（图 6-49）来解释：图中，平行光轴方向为 Ne 方向，垂直光轴方向为 No 方向。当光轴与上、下偏光镜振动方向平行时，也即在 0°位置时，视域内大部分光率体椭圆半径与上、下偏光镜振动方向平行或近于平行 [图 6-49(a)]，因此整个视域几乎都处于消光位，所以在锥光镜下呈现粗大的黑十字，仅在四个象限边缘有暗灰干涉色 [图 6-48(a)]。稍微转动载物台，绝大多数光率体椭圆半径与上、下偏光镜振动方向斜交，黑十字分裂，并迅速沿光轴所在方向退出视域；当光轴方向转到 45°位置时，所有光率体椭圆半径都与上、下偏光镜振动方向斜交，视域最亮 [图 6-48(b)]。在垂直光轴方向上，自中心向外的双折射率相等 [图 6-49(b)]，但由于入射光锥光，光线在薄片中通过的路程越向外越长，故光程差及相应的干涉色越向外就越大，造成干涉色级序越向外越高 [图 6-48(b)]。而在平行光轴方向上，自中心向外的双折射率越来越小 [图 6-49(b)]，虽然光在薄片中通过的路程越向外越长，但在大多数情况下不足于抵消双折射率的减小，故光程差及相应的干涉色越向外就越小，造成干涉色级序越低，粗大黑十字的消光影也就由此沿着光轴方向退出视域。

利用一轴晶矿物的瞬变干涉图也可以鉴定光性符号，具体的操作步骤为：①确定粗大的黑十字分裂、退出的方向，即确定光轴或者说 Ne 的方向；②将该方向转到 45°位置，插入试板，根据补色法则，判断 $Ne=Ng$，还是 $Ne=Np$，从而确定光性正负。

但是，一轴晶矿物的瞬变干涉图与二轴晶矿物的垂直 Bxo 干涉图、二轴晶平行光轴面的干涉图很难区分，所以一般不用其进行光性的判定。如果一定要用平行光轴的矿物切片来进行光性测定，只有先借助于其他方向的矿物切片确定轴性以后再判定。

6.4.3　二轴晶矿物的干涉图

二轴晶光率体有五种类型的切面，在锥光系统下，这些切面分别呈现不同的干涉图，可以用来测定轴性符号、光性符号以及光轴角等光性特征，也可以用来确定矿物的切片方向。

6.4.3.1　垂直 Bxa 干涉图

（1）形态特征

垂直二轴晶矿物锐角等分线（Bxa）切片上所呈现的干涉图，称为垂直 Bxa 干涉图，它具有如下形态特征（图 6-50）。

① 当光轴面与目镜横丝平行时（0°位置），目镜十字丝附近呈现一个黑十字，但黑十字

的两条黑臂的粗细不等。沿光轴面方向的黑臂较细，在两个光轴出露点处最细，向两侧慢慢变粗；垂直光轴面方向（即 Nm 方向，也称为光学法线方向），黑臂较宽，且由中心越向外越宽。黑十字的中心为 Bxa 出露点 [图 6-50(a)]。

② 中心部位的干涉色等色圈呈∞状，向外部的等色圈逐渐变为椭圆形，且越向外等色圈的密度越大，两个光轴的出露点分别在∞的圆圈中心。光轴出露点的位置与光轴角有关，光轴角越大，光轴出露点越向外。在双折射率较小的晶体中或在厚度较薄的切片上，一般只看到一级灰白干涉色，很少能看到等色圈。但在双折射率较大的晶体中或在厚度较厚的切片上，等色圈变密而黑十字变细。

③ 一旦旋转载物台，黑十字将从中心分裂，变成两个弯曲的黑带，而等色圈环形状不变，黑带与等色圈的方位随着载物台的转动而转动。当光轴面与目镜十字丝的夹角为 45°时，两个弯曲的黑带相距最远 [图 6-50(b)]。弯曲黑带称为消光弧，其两端较宽，中间较细，弧顶最细，为光轴出露点。两个消光弧顶点之间的距离反映出该矿物的光轴角（2V）的大小。

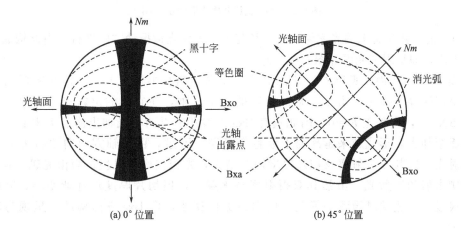

图 6-50　二轴晶垂直 Bxa 切面干涉图

（2）形成原理

二轴晶干涉图的成因可用拜阿特-弗伦涅尔定律（简称拜-弗定律）来解释：光沿任意方向射入二轴晶矿物中，分解产生的两束偏光，其振动方向平行两个入射面（即光轴方向与入射方向构成的平面）的平分面 [图 6-51(a)]。也就是说，任意方向透射光的出露点与两个光轴出露点连线，其所交夹角平分线方向即为该方向入射而产生的两束偏光的振动方向 [图 6-51(b)]。

根据拜-弗定律，就可以比较容易地做出二轴晶垂直 Bxa 切面上的光率体椭圆半径分布图 [图 6-52(a)]，该图直接地表明了 Bxa 干涉图的成因。

① 当光轴面（AP 面）和 Nm 分别与上、下偏光镜振动方向一致时（即 0°位置），呈现黑十字，且由于 Nm 主轴两侧的光率体椭圆半径与上、下偏光镜振动方向近似一致的分布范围较大，所以 Nm 方向上的黑臂较宽；而光轴面方向上消光黑臂较细，其中光轴出露点附近最细，因那里消光位的分布范围最小 [图 6-52(b)]。

② 旋转载物台，中心部分光率体椭圆半径首先与上、下偏光镜振动方向斜交而变亮，所以黑十字从中心部分首先分裂；当光轴面及 Nm 与上、下偏光镜振动方向成 45°时（即

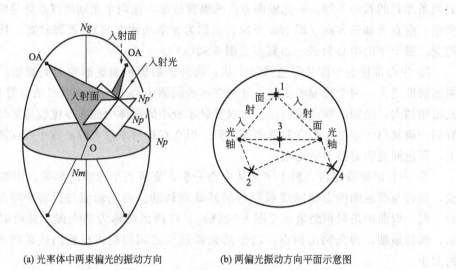

(a) 光率体中两束偏光的振动方向　　　(b) 两偏光振动方向平面示意图

图 6-51　拜-弗定律及其平面示意图

45°位置），消光弧位置上的光率体椭圆半径与上、下偏光镜振动方向平行，由此构成一对弯曲的消光影，即呈现消光弧 [图 6-52(c)]。

③ 除黑十字或消光弧以外的其他部分，光率体椭圆半径与上、下偏光镜振动方向斜交，故呈现明亮干涉色。由于二轴晶矿物的两个光轴，在它们的出露点上入射锥光的双折射率 $\Delta N = 0$，光程差 $R = 0$，因此垂直 Bxa 干涉图中以两个光轴出露点为中心，向四周光程差逐渐加大，形成越来越高的干涉色等色圈。不过，由光轴方向向 Bxo 方向一侧出射的透射光，因其双折射率及切片厚度同时增大，光程差增加很快；而由光轴方向向 Bxa 方向一侧出射的透射光，虽然其双折射率越来越大，但切片厚度却逐渐变小，因此光程差增加很慢。上述结果导致了等色圈向 Bxo 方向密集，向 Bxa 方向稀疏，呈现为哑铃状（图 6-50）。

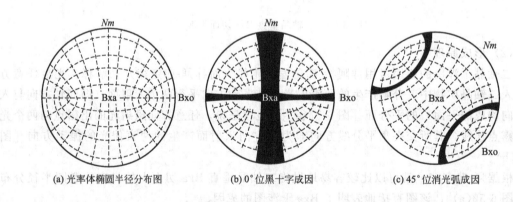

(a) 光率体椭圆半径分布图　　　(b) 0°位黑十字成因　　　(c) 45°位消光弧成因

图 6-52　垂直 Bxa 切面上的光率体椭圆半径分布及消光影的成因

（3）光性符号测定

在垂直 Bxa 干涉图 45°位时，两个消光弧的顶点为光轴出露点，视域中心（目镜十字丝交点）为 Bxa 出露点，两个消光弧凸向的区域称为锐角区；而消光弧凹向为 Bxo 方向，此区域称为钝角区（图 6-53）。只要在试板孔插入合适的试板，根据锐角区或钝角区的干涉色升降变化，根据二轴晶光性符号的判别公式：Bxa＝Ng（或 Bxo＝Np）为正光性；Bxa＝

Np（或 Bxo＝Ng）为负光性，即可判断出所观察的二
轴晶矿物的光性符号。

例如：某二轴晶矿物，其最大双折射率较小，在
晶体某垂直 Bxa 干涉图上，观察到锐角区和钝角区都
呈Ⅰ级灰干涉色［图 6-54（a）］。沿Ⅱ～Ⅳ象限方向
（即光轴面方向）插入石膏试板后，原消光弧上呈现
Ⅰ级紫红干涉色，而锐角区和钝角区的干涉色呈现相
反的升降变化。当锐角区干涉色由Ⅰ级灰变成Ⅱ级蓝
［图 6-54（b）］，显示"干涉色升高，同名轴平行"，即
试板长边方向（也即试板的 Np 方向）与晶体 Bxo 方
向同名轴平行，故 Bxo＝Np，可以判断晶体属正光

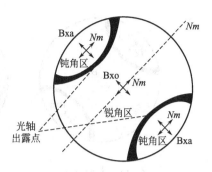

图 6-53　垂直 Bxa 切面锐角区、
钝角区分布图

性；而钝角区干涉色由Ⅰ级灰变成Ⅰ级黄［图 6-54（b）］，说明"干涉色降低，异名轴平行"，即试板长边方向 Np 与晶体 Bxa 方向异名轴平行，也即 Bxa＝Ng，同样得到属正光性的结论。反之，当锐角区干涉色由Ⅰ级灰变成Ⅰ级黄，说明"干涉色降低，异名轴平行"，即 Bxo＝Ng，为负光性；而钝角区干涉色由Ⅰ级灰变成Ⅱ级蓝，说明"干涉色升高，同名轴平行"，Bxa＝Np，同样得到矿物为负光性的结论［图 6-54（c）］。简单地说，就是当沿光轴面方向插入试板后，锐角区干涉色升高、钝角区干涉色降低为正光性；反之，锐角区干涉色降低、钝角区干涉色升高为负光性。

而当晶体的最大双折射率较大，干涉图上锐角区和钝角区都呈现等色圈［图 6-54（d）］。当沿光轴面方向（即Ⅱ～Ⅳ象限方向）插入云母试板后，消光弧呈Ⅰ级灰（云母试板的干涉色），当锐角区的等色圈由 Bxa 出露点向光轴出露点移动［图 6-54（e）］，说明"干涉色升高，同名轴平行"，即试板长边方向与晶体 Bxo 方向同名轴平行，Bxo＝Np，可以判断晶体属正光性；而钝角区的等色圈由光轴出露点向 Bxo 出露点移动，并在原来Ⅰ级灰处呈现补偿黑点［图 6-54（e）］，说明"干涉色降低，异名轴平行"，即试板长边方向 Np 与晶体 Bxa 方向异名轴平行，也即 Bxa＝Ng，同样得到属正光性的结论。相反，当锐角区的等色圈由光轴出露点向 Bxa 出露点移动，并在原来Ⅰ级灰处呈现补偿黑点，钝角区的等色环由 Bxo 出露点向光轴出露点移动［图 6-54（f）］，则为负光性。简单地说，就是当消光弧凹向一侧出现黑团（补偿黑点），矿物属正光性；反之，原消光弧凸向一侧出现黑团，为负光性。由此可知，只要观察锐角区或钝角区内插入试板后干涉色的升降变化，就能确定晶体的光性符号。

6.4.3.2　垂直光轴干涉图

（1）形态特征

可以简单地认为二轴晶矿物的垂直光轴切片所呈现的干涉图（简写为⊥OA 干涉图）是垂直 Bxa 干涉图的一半。设想在垂直 Bxa 干涉图上把视域中心移到光轴出露点，并把视域范围缩小一半［图 6-55（a）］，就构成二轴晶的垂直光轴干涉图。

① 在 0°位置时，光轴面与上、下偏光镜振动方向平行，黑臂平行目镜横丝，其最细部位为光轴出露点，与十字丝中心重合；等色圈呈卵圆形［图 6-55（b）］。

② 当光轴面旋转到 45°位置时，黑臂弯曲成消光弧，等色圈的方位变化但形态不变。消光弧的凸侧为锐角区，该区的光轴面方向代表 Bxo 方向。消光弧的凹侧为钝角区，该区的光轴面方向代表 Bxa 方向［图 6-55（c）］；因此，与垂直 Bxa 干涉图一

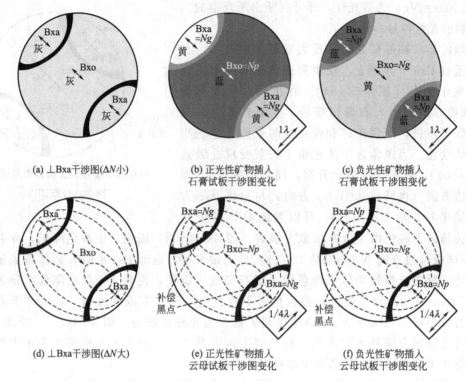

(a) ⊥Bxa干涉图(ΔN小)

(b) 正光性矿物插入石膏试板干涉图变化

(c) 负光性矿物插入石膏试板干涉图变化

(d) ⊥Bxa干涉图(ΔN大)

(e) 正光性矿物插入云母试板干涉图变化

(f) 负光性矿物插入云母试板干涉图变化

图 6-54 二轴晶垂直 Bxa 干涉图的光性符号测定

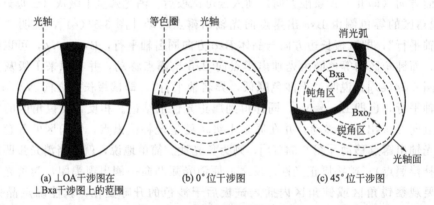

(a) ⊥OA干涉图在 ⊥Bxa干涉图上的范围

(b) 0°位干涉图

(c) 45°位干涉图

图 6-55 二轴晶垂直光轴干涉图

样，在确定锐角区、钝角区后，就可以根据消光弧的凹凸方位测定矿物的光性符号了。

(2) 光性符号测定

垂直光轴干涉图测定矿物的光性符号的原理和方法与垂直 Bxa 干涉图中的相似 (图 6-56)，只要确定好锐角区、钝角区后，光性正负可按垂直 Bxa 干涉图的测定方法进行，不再赘述。

6.4.3.3 斜交光轴切片的干涉图

斜交光轴切片在薄片中最为常见。斜交光轴切片的干涉图，可分为两种类型：一类是垂直光轴面的斜交光轴切片的干涉图 (图 6-57)。另外一类是与光轴面及光轴都斜交的切片的干涉图 (图 6-58)。

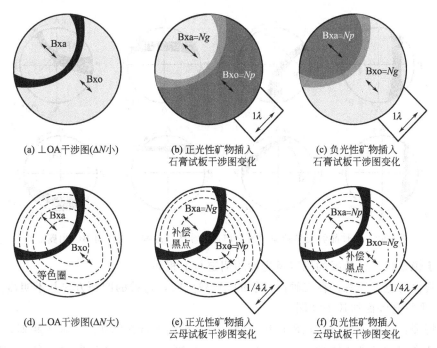

(a) ⊥OA干涉图(ΔN小)　　(b) 正光性矿物插入　　(c) 负光性矿物插入
　　　　　　　　　　　　　　石膏试板干涉图变化　　石膏试板干涉图变化

(d) ⊥OA干涉图(ΔN大)　　(e) 正光性矿物插入　　(f) 负光性矿物插入
　　　　　　　　　　　　　　云母试板干涉图变化　　云母试板干涉图变化

图 6-56　二轴晶垂直光轴干涉图的光性符号测定方法

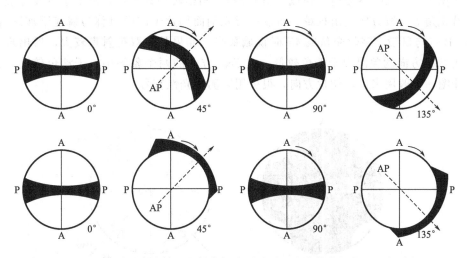

图 6-57　二轴晶垂直光轴面的斜交切片干涉图（虚线箭头指向 Bxa 出露点）

　　由图 6-57 可见，在转动载物台时，黑臂总要弯曲，黑臂凸向的一侧，总是指向锐角区。在 0°、90°位置时黑臂为一直臂，中间细，两头粗，与十字丝基本重合，中间最细的位置为光轴出露点。在 45°、135°位置时，随着切片与光轴的斜交角度越大，弯臂越呈现在视域的边缘。如果矿物本身的双折射率的较大，在视域中还将出现等色圈。

　　在确定锐角区、钝角区以后，插入选择合适的试板，就可观察锐角区（或钝角区）的干涉色升降的变化，以此可判别该矿物光性的正负。测定方法与垂直 Bxa 干涉图的相同，不再赘述。

　　图 6-58 中见到的情况与图 6-57 的基本相同，只是因这类切片与光轴面及光轴均斜交，在 0°、90°位置时，黑臂出现于视域的一侧，且一头细一头粗，光轴出露点并不位于黑臂的

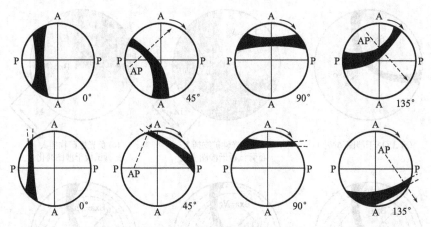

图 6-58　二轴晶斜交光轴面的斜交切片干涉图（虚线箭头指向 Bxa 出露点）

中间。至于锐角区、钝角区的确定及光性的测定与上相同。

但在观察时也要注意，在二轴晶矿物的 2V 较大时，弯臂的凹凸方向并不明显。

6.4.3.4　平行光轴面切片干涉图

形象特征：二轴晶平行光轴面切片干涉图与一轴晶平行光轴切片干涉图相似，为瞬变干涉图。当切面中的二光率体轴（Bxa、Bxo）方向分别与上下偏光镜振动方向一致时，为粗大模糊的黑十字，几乎占据整个视域（图 6-69）。稍稍转动载物台，黑十字迅速分裂成一对弯臂，沿锐角等分线方向逸出视域。所以平行光轴面切片干涉图也称为瞬变干涉图或闪图。当 Bxa、Bxo 与目镜十字丝交角成 45°时视域最亮。如果晶体双折射率较大，可出现干涉色色带，在 Bxa 方向的象限中干涉色较低，在 Bxo 方向的两个象限中，干涉色较高。这种切片的干涉图，一般用来确定切片方向，很少用以测定光性符号。

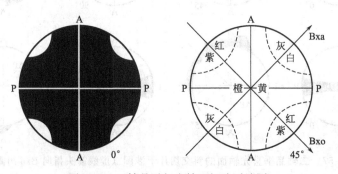

图 6-59　二轴晶平行光轴面切片干涉图

至于垂直 Bxo 的干涉图，形象特征与平行光轴面的干涉图相似，转动载物台，出现的变化也与之相仿，容易与平行光轴面的干涉图混淆。但这类干涉图的矿物颗粒在正交偏光镜下呈现的干涉色不是最高的，以此可以加以区别。这类干涉图很少用于确定切片方向及测定光性符号。

6.5　透明薄片系统鉴定

在偏光显微镜留下对透明矿物进行系统的光性测定，一般用来鉴定未知矿物或者对某已知矿物做精确的测定。

　　透明矿物的系统鉴定，必须配合矿物手标本观察，观察矿物的晶形、解理、颜色、硬度、次生变化和共生组合及产状等，鉴定无机非金属材料工艺产品中的矿物，还要了解工艺过程，如配料、烧成、冷却等，然后再系统测定其光学性质。在实际测定中，往往还要配合X 射线衍射等其他分析方法同时进行。利用光学显微镜对透明矿物进行系统鉴定的内容与步骤参见《现代材料测试技术实验指导书》，在此不再详述。

第7章　热分析技术

测量和分析物质在加热过程中的结构变化和物理、化学变化，不仅可以对物质进行定性、定量鉴定，而且从材料的研究和生产的角度来看，既可为新材料的研制提供热性能数据，又可达到指导生产、控制产品质量的目的。

热分析技术（thermal analysis）是所有在高温过程中测量物质热性能技术的总称，它是在程序控制温度下，测量物质的物理性质与温度的关系。这里"程序控制温度"是指线性升温、线性降温、恒温或循环等；"物质"可指试样本身，也可指试样的反应产物；"物理性质"可指物质的质量、温度、热量、尺寸、机械特征、声学特征、光学特征、电学特征及磁学特征的任何一种。

热分析一词是由德国的 Tammann 教授提出的，发表在 1905 年《应用与无机化学学报》上。但热分析技术的发明要更早，热重法是所有热分析中发明最早的。1780 年英国人 Higgins 在研究石灰黏结剂和生石灰的过程中第一次用天平测量了试样受热时所产生的重量变化。1782 年同是英国人的 Wedgwood 在研究黏土时测得了第一条热重曲线。最初设计热天平的是日本东北大学的本多光太郎，他于 1915 年把化学天平的一端秤盘用电炉围起来制成第一台热天平，并使用了热天平（thermobalance）一词，但由于测定时间长，未能达到普及。第一台商品化热天平是 1945 年在 Chevenard 等工作的基础上设计制作的。

公认的差热分析的奠基人是法国物理化学家 Henry-Louis Le Chartelier 教授，他于 1887 年用铂-铂/10%铑热电偶测定了黏土加热时其在升-降温环境条件下，试样与环境温度的差别，从而观察是否发生吸热与放热反应，研究了加热速率 dT/dt 随时间 t 的变化。在 1899 年英国人 Roberts-Austen 采用差示热电偶和参比物首次制得了真正意义上的 DTA，并获得了电解铁的 DTA 曲线。

1964 年，Watson 和 O'Neill 等提出差示扫描量热法的原理及设计方案，被 Perkin-Elmer 公司所采用，研制成功了功率补偿型差示扫描量热计（DSC）。由于 DSC 能在全量程范围内给出准确的热量变化，定量性和重复性好，因此得到了迅速发展。

由于热分析方法应用范围广泛，测定方法很多，名词术语比较混乱。1965 年第一届国际热分析协会（ICTA）期间组织了命名委员会，1968 年第二届国际热分析协会上推荐了热分析术语、定义的第一次方案。1978 年又进行了修订，目前该方案中推荐的术语、定义在世界上较通用。

差热分析、差示扫描量热分析、热重分析和机械热分析是热分析的四大支柱，用于研究物质的物理现象，如晶形转变、融化、升华、吸附等和化学现象，如脱水、分解、氧化、还原等，几乎在所有自然科学中得到应用。不仅可以对物质进行定性、定量分析，而且从材料的研究和生产角度来看，既可以为新材料的研制提供热性能数据，又可达到指导生产、控制产品质量的目的。本章着重讨论差热、热重、差示扫描量热分析和热膨胀等几种方法和应用。

7.1　差热分析（DTA）

差热分析简写成 DTA，它是在程序控制温度下测量物质和参比物之间的温度差和温度关系的一种技术。试样在加热过程中的某一特定温度下，往往在发生物理、化学变化时会伴随有吸热或放热的变化。差热分析就是通过这些吸热或放热现象来研究物质的各种性质的，当试样释放或吸收的热量使其温度高于或低于参比物温度时，试样和参比物之间形成温度差，记录温度差随温度或时间的关系曲线就是差热曲线。应注意，在测量时所用的参比物应是惰性材料，即在测定条件下不产生任何热效应的材料。

在热分析法中，差热分析是使用得最早、应用得最广和研究得最多的一种热分析技术，它广泛地应用在地质、冶金、建材、化学、医药等领域。

7.1.1　差热分析的基本原理

差热分析仪由加热炉、样品支持器、温差热电偶、程序温度控制单元和记录仪组成。试样和参比物处在加热炉中相等温度条件下，温差热电偶的两个热端，其一端与试样容器相连，另一端与参比物容器相连，温差热电偶的冷端与记录仪表相连。其结构原理如图 7-1 所示。

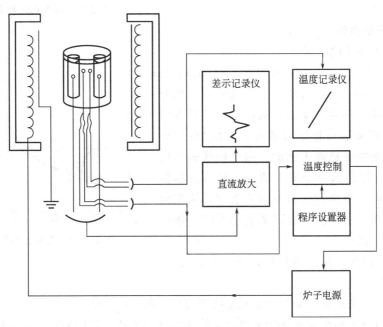

图 7-1　差热分析结构原理

假定试样在加热过程中的某一温度处熔化，当以一定的速度 φ 给加热炉升温时，炉膛、参比物和试样的加热曲线如图 7-2 所示。A 点之前对应试样熔化之前的升温过程，炉膛、参比物和试样均以相同的速度 φ 升温。三者的升温曲线相互平行而不重合是由于三者的热容、热传导和密度不同使升温起始时的导热不同所致。在此期间，试样和参比物之间的温度差为常数，因此温度差 ΔT 随时间或温度的变化是一条水平的直线，这就形成了差热曲线的基线，如图 7-2 中的 DTA 的 oa 部分。当试样在 A 点对应的温度下开始熔化，尽管炉膛和参比物仍以速度 φ 升温，但试样由于熔化吸热而停止升温，试样的加热曲线出现平台 AB，表明试样温度不变，至 B 点试样熔化完毕或基本完毕。在此期间，试样与参比物的温度差 ΔT 随着试样的熔化越来越大，至熔化完毕或基本完毕时，温度差 ΔT 最大，因此差热曲线自 a 点开始偏离基线，至 b 点达最大的偏离。此后随着炉膛的加热，试样温度开始回升，加热曲线由 B 点恢复到 D 点，继续保持与炉膛、参比物以等速度 φ 升温，对应差热曲线上的温度

差 ΔT 由最大逐渐变小，恢复到基线 de。

目前的差热分析仪器均配备计算机及相应的软件，可进行自动控制、实时数据显示、曲线校正、优化及程序化计算和储存等，因而大大提高了分析精度和效率。

对比试样的加热曲线与差热曲线可见，当试样在加热过程中有热效应变化，则相应差热曲线上就形成了一个峰谷。不同的物质由于它们的结构、成分、相态都不一样，在加热过程中发生物理、化学变化的温度高低和热熔变化的大小均不相同，因而在差热曲线上峰谷的数目、温度、形状和大小均不相同，这就是应用差热分析进行物相定性定量分析的依据。

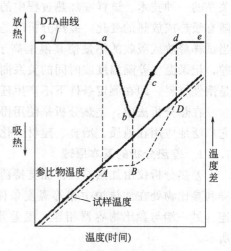

图 7-2　DTA 曲线和温度曲线

7.1.2　差热分析曲线

7.1.2.1　DTA 曲线的特征

根据 ICTA（International Confederation for Thermal Analysis）规定，DTA 是将试样和参比物置于同一环境中以一定速率加热或冷却，将两者间的温度差对时间或温度作记录的方法。从 DTA 获得的曲线试验数据是这样表示的：纵坐标代表温度差 ΔT，吸热过程显示一个向下的峰，放热过程显示一个向上的峰。横坐标代表时间或温度，从左向右表示增加。图 7-3 表示双笔记录笔记录的一条典型的差热曲线。图中：

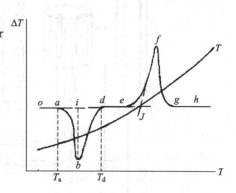

图 7-3　DTA 曲线的形态特征

基线是指 DTA 曲线上 ΔT 近似等于零的区段，如 oa、de、gh。

峰是指 DTA 曲线离开基线又回到基线的部分，如 abd，efg。

峰宽是指 DTA 曲线偏离基线又返回基线两点间的距离或温度间距，如 ad 或 $T_d - T_a$。

峰高是表示试样与参比物间的最大温差，指峰顶至内插基线间的垂直距离，如 bi。

峰面积是指峰和内插基线之间所包围的面积，如 $abdia$。

外延始点是指峰的起始边陡峭部分的切线与外延基线的交点，如放热峰 efg 的外延始点 J。

7.1.2.2　DTA 曲线的温度测定及标定

在测试过程中，由于试样表面的温度高于试样中心的温度，因此在 DTA 曲线上的 a 点，试样表面的反应比试样中心的反应明显，所以实际上 a 点的温度并不表示反应开始的真正温度而是仪器检测到的反应开始温度，与仪器的灵敏度有密切关系。峰温无严格的物理意义，除晶型转变时非常接近反应终止温度外，对其他反应来说，峰温并不代表反应的终止温度，反应的终止温度应在 bd 线上的某一点；最大反应速率的位置也不在峰顶而在峰顶以前出现。

仅为试样和参比物温差最大的一点，该点的位置受实验条件影响较大，所以峰温一般不作为鉴定物质的特征温度，仅仅在实验条件相同的情况下可做相对比较。同样，DTA曲线上 d 点温度也没有严格的物理意义，它只表明经过一次反应后在这一温度曲线又回到了基线。外延始点所对应的温度称外延起始温度，由于外延起始温度与其他方法测得的反应起始温度最为接近，它不像测定 a 点起始温度时带有很大的任意性，并受实验条件的影响较小，国际热分析协会决定以外延起始温度表示反应的起始温度。

差热曲线峰谷温度是鉴别物质、研究相变过程的重要依据，但由于热电偶、记录系统和实验条件的影响会使差热议记录的温度发生偏差。为了获得精确而可靠的温度，必须定期对差热仪进行温度校核。

7.1.2.3 DTA曲线的影响因素

DTA是一种热动态技术，在测试过程中体系的温度不断变化，引起物质的热性能变化。因此，许多因素都可影响DTA曲线的基线、峰形和温度。归纳起来，影响DTA曲线的主要因素有下列几方面。

① 仪器方面的因素：包括加热炉的形状和尺寸、坩埚材料及大小、热电偶位置等。

② 试样因素：包括试样的热容量、热导率和试样的纯度、结晶度或离子取代以及试样的颗粒度、用量和装填密度等。

③ 实验条件：包括加热速度、气氛、压力和量程、纸速等。

通常由制造厂家出厂的差热仪，经安装调试后仪器方面的因素已稳定。这里侧重讨论在测试分析过程中较为切合实际的试样及实验条件的影响。

（1）热容和热导率的变化

试样的热容和热导率的变化会引起差热曲线的基线变化，一台性能良好的差热仪的基线应是一条水平直线，但试样差热曲线的基线在反应的前后往往不会停留在同一水平上，这是由于试样在反应前后热容或热导率变化的缘故，如图7-4所示。

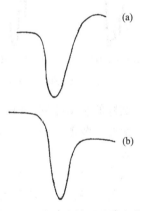

反应前基线低于反应后基线，表明反应后试样的热容减小。反之，表明反应后试样的热容增大。反应前后热导率的变化也会引起基线有类似的变化。

（2）试样的颗粒度、用量及装填密度

试样的颗粒度、用量及装填密度与试样的热传导和热扩

图7-4 热反应前后基线变化

散性有密切的关系。但是试样颗粒度、用量及装填密度对差热曲线有什么影响要视研究对象的化学过程而异。对于表面反应和受扩散控制的反应来说，颗粒的大小、用量的多少和装填疏密会对DTA曲线有显著的影响。Pope等在等静态氮气氛下用相同质量的试样和升温速率对不同粒度是胆矾（$CuSO_4 \cdot 5H_2O$）做了研究。

$CuSO_4 \cdot 5H_2O$ 分解成 $CuSO_4 \cdot H_2O$ 的过程按下列机理进行：

$CuSO_4 \cdot 5H_2O$（固）$\longrightarrow CuSO_4 \cdot 3H_2O$（固）$+2H_2O$（液）

H_2O（液）$\longrightarrow H_2O$（气）

$CuSO_4 \cdot 3H_2O$（固）$\longrightarrow CuSO_4 \cdot H_2O$（固）$+2H_2O$（气）

该分解过程的DTA曲线如图7-5所示。图中（a）所示为较大颗粒的试样，第一步的反应相当缓慢，因为脱掉的水扩散到表面需要一段时间，因而与第二步水蒸发过程重合。图中（b）所示小颗粒试样由于反应快，水扩散到颗粒表面也快些，每一个反应过程都能独立完

成，因而有三个明显的吸热峰。图中（c）所示更细小颗粒的试样，由于反应很快使脱水分解过程的温度偏低，导致第二步水蒸发过程被第三步脱水过程掩盖，所以差热曲线上只显示两个吸热峰。

上述例子说明颗粒的大小影响反应产物的扩散速度，过大的颗粒和过小的颗粒都可能导致反应温度改变，相邻峰谷合并，分辨率下降。

试样用量的多少与颗粒大小对 DTA 曲线有着类似的影响，试样用量多，热效应大，峰顶温度滞后，容易掩盖邻近小峰谷，特别是对在反应过程中有气体放出的热分解反应，试样用量影响气体到达试样表面的速度。Dollimore 等研究了 $ZnC_2O_4 \cdot 2H_2O$ 在 400℃ 左右的热分解反应，发现 $ZnC_2O_4 \cdot 2H_2O$ 在氧气下的热分解反应用量少时为放热过程，用量多时为吸热反应，如图 7-6 所示。只是因为用量少时，$ZnC_2O_4 \cdot 2H_2O$ 分解的 CO 能很快地扩散到试样表面与 O_2 发生氧化反应而放热，大的放热掩盖了小的吸热，DTA 表现出放热峰。而用量多时，热分解的 CO 扩散到试样表面的速度很慢，氧化反应进行缓慢，相反热分解反应进行激烈，因而 DTA 曲线表现出吸热峰。

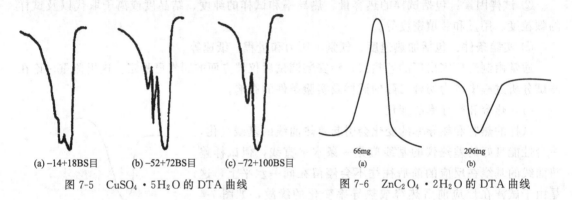

(a) −14+18BS目　　　(b) −52+72BS目　　　(c) −72+100BS目　　　66mg (a)　　　206mg (b)

图 7-5　$CuSO_4 \cdot 5H_2O$ 的 DTA 曲线　　　　　图 7-6　$ZnC_2O_4 \cdot 2H_2O$ 的 DTA 曲线

试样的装填疏密，即试样的堆积方式，决定着试样体积的大小。在试样用量、颗粒度相同的情况下装填疏密不同也影响着产物的扩散速度和试样的传热快慢，因而影响 DTA 曲线的形态。

试样颗粒度、用量及装填方式对于非扩散控制和相变反应来说，可以改变峰谷大小。颗粒大，用量多，反应峰谷大，灵敏度高；但对 DTA 曲线的其他影响甚小。

一般颗粒大小，用量多少及装填疏密对反应过程的影响有着类似的机制，因而对 DTA 曲线将会产生类似的影响。差热分析中试样宜用较小粒度。但粒度大小和用量多少应视具体的仪器、试样和分析要求而定。重要的是对比分析试样应保持相同的粒度、用量和装填疏密，并和参比物的粒度、用量和装填疏密及其热性能尽可能保持一致。

（3）试样的结晶度、纯度与离子取代

有人研究了试样的结晶度对 DTA 曲线的影响。发现结晶度不同的高岭土的脱水吸热峰面积随样品结晶度的减小而减小，随结晶度的增加，峰形更尖锐。通常也不难看出，结晶良好的矿物，其结构水的脱水温度相应要高些。如结晶良好的高岭土 600℃ 脱出结构水，而结晶差的高岭土 560℃ 就可脱去结构水。

天然矿物都含有各种各样的杂质，含有杂质的矿物和纯矿物比较，其 DTA 曲线的形态和温度都可能不同。物质中某些离子被其他离子取代时，可使 DTA 曲线的峰谷形态和温度发生变化。

（4）升温速度

升温速度的快慢对差热曲线的基线、峰形和温度都有明显的影响。

① 升温越快，导致热焓变化越快，更多的反应将发生在相同的时间间隔内，峰的高度、峰顶或温差将会变大，因而出现尖锐而狭窄的峰。

② 升温速度不同，明显影响峰顶温度向高温偏移。

③ 升温速度不同，影响相邻峰的分辨率。较低的升温速度使相邻峰易于分开，而升温速度太快容易使相邻峰谷合并。

（5）炉内气氛

炉内气氛对碳酸盐、硫化物、硫酸盐等类矿物加热过程中的行为有很大影响，某些矿物试样在不同的气氛控制下会得到完全不同的 DTA 曲线。

试验表明，炉内气氛的气体与矿物试样热分解产物一致，那么分解反应所产生的起始、终止和峰顶温度增高。

通常气氛控制有两种形式：一种是静态气氛，一般为封闭系统，随着反应的进行，样品上空逐渐被分解出来的气体所包围，将导致反应速度减慢，反应温度向高温方向偏移。另一种是动态气氛，气氛流经试样和参比物，分解产物所产生的气体不断被动态气氛带走，只要控制好气体的流量就能获得重现性好的实验结果。

除上面讨论的诸因素影响差热曲线外，量程、纸速的改变也可改变差热曲线的形态。

7.1.2.4　差热曲线的解析

利用 DTA 来研究物质的变化，首先要对 DTA 曲线上每一个峰谷进行解释，即根据物质在加热过程中所产生峰谷的吸热、放热性质，出峰温度和峰谷形态来分析峰谷产生的原因。复杂的矿物通常具有比较复杂的 DTA 曲线，有时也许不能对所有峰谷做出合理的解释。但每一种化合物的 DTA 曲线却像"指纹"一样表征该化合物的特性。在进行较复杂的试样的 DTA 分析时只要结合试样来源，考虑影响 DTA 曲线形态的因素，对比每一种物质的 DTA "指纹"，峰谷的原因就不难解释。

（1）矿物的脱水

几乎所有矿物都有脱水现象，脱水时产生吸热效应，在 DTA 曲线上表现为吸热峰，在 1000℃ 以内都可能出现，脱水温度及峰谷形态随水的类型、水的多少和物质的结构而异。

普通吸附水的脱水温度为 100～110℃。

存在于层状硅酸盐结构层中的层间水或胶体矿物中的胶体水在 400℃ 以内脱出，但多数在 200～300℃ 以内脱出。

存在于矿物晶格中的结晶水温度可以很低，但在 500℃ 以内都存在，其特点是分阶段脱水，DTA 曲线上有明显的阶段脱水峰。

以 H^+、OH^- 或 H_3O^+ 形式存在于晶格中的结构水是结合得最牢固的水，脱水温度较高，一般在 450℃ 以上才能脱出。

（2）矿物分解放出气体——吸热

碳酸盐、硫酸盐及硫化物等物质，在加热过程中由于 CO_2、SO_2 等气体的放出而产生吸热效应，在 DTA 曲线上表现为吸热峰。不同类物质放出气体时的温度不同，DTA 曲线上峰谷的形态也不相同，利用这些特征可对这些物质进行鉴别。

例如方解石大约在 950℃ 分解放出 CO_2，白云石则有两个吸热峰，第一个吸热峰为白云石分解为游离 MgO 和 $CaCO_3$，第二个吸热峰是 $CaCO_3$ 分解放出 CO_2。菱镁矿分解温度约

680℃，菱铁矿约540℃分解放出 CO_2。石膏于1200℃分解放出 SO_2，重晶石则于1150℃分解放出 SO_2。

（3）氧化反应——放热

试样或者分解产物中含有变价元素，当加热到一定温度时会发生由低价元素变为高价元素的氧化反应，同时放出热量，在差热曲线上表现为放热峰。例如 Fe、Co、Ni 等低价元素化合物在高温下加热均会发生氧化而放热。C 或 CO 的氧化在 DTA 曲线上有大而明显的放热峰。

（4）非晶态物质转变为晶态物质——放热

非晶态物质在加热过程中伴随有重结晶或不同物质在加热过程中相互化合成新物质时均会放出热量。如高岭土加热到1000℃左右 γ-Al_2O_3 结晶，钙镁铝硅玻璃（CaO-MgO-Al_2O_3-SiO_2）加热到1100℃以上时会析晶，水泥生料加热到1300℃以上就可以相互化合形成水泥熟料矿物。

（5）晶型转变

有些晶态物质在加热过程中发生晶体结构变化，并伴随有热效应。通常在加热过程中晶体由低温变体向高温变体转变产生吸热效应，如低温石英加热到573℃转化为高温石英。C_2S 加热到670℃ β 型转化为 α' 型，830℃ γ 型转变为 α' 型，1440℃ α' 转变为 α 型。若在加热过程中由非平衡态晶体的转变则产生放热效应。

此外，固体物质的熔化、升华、液体的气化、玻璃化转化等在加热过程中都产生吸热，在差热曲线上表现为吸热峰。

7.1.3　差热分析的应用

7.1.3.1　胶凝材料水化过程的研究

胶凝材料在变成水泥石的水化过程中会生成各种各样的水化产物，不同的水化产物在加热过程中会有不同的变化，在差热曲线上会形成不同的特征吸热或放热峰。水泥石中所含水化产物的数量多少，决定着差热曲线上对应峰谷的大小。因此，差热分析在研究胶凝材料水化过程和外加剂对水化过程的影响方面有着重要的意义。

常见水化产物在差热分析时的变化如下。

（1）氢氧钙石 Ca（OH）$_2$　在加热过程中的脱水温度随其存在的环境不同可在350～650℃内变化，但多数情况在500℃左右脱去结构水而产生吸热效应。

（2）托贝莫来石巴 $C_4S_6H_5$　在加热过程中200～300℃（230℃左右）脱去层间水产生吸热效应，在830℃有不甚明显的放热效应为脱水硅酸钙向硅灰石转化。

（3）水化硅酸钙 CSH（A）和 CSH（B）　CSH（A）和 CSH（B）都是半结晶的水化硅酸钙。在加热过程中700℃以下没有明显的热效应，700℃以后的吸热为水化硅酸钙最终脱水。在830～900℃间的放热效应为脱水硅酸钙转变为 β-硅灰石，其放热效应随 CSH 组成的碱度提高而向高温方向转移，如 $C_4S_5H_n$ 和 CSH_n 的放热峰在830℃，$C_5S_4H_n$ 则在860℃，$C_4S_3H_n$ 则在900℃。

（4）硬硅钙石 C_6S_6H　在加热过程中700℃以前无明显热效应，775～800℃有不大的吸热效应为硬硅钙石脱水和向硅灰石转化。

（5）白钙沸石 $C_2S_3H_2$　在加热过程中于150℃左右有大量水脱出产生明显的吸热效应，700～780℃有不明显的吸热为脱去剩余水；820℃左右产生放热效应为脱水硅酸钙向硅灰石转化。

(6) 硅酸钙石 $C_3S_2H_3$ 370℃脱水产生明显的吸热效应，820℃左右的放热效应为脱水硅酸钙转变为 β-硅灰石。

(7) 水化硅酸二钙 C_2SH（A）、C_2SH（B）和 C_2SH（C） 水化硅酸二钙都是经蒸压处理的水化硅酸钙，在加热过程中，C_2SH（A）在 430~480℃脱水产生吸热效应，并在 DTA 曲线上呈双叉形吸热峰。C_2SH（B）在 540~560℃或更高温度脱水产生吸热效应。C_2SH（C）在 740℃脱水产生明显的吸热效应。

(8) 水化铝酸钙 C_3AH_6 在加热过程中于 329℃时脱水产生吸热，525℃时的吸热为脱水铝酸钙分解为 C_3A_5 和游离石灰。

(9) 水石榴子石 $C_3AS_nH_{6-2n}$ 水石榴子石是蒸压制品的结晶相，在加热过程中于 300~450℃和 500~540℃范围有脱水吸热效应。

(10) 二水石膏 $CaSO_4 \cdot 2H_2O$ 在加热过程中于 144℃脱水转变为半水石膏，167℃半水石膏脱水变为无水石膏，360℃出现不甚明显的放热效应为无水石膏的晶型转变。

(11) 高硫型水化硫铝酸钙 $C_6AS_3H_{32}$（钙矾石） 在加热过程中，于 110~150℃失去大部分结合水而产生明显的吸热效应，于 240~280℃之间失去剩余结合水而产生吸热效应。

(12) 单硫型水化硫铝酸钙 C_3ASH_{12} 在加热过程中，100℃左右有不甚明显的脱水吸热效应，200℃左右有明显的吸热效应。

结合水化产物的差热曲线，可以研究分析水泥水化过程的矿物组成及变化。

7.1.3.2 高温材料的研究

水泥、玻璃、陶瓷、耐火材料等都是用各种原材料配方经高温煅烧而成。利用差热分析可以研究这些高温材料的物相形成温度和外加剂对高温材料形成的影响。

7.1.3.3 类质同相矿物的研究

借助于 DTA 研究矿物的类质同象，可以说明某些元素在矿物中的含量、存在形式及其对矿物分解、相变及居里点温度的影响。

Ca-Mg-Fe-Mn 系列碳酸盐矿物是可以形成某些类质同象矿物的。该系列矿物在加热过程中具有下列热反应特征：

① 吸热分解放出 CO_2，在 DTA 曲线上表现明显的吸热峰是所有 Ca-Mg-Fe-Mn 系列碳酸盐矿物热反应的主要特征，不同类矿物的分解吸热峰温度随阳离子种类不同而变化，并按以下顺序由低变高：$Fe^{2+} \rightarrow Mn^{2+} \rightarrow Mg^{2+} \rightarrow Ca^{2+}$。

② 当 Ca-Mg-Fe-Mn 系列碳酸盐矿物发生类质同象置换时，通常对碳酸镁、碳酸铁、碳酸锰的分解温度影响较大，而碳酸钙的温度变化较小。一般被置换后所形成的类质同象矿物，其碳酸镁、碳酸铁、碳酸锰分解所产生的吸热峰温度较标准的滞后，如菱镁矿分解一般在 680℃左右，而铁菱镁矿分解在 780℃左右。镁在菱铁矿中的含量将明显影响菱铁矿的分解温度，而且镁含量越高，吸热和放热峰的温度越高。

当磁铁矿中的 Fe^{2+} 和 Fe^{3+} 被 Al^{3+}、Cr^{3+}、Ti^{4+}、Mg^{2+}、Ni^{2+}、Ca^{2+}、Mn^{2+} 等置换时，磁铁矿居里点温度降低。

7.2 差示扫描量热分析

差示扫描量热分析，简称 DSC，它是在程序控制温度下，测量试样和参比物的能量差（功率差或热流差）随温度或时间变化的一种技术。

　　DSC 与 DTA 比较，在差热分析中试样发生热效应时，试样的实际温度已不是程序升温所控制的温度（如在升温时试样由于吸热而一度停止升温），试样本身在发生热效应时的升温速度是非线性的。而且在发生热效应时，试样与参比物及试样周围的环境有了较大的温差，它们之间会进行热传递，降低了热效应测量的灵敏度和精确度。差示扫描量热分析克服了差热分析的这个缺点，试样的吸、放热量能及时得到应有的补偿，同时试样与参比物之间的温度始终保持相同，无温差、无热传递，使热损失少，检测信号大。故而差示扫描量热分析在检测灵敏度和检测精确度上都要优于差热分析。DSC 的另一个突出的特点是 DSC 曲线离开基线的位移代表试样吸热或放热的速度，是以 $mJ \cdot s^{-1}$ 为单位来记录的，DSC 曲线所包围的面积是 ΔH 的直接度量。

7.2.1　差示扫描量热分析的原理

　　按测量方式分功率补偿型差示扫描量热法和热流型差示扫描量热法。

　　（1）功率补偿型差示扫描量热法

　　采用零点平衡原理。试样和参比物具有独立的加热器和传感器，即在试样和参比物容器下各装有一组补偿加热丝，其结构示意如图 7-7 所示，整个仪器由两个控制系统进行监控，其中一个控制温度，使试样和参比物在预定速率下升温或降温，另一个控制系统用于补偿试样和参比物之间所产生的温差，即当试样由于热反应而出现温差时，通过补偿控制系统使流入补偿热丝的电流发生变化。例如，试样吸热，补偿系统流入试样侧热丝的电流增大，试样放热，补偿系统流入参比物侧热丝的电流增大，直至试样和参比物二者的热量平衡，温差消失。

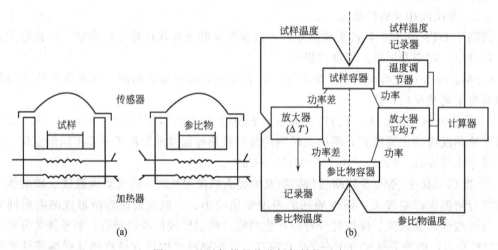

图 7-7　差示扫描量热分析仪结构示意

　　（2）热流型差示扫描量热法

　　热流型差示扫描量热法包括热流式和热通式，都是采用 DTA 原理的量热法。

　　热流式差示扫描量热法利用镍铜盘作试样和参比支架底盘及兼作测温热电偶，试样和参比底盘下用一对热电堆检测差示热流。该型仪器在等速升温时能自动改变差示放大器的放大系数，温度升高时，放大系数增大，以补偿高温时仪器常数的增大，达到差示峰面积与 ΔH 成正比的目的。

　　热通式差示扫描量热法的检测系统的主要特点是检测器由许多热电偶串联成热电堆式的

热流量计，两个热流量计反向连接并分别安装在试样容器和参比容器与炉体加热块之间，如同温差热电偶一样检测试样和参比物之间的温度差。由于热电堆中热电偶很多，热端均匀分布在试样与参比物容器壁上，检测信号大。检测的试样温度是试样各点温度的平均值，所以测量的 DSC 曲线重复性好、灵敏度和精确度都很高，常用于微热量热的测量中。

　　无论哪一种差示扫描量热法，随着试样温度的升高，试样与周围环境温度偏差越大，造成量热损失，使测量精度下降，因而差示扫描量热法的测温范围通常低于 800℃。

7.2.2　差示扫描量热曲线

　　DSC 曲线是在差示扫描量热测量中记录的以热流率 dH/dt 为纵坐标，以温度或时间为横坐标的关系曲线。与差热分析一样，它也是基于物质在加热过程中物理、化学变化的同时伴随有吸热、放热现象出现。因此 DSC 曲线的外貌与 DTA 曲线完全一样，峰谷的定义及形态特征已在差热分析中做过描述。关于影响差示扫描量热曲线形态的因素也与影响差热曲线形态的因素基本相似，但由于 DSC 常用于定量测定，因此这些影响因素显得更为重要。

7.2.3　差示扫描量热分析的应用

　　差示扫描量热分析和差热分析一样，利用了物质在加热过程中产生物理化学变化的同时产生吸热或放热效应。它们的共同特点是吸热或放热峰的位置、形状和峰的数目与物质的性质有关，可用来定性地表征和鉴定物质，峰的面积与反应热焓有关，可用来定量地估计参与反应的物质的量或测定热化学参数。

7.3　热重分析

　　热重分析（TG）是在程序控制温度条件下，测量物质的质量与温度关系的热分析法。热重法通常有下列两种类型：①等温热重法，在恒温下测定物质质量变化与时间的关系；②非等温热重法，在程序升温下测定物质质量变化与温度的关系。

7.3.1　热重分析的原理

　　物质在加热过程中往往出现质量变化，如含水化合物的脱水、无机和有机化合物的热分解、物质加热时与周围气氛作用、固体或液体物质的升华或蒸发等都在加热过程中伴随由质量变化，这种质量变化的量可以用热重分析仪来检测。

　　热重分析仪的基本构造是由精密天平和线性程序控温的加热炉所组成。

　　目前的热天平大多是根据天平梁的倾斜与质量变化的关系来进行测定的。通常测定质量变化的方法有两种：偏斜式和零点式。

　　偏斜式的工作状态：当试样质量改变时，天平即偏离其零位，质量的改变正比于零位的位移量，这个位移量由差动变压器转换成电量变化，由记录仪自动记录。

　　零点式的工作状态：当试样质量变化时，天平横梁立刻发生倾斜，差动变压器随即输给PID 调节器一个相应的电信号，PID 调节器根据输入信号的特征，输出一个符合自动控制规律的电流，供给磁力补偿器的线圈，产生一个正比于质量改变量的补偿力。使天平横梁迅速而平稳地回到零位。流过磁力补偿器线圈的电流正比于试样质量的改变量，在把这个电流转换成正比于电压信号输入给记录仪记录试样质量的改变。由于 PID 调节器的反应很灵敏，迅速而又平稳，因此在整个测试过程实际上天平的横梁是不动的，始终保持在零位，提高了称量的精密度。图 7-8 为这种热重分析仪的原理示意。

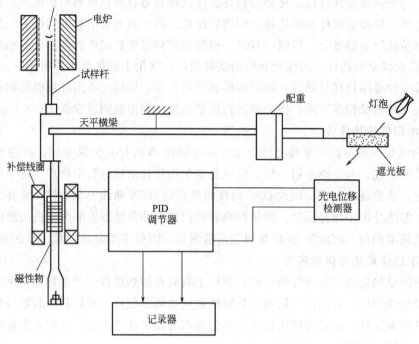

图 7-8　热重分析仪原理示意

7.3.2　热重曲线

由热重分析法记录的质量变化对温度的关系曲线称热重曲线即 TG 曲线。其纵坐标为质量，由上向下表示质量减少。横坐标表示温度或时间，由左向右表示增加。例如固体的热分解反应：A（固）——→B（固）＋C（气），其热重曲线如图 7-9 所示，TG 曲线上质量基本不变的部分称平台。曲线的第一平台 ab 表示试样的初始质量 W_0。曲线的第二平台 cd 表示试样在热分解后的质量 W_1。而 bc 段的台阶表示试样在此阶段发生质量变化。b 点所对应的温度 T_b 为台阶的起始温度，表示积累质量变化达到热天平可以检测时的温度。c 点所对应的温度 T_c 为台阶的终止温度，表示积累质量变化达到最大值时的温度。T_b 到 T_c 之间即为反应区间。

根据上述热重曲线可以计算出该固体热分解反应中的失重百分率为 $\dfrac{W_0-W_1}{W_0}\times100\%$。

在热重曲线中，水平部分（即平台）表示质量是恒定的，曲线斜率发生变化的部分表示质量的变化。因此从热重曲线可求算出微商热重曲线（DTG），热重分析仪若附带有微分线路就可同时记录热重和微商热重曲线。

微商热重曲线的纵坐标为质量随时间的变化率 $\dfrac{\mathrm{d}W}{\mathrm{d}t}$，横坐标为温度或时间。DTG 曲线在形貌上与 DTA 或 DSC 曲线相似，但 DTG 曲线表明的是质量变化速率，峰的起止点对应 TG 曲线台阶的起止点，峰的数目和 TG 曲线的台阶数相等，峰顶为失重（或增重）的最大值，$\dfrac{\mathrm{d}^2W}{\mathrm{d}t^2}=0$，它与 TG 曲线的拐点相应。峰面积与失重成正比，因此，可以从 DTG 的峰面积算出失重（或增重），如图 7-10 所示。

DTG 与 TG 比较，前者能更精确地反映出起始反应温度、达到最大反应速率的温度和反应终止的温度。能更明显地区分热失重阶段，更准确地显示出微小质量的变化。

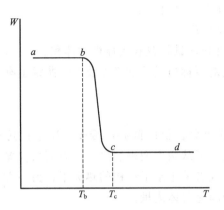

图 7-9　热分解反应的热重曲线

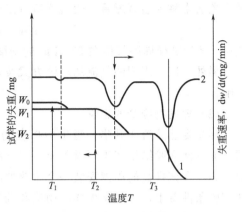

图 7-10　典型的热重和微商热重曲线
1—热重曲线；2—微高热重曲线

图 7-11 示出了含有一个结晶水的草酸钙 $CaC_2O_4 \cdot H_2O$ 的热重曲线和微商热重曲线。$CaC_2O_4 \cdot H_2O$ 的热分解过程分下列几步进行：

$$CaC_2O_4 \cdot H_2O \longrightarrow CaC_2O_4 + H_2O$$
$$CaC_2O_4 \longrightarrow CaCO_3 + CO$$
$$CaCO_3 \longrightarrow CaO + CO_2$$

$CaC_2O_4 \cdot H_2O$ 在 100℃ 以前的失重现象，其热重曲线呈水平状态，为 TG 曲线中的第一平台。在 100～200℃ 之间失重并开始出现第二平台，这一步的失重占试样总质量的 12.331%，相当于每摩尔 $CaC_2O_4 \cdot H_2O$ 失掉 1mol H_2O。在 400～500℃ 之间失重并开始呈现第三个平台，其失重占试样总质量的 19.170%，相当于每 mol

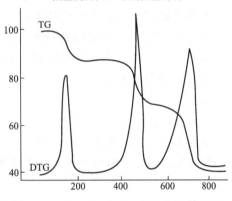

图 7-11　$CaC_2O_4 \cdot H_2O$ 的热重（TG）曲线和微商热重（DTG）曲线

CaC_2O_4 分解 1mol CO。最后在 600～800℃ 之间失重并出现第四个平台为 $CaCO_3$ 分解成 CaO 和 CO_2 的过程。

图中 DTG 曲线所记录的三个峰是与 $CaC_2O_4 \cdot H_2O$ 三步失重过程相对应的。根据这三个 DTG 的峰面积，同样可算出 $CaC_2O_4 \cdot H_2O$ 各个热分解过程的失重或失重百分数。

7.3.3　影响热重曲线的因素

与差热分析和差示扫描量热分析一样，热重分析也是一种动态测试技术，在测量过程中，很多因素都可能引起热重曲线变形，导致热重分析中温度准确度或称量的准确度下降。下面分别讨论这些因素。

7.3.3.1　仪器因素

（1）浮力与对流的影响

悬挂在加热炉中的试样盘受有一定的浮力，由于在加热过程中温度的上升，试样周围的密度发生变化造成试样和试样盘所受浮力变化。研究指出在 300℃ 是浮力为常温时的 $\frac{1}{2}$ 左右，在 900℃ 时大约为 $\frac{1}{4}$。可见在试样质量没有变化的情况下，由于升温，试样在增重，这种现象通常称为表观增重。表观增重（ΔW）可用下列公式计算：

$$\Delta W = Vd(1-273/T)$$

式中，d 为试样周围气体在 273K 时的密度；V 为加热区试样盘和支撑杆的体积。

另外，试样周围的气流的对流方式及对流速度对所称质量的准确度及 TG 曲线也有很大影响。

（2）挥发物冷凝的影响

样品受热分解或升华，溢出的挥发物往往在热重分析仪的低温区冷凝。这不仅污染仪器，而且使实验结果产生严重偏差，对于冷凝问题，可从两方面来解决：一方面从仪器上采取措施，在试样盘的周围安装一个耐热的屏蔽套管或者采用水平结构的热天平；另一方面可从实验条件着手，尽量减少样品用量和选用合适的净化气体流量。

（3）温度测量的影响

在热重分析仪中，热电偶不与试样接触，试样的真实温度与测量温度之间是有差别的。另外升温和反应所产生的热效应往往使试样周围的温度分布紊乱，而引起较大的温度测量误差。因此，要获得准确的温度数据，要采用标准物质校核热重分析仪的温度。通常可利用一些高纯化合物的特征分解温度来标定，也可利用强磁性物质在居里点发生表观失重来确定准确的温度。

7.3.3.2　实验因素

（1）升温速率

研究表明，升温速率越大，所产生的热滞后现象越严重，往往导致热重曲线上的起始温度和终止温度偏高。但应注意，虽然起始和终止温度随升温速率发生变化，但失重却保持恒定。

升温速率的选择对中间产物的检测颇为重要，升温速率快往往不利于中间产物的检出，因为升温快，TG 曲线的拐点极不明显，升温慢，拐点明显，实验结果明确。图 7-12 示出了升温速率对检测中间产物的影响。图中（a）为快速升温的 TG 曲线，失重拐点极不明显；（b）为慢速升温的 TG 曲线，失重拐点出现台阶；（c）为慢速升温和快速走纸，失重拐点变成了平台。

（2）气氛

热重分析通常是在动态气氛中进行的。气氛对热重曲线的影响与反应类型，分解产物的性质和所通气体的类型有关。

热重法所研究的反应大致有下列三种类型：

① A（固）$\rightleftharpoons$ B（固）+C（气）

② A（固）$\longrightarrow$ B（固）+C（气）

③ A（固）+B（固）$\longrightarrow$ C（气）+D（气）

在测定过程中通入惰性气体，对反应①和②是有利的，而对反应③不利。如所通气体与反应产生的气体相同，对可逆反应①有影响而对反应②无影响。在反应③中，如果气体 B 的成分发生变化，那么这种变化是否影响反应将取决于所通气体的性质，如氧化性和还原性都会影响热重曲线。

例如在 CO_2、Ar 和 O_2 气氛下，$Ca(CH_3COO)_2 \cdot H_2O$ 的热重曲线如图 7-13 所示，从图中可以看出，在这三种气氛下，第一步脱出结晶水的反应完全相同。对于第二步反应，在 O_2 气氛下由于分解产物 CO 和 O_2 发生放热而显示出明显的差别，分解温度移向较低温度。

最后一步反应是 $CaCO_3$ 分解为 CaO 和 CO_2，只有 CO_2 气氛对反应有影响，使分解温度移向高温。

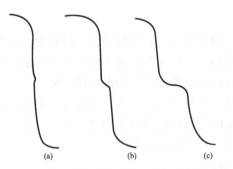

7-12 升温速率对检测中间产物形成的影响

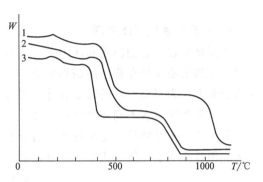

图 7-13 $Ca(CH_3COO)_2 \cdot H_2O$ 的热重曲线

1—CO_2 气氛；2—Ar 气氛；3—O_2 气氛

（3）试样因素

试样的用量和粒度都可影响热重曲线。试样的用量是从两个方面来影响热重曲线的，一方面，试样的吸热或放热反应会引起试样温度发生偏差，用量越大，偏差越大。另一方面，试样用量对逸出气体扩散和传热梯度都有影响，用量大，不利于热扩散和热传递。图 7-14 示出了 $CuSO_4 \cdot 5H_2O$ 不同用量的热重曲线，从图中可以看出，用量少所得结果比较好，TG 曲线上反应热分解中间过程的平台很明显。因此，要提高检测中间产物的灵敏度，应采用少量试样以得到较好的检测结果。

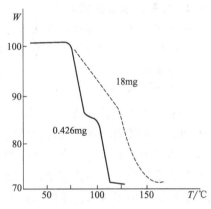

图 7-14 $CuSO_4 \cdot 5H_2O$ 的热重曲线

试样的粒度同样对热传导、气体扩散有着较大的影响。研究表明：粒度越细，反应速率越快，将导致热重曲线上反应起始温度和终止温度降低，反应区间变窄。粗粒度的试样反应慢，如纤蛇纹石粉状试样在 50～850℃ 连续失重，在 600～700℃ 分解最快，而块状试样在 600℃ 左右才开始有少量失重。

另外，试样的吸放热性质及样品的比热容变化都将使样品的热扩散和热传导受到影响而使热重曲线受到影响，在进行热重曲线的解释时应注意这一点。

7.3.4 热重分析的应用

物质的热重曲线的每一平台都代表了该物质确定的质量。因此，热重分析法的最大特点就是定量性强。它能相当精确地分析出二元或三元混合物各组分的含量。如图 7-15 表示一单组分的 MX 和 NY 及混合物 MX＋NY 的热重曲线，组分 MX 从 D 到 E 分解，组分 NY 从 B 到 C 分解，混合物的热重曲线平台出现的温度与两个单组分的平台温度一样。由混合物的热重曲线可测定出组分 NY 的量为 BC，MX 的量为 DE。

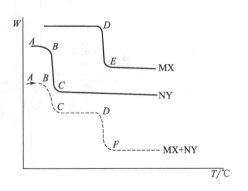

图 7-15 二组元系的热重分析

7.4 热膨胀法

7.4.1 热膨胀法的基本原理

任何物质在一定的温度和压力下，均具有一定的尺度大小，物质的尺寸随温度的变化而变化。热膨胀法就是在程序控制温度下，测量物质的尺寸变化与温度关系的一种方法。物质的热膨胀表现为三维方向的长度变化，进行特定方向长度测定的热膨胀叫线膨胀。

由于某种物质在不同温度区存在相变时，其膨胀系数不同，因此需要连续升温测定不同温度下样品的相对伸长。记录物质相对伸长与温度的关系曲线即得热膨胀曲线。根据特定温度区的相对伸长量，按下式即可计算出物质在该温区的线膨胀系数。

$$\alpha = \Delta l / (l_0 \Delta t)$$

式中，α 为线膨胀系数；Δt 为温度区间；l_0 为起始温度时的原始长度；Δl 为在温度差 Δt 内的绝对伸长。

7.4.2 热膨胀仪及实验方法

热膨胀仪按照位移检测方法可分为差动变压器检测、光电检测和激光干涉条纹检测三种类型。这里只介绍用得最多的差动变压器检测膨胀仪。

差动变压器膨胀仪是一种天平式的膨胀仪，它由加热炉系统、温度控制系统、气氛控制系统、测量系统和记录系统组成，这种膨胀仪多与其他热分析法组成综合热分析仪。图 7-16 示出了该型仪器支撑的杠杆天平，通过试样顶杆和参比顶杆的另一端分别与差动变压器的磁心和线圈相连。当加热炉由程序控制升温时，试样和参比物因加热膨胀分别顶动差动变压器的磁心和线圈，由于试样和参比物的膨胀量不相同，使差动变压器的磁心和线圈的相对位置发生位移，其位移量由差动变压器检测并转变成电信号，检测的信号由交流放大、同步检波后，由记录仪记录膨胀曲线。

使用该型热膨胀仪时，应先将两台天平平行下移，使顶杆脱离接触，天平处于自由状

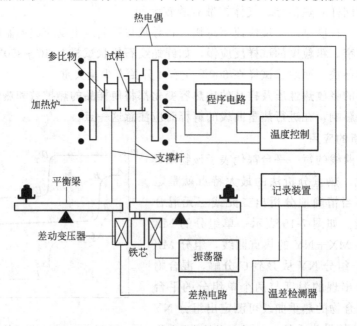

图 7-16 热膨胀仪结构示意

态，分别调整平衡位置，然后平行上移天平，用加减砝码顶住样品，并使之达到所需接触压力。该型仪器的特点是：检测的是试样与参比物线膨胀量之差；可分别调整顶杆与试样和参比物的接触压力；数据处理时不计与参比物等长支杆的线膨胀量，因为参比物线膨胀系数已知。该型仪器的另一重要特点是更换样品支架就可方便地做拉伸、压缩等机械分析，所以这种热膨胀仪又叫热机械分析仪（TMA），它可在不同载荷状态下进行热膨胀、拉伸、压缩形变的测定。

采用差示热膨胀法测定试样的胀缩，其中一个重要的问题是选择合适的标准样即参比样。作为参比样，可以选择与试样有类似膨胀的材料或在加热中无长度变化的材料，一般1000℃以内可选石英玻璃，1000℃以上可选高纯氧化铝。当试样易膨胀时，选择的参比样长度应短于试样。试样一般直径 5mm，长 20mm 以内。

热膨胀测量条件的选择时相当重要的。试样的量程范围应根据试样和参比物的膨胀系数、长度及所测温度范围来选择，所选的量程应大于试样与参比物的相对膨胀量。例如假定下列条件：

试样 0～1000℃线膨胀系数　　　　　　　　$\alpha_1 = 16.78 \times 10^{-6} 1/℃$

试样在室温下的长度　　　　　　　　　　$l_{r_1} = 20mm$

最大测定温度　　　　　　　　　　　　　$T = 1000℃$

参比物（石英玻璃）0～1000℃线膨胀系数　$\alpha_2 = 5.2 \times 10^{-7} 1/℃$

参比物在室温下的长度　　　　　　　　　$l_{r_2} = 20mm$

则试样与参比物的相对膨胀量 Δl 的近似值为

$$\Delta l = [\alpha_1 l_{r_1} - \alpha_2 l_{r_2}] T$$
$$= (16.78 - 0.52) \times 10^{-6} \times 20 \times 10^3 \times 1000$$
$$= 325.2 \ (\mu m)$$

据此可选量程大于 325.2μm，如可选 500 量程加以测量。

加热速率应从试样的大小及其热传导性来确定。对那些尺寸较大，而传热性差的试样，必须选择慢加热速率，通常为 5℃/min 或低于此值。尺寸较小，传热性好的试样升温可快些。但在高温型（>1000℃）热机械分析中，升温不宜超过 10℃/min。

当试样是金属、碳及其他易氧化的物质，应在惰性气氛中测定。

7.4.3　热膨胀率的应用

热膨胀法在陶瓷材料的研究中具有重要意义，研究和掌握陶瓷材料的各种原料的热膨胀特性对确定陶瓷材料合理的配方和烧成制度是至关重要的。

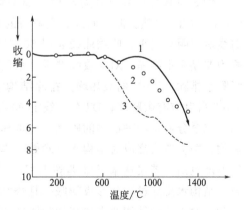

图 7-17 示出了三种硬质黏土的热膨胀曲线。图中曲线 1 为以水铝石为主含微量高岭土的黏土，在 1000℃以前收缩甚小（仅 1%），1000℃以后才开始收缩剧烈。图中曲线 2 为含高岭石和水铝石的黏土，在 1000℃时总收缩为 2%。图中曲线 3 为以高岭石为主体的黏土，自 500℃开始出现较大收缩，在 1000℃时总收缩达 4.7%，至 1420℃收缩达 7.7%。以上现象意味着试样 1 的烧结温度最高

图 7-17　三种硬质黏土的热膨胀曲线

1—水铝石+少量高岭石；2—高岭石+

水铝石；3—高岭石为主

（即在相同温度下收缩最小），试样 3 的烧结温度最低。可见试样烧结温度的高低与具有耐火性较高的水铝石含量有关。

7.5　综合热分析

7.5.1　综合热分析法概论

在科学研究和生产中，无论是对物质结构与性能的分析测试还是反应过程的研究，一种热分析手段与另一种或几种热分析手段或其他分析手段联合使用，都会收到互相补充、互相验证的效果，从而获得更全面更可靠的信息。因此，在热分析技术中，各种单功能的仪器倾向于综合化，这便是综合热分析法，它是指在同一时间对同一样品使用两种或两种以上热分析手段，如 DTA-TG、DSC-TG、DTA-TG-DTG、DSC-TG-DTG、DTA-TMA、DTS-TG-TMA 等的综合。

综合热分析法实验方法和曲线解释与单功能热分析法完全一样，但在曲线解释时有一些综合基本规律可供分析参考。

（1）产生吸热效应并伴有质量损失时，一般是物质脱水或分解，产生放热效应并伴有质量增加时，为氧化过程。

（2）产生吸热效应而无质量变化时，为晶型转变所致；有吸热效应并由体积收缩时，也可能是晶型转变。

（3）产生放热效应并有体积收缩，一般为重结晶或新物质生成。

（4）没有明显的热效应，开始收缩或从膨胀转变为收缩时，表示烧结开始，收缩越大，烧结进行得越剧烈。

由于综合热分析技术能在相同的实验条件下获得尽可能多的表征材料特征的信息，因此在科研或生产中获得了广泛的应用。

7.5.2　综合热分析法的应用

7.5.2.1　综合热分析法设计高温材料的配方

水泥、玻璃、陶瓷等材料均需以生料适当配合后经高温烧结而成。综合分析生料的热性能可为研制性能优质的高温材料提供合理配方。

例如高岭石和水云母类矿物等都是陶瓷坯料中使用的黏土原料，图 7-18 示出它们的 DTA-TG-TD（热膨胀）曲线。高岭石的 DTA 曲线上 600℃ 的大吸热峰为结构水排除，TG 曲线对应明显失重，收缩曲线表明 500℃ 以后开始有较大收缩，DTA 曲线上 1000℃ 的放热峰为非晶质重结晶，对应收缩严重。水云母类矿物的 DTA 曲线 100℃ 较大的吸热峰为层间吸附水排除，500℃ 的吸热峰为排除结构水，TG 曲线对应两个较小的失重台阶；收缩曲线 500℃ 后对应有微膨胀；DTA 曲线上 900℃ 的吸热表明水云母释放出最后的 OH，接着重结晶。综合分析这两种矿物的脱水、失重和膨胀收缩可以看出：在坯料配方中若仅选高岭石类矿物，则会造成烧成时结构水排除效应集中而开裂，且排水过程会出现一定的收缩，同时烧结温度也高；若仅选水云母类黏土配料，则可塑性差，层间水排除效应集中易形成低温开裂，结构水排除过程略形成膨胀，且烧结温度低，Al_2O_3 含量低，烧结瓷体莫来石组分少。为此，对于使用性能要求较高的陶瓷坯体往往结合高岭石类和水云母类黏土加热过程中结构水排除效应的集中和分散，排水过程会产生体积上的膨胀和收缩，烧结温度的高低及烧结范围的宽窄，采用两种黏土适当配合，以消除各自的缺点，发挥各自的优点，互补利弊。

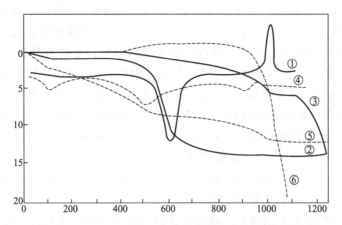

7-18　高岭石和水云母的 DTA-TG-TD 曲线（高岭石以实线表示；水云母以虚线表示）
①,④—DTA 曲线　②,⑤—TG 曲线　③,⑥—TD 曲线

7.5.2.2　高压瓷坯料的研究

为制定合理的烧成制度，以保证制品的性能及成品率，以某高压电瓷坯料的综合热分析为例，予以说明。电瓷的配方组成示于表 7-3，电瓷坯料的综合热谱图示于图 7-19 所示。

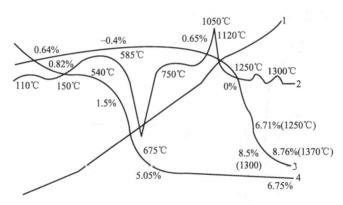

图 7-19　高压电瓷坯料的综合热谱图
1—温度曲线；2—差热曲线；3—体积变化曲线；4—失重曲线

从图 7-19 可见，400℃以前，坯料的失重变化不大，体积则因膨胀而略有增加。500℃以后由于黏土类脱水使失重发生明显变化（坯体孔隙率增大），至 750℃左右失重稳定。因此，在坯体剧烈失水阶段（500～750℃），升温速度应缓慢进行。于 1120℃坯体开始收缩，孔隙率降低，容重增加。在 1120～1300℃温度范围内，坯体剧烈收缩（由于低共熔物形成大量液相所致），并出现二次莫来石（1250℃放热峰）及方石英（1300℃放热峰）等晶体，所以坯体的升温速度更宜缓慢。1300～1370℃温度范围内，坯体收缩趋于稳定（波动于 8.56%～8.76%之间），可视为坯体的烧结温度范围。

电瓷坯体综合热图谱的分析为制定该类电瓷的烧成制度提供了理论根据。

7.5.2.3　矿物结晶构造上微细变化的研究

自然界中有许多矿物由于离子的取代导致结晶构造和化学成分发生变化，而这些微细变化利用其他分析方法有时不能很好地进行鉴别，利用综合热分析法可能取得很好的效果。例如蒙脱石的化学式为 $(Na, Ca)_{0.33}(Al, Mg)_2 Si_4 O_{10}(OH)_2 \cdot n H_2 O$，其结构与叶蜡石相似。四面体中的 Si^{4+} 可被 Al^{3+}、Fe^{3+}、Ni^{3+}、CO^{2+}、Li^{2+} 等阳离子置换，并导致电价不平衡，使 Ca^{2+}、Mg^{2+}、Na^+、K^+、H_3O^+ 等交换性阳离子被吸附在层间。由于层间重新进入水分子使其堆垛情况零乱而使蒙脱石成为不规则结构，X 射线分析不能完全解决问题，而 DTA-TG-DTG 等热分析能给出有意义的结果。蒙脱石的 DTA 曲线一般具有以下反应。

（1）在 100～300℃间（峰温 150℃左右）出现的大吸热峰对应着 TG 和 DTG 的失重，系由层间和表面吸附水的脱出造成的。该峰可能是单谷峰也可能是复谷，与层间可交换的阳离子的价数有关，如可交换的阳离子为一价（K^+、Na^+……）则为单谷，如可交换离子以二价（Ca^{2+}、Mg^{2+}……）为主，则为复谷。

（2）在 500～700℃间出现的吸热峰对应 TG 和 DTG 的失重是蒙脱石中结构水的脱出。该峰的形成温度随阳离子置换和种类而变化。

（3）在 800～900℃左右出现吸热峰和接连出现的放热峰，对该反应有三种不同的情形：

① 吸热峰和放热峰是分开的，表示多量的 Mg^{2+} 置换八面体层中的 Al^{3+} 所致。

② 紧接着吸热峰后是放热峰，表现为 S 型，这是八面体层中镁少铁多所致。

③ 没有吸热峰，仅有放热峰，表示多量的铝置换四面体层中的硅所致。

根据热重曲线，在 800～1000℃没有明显的失重，因此该吸热峰为蒙脱石结构破坏为非晶质接连出现的放热峰为非晶质重结晶。

图 7-20 示出了蒙脱石的 DTA-TG-DTG 曲线。

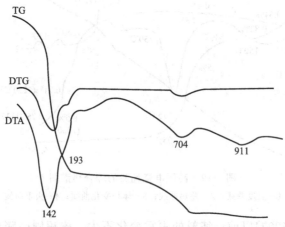

图 7-20　蒙脱石的 DTA-TG-DTG 曲线

第8章 红外光谱分析

8.1 红外光谱的基本概念

8.1.1 红外光谱的形成

当用一束红外线（具有连续波长）照射一物质时，该物质的分子就要吸收一部分光能，并将其变为另一种能量，即分子的振动能量和转动能量。因此若将其透过的光用单色器进行色散，就可以得到一条带暗色的谱带。如果以波长或波数为横坐标，以百分吸收率或透过率为纵坐标，把这谱带记录下来，就得到了该物质的红外吸收光谱图。

红外线可分成三个区域，即近红外区、中红外区和远红外区，如表 8-1 所示。之所以这样分类是由于在测定这些区域的光谱时所用的仪器不同以及从各领域获得的知识各异的缘故。

表 8-1 红外线的分类

名　称	区　域	波　长/μm	波　数/cm^{-1}
近红外	照相区	0.75~1.3	13333~7700
	泛音区	1.3~2	7700~5000
中红外	基本振动区	2~25	5000~400
远红外	转动区	25~1000	400~10

红外区的波长 λ 多用微米（μm）表示，但习惯上常用波数 $\bar{\nu}$ 表示，单位为 cm^{-1}，两者的关系是.

$$波数(cm^{-1}) = \frac{10^4}{波长(\mu m)} \tag{8-1}$$

8.1.2 量子学说和分子内部的能级

在量子学说没有建立以前，人们对光谱的研究几乎完全是经验性的，量子学说的建立和发展，使光谱得到了理论的指导。按照量子学说的观点，一束光照射物质时，物质分子的能量增加是量子化的。所以，物质只能吸收特定能量的光，并且吸收光的波长与两个能级之间的能量差符合下列关系：

$$\Delta E = E_2 - E_1 = hc/\lambda = hc\,\bar{\nu} \tag{8-2}$$

这里 h 是普朗克常数，$h = 6.626 \times 10^{-34}$ J・s；c 是光速常数，$c = 3 \times 10^8$ m/s，E_1、E_2 是基态和激发态的能量。由式(8-2)可知，能量差 ΔE 越大，则所吸收光的波长越短，反之若能量差 ΔE 越小，所吸收光的波长越长。

量子学说还指出，分子吸收光子后，能级跃迁要遵守一定的规律，即选律，也就是说，只有两个能级间电偶极矩改变的跃迁方能发生。这一点使得观察到的光谱大为简化。但实际上分子的吸收光谱仍然相当复杂，它们不是呈线条状的条纹，而是以吸收带的形式出现，这是因为分子运动本身很复杂的缘故。

作为一级近似，分子运动可分为平动、转动、振动和分子内电子的运动，每种运动状态都属于一定的能级。因此，分子的总能量可以表示为：

$$E=E_0+E_t+E_r+E_v+E_e \tag{8-3}$$

式中，E_0 是分子内在的能量，不随分子运动而改变，即所谓的零点能；E_t、E_r、E_v和 E_e 分别表示分子的平动、转动、振动和电子运动的能量。由于分子平动 E_t 的能量只和温度的变化直接相关，在移动时不会产生光谱。这样，与光谱有关的能量变化主要是 E_r、E_v 和 E_e 三者，每一种能量也都是量子化的。图 8-1 是一个双原子分子的能级示意图。

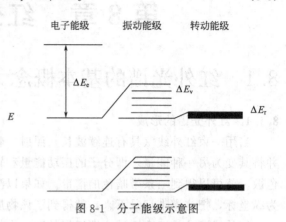

图 8-1　分子能级示意图

电子的能级最大，从基态到激发态的能级间隔 $E_e=1\sim20\text{eV}$，分子振动能级间隔 $E_v=0.05\sim1.0\text{eV}$，分子转动能级间隔 $E_r=0.001\sim0.05\text{eV}$。电子跃迁所吸收的辐射是在可见光和紫外线区，分子转动能级跃迁所吸收的辐射是在远红外与微波区。分子的振动能级跃迁所吸收的辐射主要是在中红外区。绝大多数有机化合物和无机化合物分子的振动能级跃迁而引起的吸收均出现在这个区域，因此通常所说的红外光谱就是指中红外区域形成的光谱，故也叫振动光谱，它在结构分析和组成分析中非常重要，本章主要研究分子的振动光谱。至于近红外区和远红外区形成的光谱，分别叫近红外光谱与远红外光谱。近红外光谱主要用来研究分子的化学键，远红外光谱主要用来研究晶体的晶格振动、金属有机物的金属有机键以及分子的纯转动吸收等。

8.1.3　分子的振动与红外吸收

任何物质的分子都是由原子通过化学键连接起来而组成的。分子中的原子与化学键都处于不断的运动中。它们的运动，除了原子外层价电子跃迁以外，还有分子中原子的振动和分子本身的转动。这些运动形式都可能吸收外界能量而引起能级的跃迁，每一个振动能级常包含有很多转动分能级，因此在分子发生振动能级跃迁时，不可避免地发生转动能级的跃迁，因此无法测得纯振动光谱，故通常所测得的光谱实际上是振动-转动光谱，简称振转光谱。

分子中的原子或原子基团是相互做连续运动的，分子的复杂程度不同，它们的振动方式也不同。先介绍最简单的双原子分子的振动。

8.1.3.1　双原子分子的谐振模型

先考虑一个简单的例子。对双原子分子，用经典力学的谐振子模型来描述。把两个原子看作由弹簧连接的两个质点，如图 8-2 所示。根据这样的模型，双原子分子的振动方式就是在两个原子的键轴方向上做简谐振动。

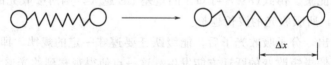

图 8-2　由弹簧连接的两个质点的简谐振动

按照经典力学，简谐振动服从胡克定律，即振动时恢复到平衡位置的力 F 与位移 x 成正比，力的方向与位移相反。用公式表示：$F=-kx$，k 是弹簧力常数，对分子来说，就是化学键力常数。根据牛顿第二定律：

$$F = ma = m\frac{\mathrm{d}^2 x}{\mathrm{d}t^2} \tag{8-4}$$

可得

$$m\frac{\mathrm{d}^2 x}{\mathrm{d}t^2} = -kx \tag{8-5}$$

可解得：

$$x = A\cos(2\pi\nu t) + \phi \tag{8-6}$$

式中，A 为振幅；ν 为振动频率；t 为时间；ϕ 为相位常数。将上式对 t 求二次微商，再代入式(8-4)，化简即得

$$\nu = \frac{2}{2\pi}\sqrt{\frac{k}{m}} \tag{8-7}$$

用波数表示时，则

$$\bar{\nu} = \frac{1}{2\pi c}\sqrt{\frac{k}{m}} \tag{8-8}$$

对于原子质量分别为 m_1，m_2 的双原子分子来说，用折合质量 $\mu = \dfrac{m_1 m_2}{m_1 + m_2}$ 代替 m，则

$$\bar{\nu} = \frac{1}{2\pi c}\sqrt{\frac{k}{\mu}} \tag{8-9}$$

式中　c——光速（$3\times10^8\,\mathrm{m/s}$）；

　　　k——化学键力常数，$\mathrm{N/m}$；

　　　μ——折合质量，kg，$\mu = \dfrac{m_1 m_2}{m_1 + m_2}$。

由上式计算有机分子中 C—H 键伸缩振动频率，μ 以原子质量单位为单位。

$$\mu = \frac{1\times12}{1+12}\times\frac{1}{N} = 0.92\times\frac{1}{6.023\times10^{23}}(\mathrm{g})$$

$$k_{c-h} = 5\mathrm{N}\cdot\mathrm{cm}^{-1}$$

$$\nu = 1303\times\sqrt{\frac{5}{0.92}} = 3000(\mathrm{cm}^{-1})$$

一般 C—H 键伸缩振动频率为 $2980\sim2850\,\mathrm{cm}^{-1}$，理论值与实验值基本一致。

如果力常数以 $\mathrm{N/m}$ 为单位，折合质量 μ 以原子质量为单位，则上式可简化为：

$$\bar{\nu} = 130.2\sqrt{\frac{k}{\mu}} \tag{8-10}$$

双原子分子的振动频率取决于化学键的力常数和原子的质量，化学键越强，相对原子质量越小，振动频率越高。

H—Cl $2892.4\,\mathrm{cm}^{-1}$　C=C $1683\,\mathrm{cm}^{-1}$　C—H $2911.4\,\mathrm{cm}^{-1}$　C—C $1190\,\mathrm{cm}^{-1}$

同类原子组成的化学键（折合质量相同），力常数大的，基本振动频率就大。由于氢的原子质量最小，故含氢原子单键的基本振动频率都出现在中红外的高频率区。

8.1.3.2　多原子分子的振动

（1）基本振动的类型

实际分子以非常复杂的形式振动。但归纳起来，基本上为两大类振动，即伸缩振动和弯

曲振动。表 8-2 列出了分子的基本振动类型。

表 8-2　分子的基本振动类型

主振动类型	表示符号	分振动类型		表示符号
伸缩振动	υ	对称伸缩振动		υ_s
		不对称伸缩振动		υ_{as}
弯曲振动	δ	变形振动	面内变形振动	β
			面外变形振动	υ
		摇摆振动	面内摇摆振动	ν
			面外摇摆振动	ω
		卷曲振动	扭曲振动	ι
			扭转振动	τ

① 伸缩振动　用 υ 表示，伸缩振动是指原子沿着键轴方向伸缩，使键长发生周期性的变化的振动。

伸缩振动的力常数比弯曲振动的力常数要大，因而同一基团的伸缩振动常在高频区出现吸收。周围环境的改变对频率的变化影响较小。由于振动偶合作用，原子数 N 大于等于 3 的基团还可以分为对称伸缩振动和不对称伸缩振动符号分别为 υ_s 和 υ_{as}，一般 υ_{as} 比 υ_s 的频率高。

② 弯曲振动　用 δ 表示，弯曲振动又叫变形或变角振动。一般是指基团键角发生周期性变化的振动或分子中原子团对其余部分做相对运动。弯曲振动的力常数比伸缩振动的小，因此同一基团的弯曲振动在其伸缩振动的低频区出现，另外弯曲振动对环境结构的改变可以在较广的波段范围内出现，所以一般不把它作为基团频率处理。

图 8-3 以亚甲基 CH_2 为例，形象地说明了上述各种振动形式。

在红外光谱中也可以看到下列峰。

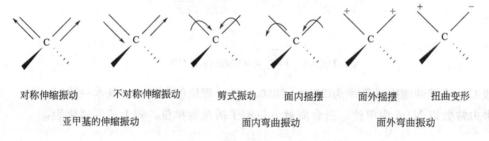

对称伸缩振动　　不对称伸缩振动　　剪式振动　　面内摇摆　　面外摇摆　　扭曲变形

亚甲基的伸缩振动　　　　　　　　　面内弯曲振动　　　　面外弯曲振动

图 8-3　亚甲基的各种振动形式

（"＋"表示运动方向垂直纸面向里；"－"表示运动方向垂直纸面向外）

倍频峰（或称泛音峰）：是出现在强峰基频约二倍处的吸收峰，一般都是弱峰。例如羰基的伸缩振动强吸收在 $1715cm^{-1}$ 处，它的倍频出现在 $3430cm^{-1}$ 附近（和羟基伸缩振动吸收区重叠）。

组频峰：也是弱峰，它出现在两个或多个基频之和或差附近，例如，基频为 Xcm^{-1} 和 Ycm^{-1} 的两个峰，它们的组频峰出现在 $(X+Y)cm^{-1}$ 或 $(X-Y)cm^{-1}$ 附近。

偶尔在红外光谱中也出现下列现象。

振动耦合：当相同的两个基团在分子中靠得很近时，其相应的特征吸收峰常发生分裂，形成两个峰，这种现象称振动耦合。

费米共振：当倍频峰或组频峰位于某个强的基频吸收峰附近时，弱的倍频峰或组频峰的吸收强度常常被大大强化，这种倍频峰或组频峰与基频峰之间的耦合，称费米共振。

（2）分子的振动自由度

多原子分子的振动比双原子振动要复杂得多。双原子分子只有一种振动方式（伸缩振动），所以可以产生一个基本振动吸收峰。而多原子分子随着原子数目的增加，振动方式也越复杂，因而它可以出现一个以上的吸收峰，并且这些峰的数目与分子的振动自由度有关。

在研究多原子分子时，常把多原子的复杂振动分解为许多简单的基本振动（又称简正振动），这些基本振动数目称为分子的振动自由度，简称分子自由度。分子自由度数目与该分子中各原子在空间坐标中运动状态的总和紧紧相关。经典振动理论表明，含 N 个原子的线型分子其振动自由度为 $3N-5$，非线型分子其振动自由度为 $3N-6$。每种振动形式都有它特定的振动频率，也即有相对应的红外吸收峰，因此分子振动自由度数目越大，则在红外吸收光谱中出现的峰的数目也就越多。

8.2　红外光谱仪

测绘物质红外光谱的仪器是红外光谱仪，也叫红外分光光度计。早期的红外光谱仪是用棱镜作色散元件的，到了 20 世纪 60 年代，由于光栅刻划和复制技术以及多级次光谱重叠干扰的滤光片技术的解决，出现了用光栅代替棱镜作色散元件的第二代色散型红外光谱仪。到 70 年代时，随着电子计算机技术的飞速发展，又出现了性能更好的第三代红外光谱仪，即基于光的相干性原理而设计的干涉型傅里叶变换红外光谱仪。近十几年来，由于激光技术的发展，采用激光器代替单色器，已研制成了第四代红外光谱仪——激光红外光谱仪。

基于目前我国广泛使用的是第三代红外光谱仪，这里主要介绍干涉型红外光谱仪（图 8-4）。目前几乎所有的红外光谱仪都是傅里叶变换型的，其基本结构如图 8-5 所示。光谱仪主要由光源（硅碳棒、高压汞灯）、迈克尔逊（Michelson）干涉仪、检测器和记录仪组成。如图 8-5 所示，光源发出的光被分束器分为两束，一束经反射到达动镜，另一束经透射到达定镜。两束光分别经定镜和动镜反射再回到分束器。动镜以一恒定速度 v_m 做直线运动，因而经分束器分束后的两束光形成光程差 δ，产生干涉。干涉光在分束器会合后通过样品池，然后被检测。

8.2.1　傅里叶变换红外光谱仪的基本原理

傅里叶变换红外光谱仪的核心部分是迈克尔逊干涉仪，如图 8-6 所示。动镜通过移动产生光程差，由于 v_m 一定，光程差与时间有关。光程差产生干涉信号，得到干涉图。光程差 $\delta=2d$，d 代表动镜移动离开原点的距离与定镜与原点的距离之差。由于是一来一回，应乘以 2。若 $\delta=0$，即动镜离开原点的距离与定镜与原点的距离相同，则无相位差，是相长干涉；若 $d=\lambda/4$，$\delta=\lambda/2$ 时，位相差为 $\lambda/2$，正好相反，是相消干涉；$d=\lambda/2$，$\delta=\lambda$ 时，又为相长干涉。总之，动镜移动距离是 $\lambda/4$ 的奇数倍，则为相消干涉，是 $\lambda/4$ 的偶数倍，则是相长干涉。因此动镜移动产生可以预测的周期性信号。

干涉光的信号强度的变化可用余弦函数表示：

$$I(\delta)=B(\nu)\cos(2\pi\nu\delta) \tag{8-11}$$

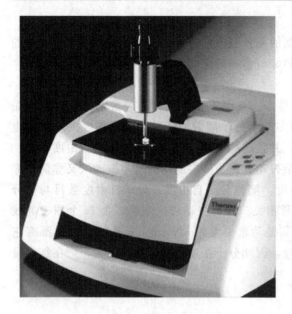

图 8-4　傅里叶变换红外光谱仪

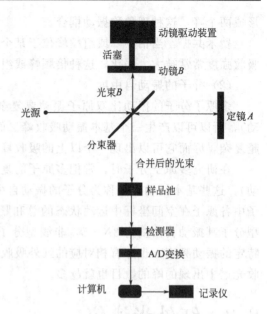

图 8-5　傅里叶变换红外光谱仪构成示意

式中，$I(\delta)$ 为干涉光强度，I 为光程差 δ 的函数；$B(\nu)$ 为入射光强度，B 为频率 ν 的函数。干涉光的变化频率 f_v 与两个因素即光源频率和动镜移动速度 υ 有关，即

$$f_v = 2\nu\upsilon \qquad (8\text{-}12)$$

当光源发出的是多色光，干涉光强度应是各单色光的叠加，如图 8-7 所示，可用下式的积分形式来表示，即：

$$I(\delta) = \int_{-\infty}^{\infty} B(\nu)\cos(2\pi\nu\delta)\mathrm{d}\nu \qquad (8\text{-}13)$$

把样品放在检测器前，由于样品

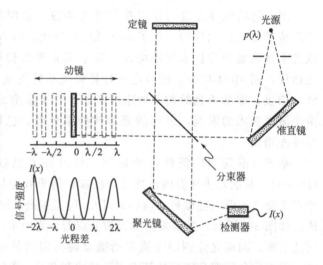

图 8-6　迈克尔逊干涉示意

对某些频率的红外光产生吸收，使检测器接收到的干涉光强度发生变化，从而得到各种不同样品的干涉图。这种干涉图是光强随动镜移动距离的变化曲线，借助傅里叶变换函数，将式 (8-13) 转换成下式，可得到光强随频率变化的频域图。这一过程由计算机完成。

$$B(\nu) = \int_{-\infty}^{\infty} I(\delta)\cos(2\pi\nu\delta)\mathrm{d}\delta \qquad (8\text{-}14)$$

用傅里叶变换红外光谱仪测量样品的红外光谱包括以下几个步骤：

① 分别收集背景（无样品时）的干涉图及样品的干涉图；

② 分别通过傅里叶变换将上述干涉图转化为单光束红外光谱；

③ 将样品的单光束光谱除以背景的单光束光谱，得到样品的透射光谱或吸收光谱。图 8-8 为实际测试过程中几个中间步骤的干涉图及光谱图。

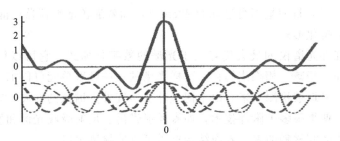

图 8-7 光源为多色光时干涉光信号强度的变化

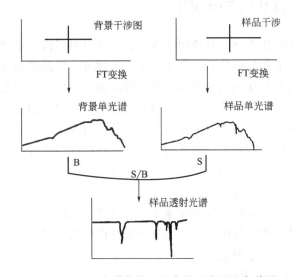

图 8-8 FTIR 光谱获得过程中的干涉图及光谱图

8.2.2 傅里叶红外光谱法的主要优点

（1）信号的"多路传输"

普通色散型的红外分光光度计由于带有狭缝装置，在扫描过程的每个瞬间只能测量光源中一小部分波长的辐射。在色散型分光计以 t 时间检测一个光谱分辨单元的同时，干涉型仪器可以同时检测出全部 M 个光谱分辨单元，这样有利于光谱的快速测定。而且，在相同的测量时间 t 里，干涉型仪器对每个被测频率单元，可重复测量 M 次，测得的信号经平均处理而降低噪声。这样就可以大大有利于提高信噪比，其信噪比可提高 $M^{1/2}$ 倍。

（2）辐射通量大

常规的分光计由于受到狭缝的限制，能达到检测器上的辐射能量很少，光能的利用率极低。傅里叶变换光谱仪没有狭缝的限制，因此在同样分辨率的情况下，其辐射通量要比色散型仪器大得多，从而使检测器所收到的信号和信噪比增大，有很高的灵敏度，有利于微量样品的测定。

（3）波数精确度高

因为动镜的位置及光程差可用激光的干涉条纹准确地测定，从而使计算的光谱波数精确度可达 $0.01\mathrm{cm}^{-1}$。

（4）高的分辨能力

傅里叶变换红外光谱仪的分辨能力主要取决于仪器能达到的最大光程差，在整个光谱范

围内能达到 $0.1\mathrm{cm}^{-1}$，目前最高可达 $0.0023\mathrm{cm}^{-1}$，而普通色散型仪器仅能达到 $0.5\mathrm{cm}^{-1}$。

（5）光谱的数据化形式

傅里叶变换红外光谱仪的最大优点在于光谱的数字化形式，它可以用微型电脑进行处理。光谱可以相加、相减、相除或储存。这样光谱的每一频率单元可以加以比较，光谱间的微小差别可以很容易地被检测出来。由于傅里叶变换红外光谱仪的发展，减少了实验技术及数据处理的困难，使得很多种附件技术，如漫反射光谱、反射吸收光谱和发射光谱等都得到了显著的发展，为研究材料的表、界面结构提供了重要检测手段。

8.3　红外光谱的样品制备

红外光谱分析技术的优点之一是应用范围广、几乎可对任何物质测出红外光谱，但是要得到高质量的谱图，除需要好的仪器、合适的操作条件外，样品的制备技术也很重要。红外吸收谱带的位置、强度和形状随测定时样品的物理状态及制样方法而变化，例如同一种样品的气态红外谱图与液态、固态的不同；同一种固态样品，颗粒大小不同会有不同谱形。同一张谱图中各吸收峰的强度可能相差很悬殊，为了清楚地研究一个样品中的弱吸收谱带及强吸收谱带，需要在几个不同厚度或不同浓度的条件下对样品进行测量。各种不同的样品有不同的处理技术，一种样品往往有几种制样方法可供选择，因此需要根据具体情况如样品状态、分析目的等选择具体的样品制备方法。

制样技术需要使所制得的样品分布在整个光束通过的截面积上，如果在测定样品时，某些光束通过处没有样品，则应设法遮住这部分未通过样品的光以免使谱图畸变；样品的厚度与浓度要均匀。这些对于定量测定尤其重要。

8.3.1　红外光谱法对试样的要求

红外光谱的试样可以是液体、固体或气体，一般应要求：

① 试样应该是单一组分的纯物质，纯度应＞98％或符合商业规格，才便于与纯物质的标准光谱进行对照。

② 试样中不应含有游离水。水本身有红外吸收，会严重干扰样品谱，而且会侵蚀吸收池的盐窗。

③ 试样的浓度和测试厚度应选择适当，以使光谱图中的大多数吸收峰的透射比处于10％～80％范围内。

8.3.2　制样的方法

8.3.2.1　固体样品的制备技术

现在制备固体样品常用的方法有粉末法、糊状法、压片法、薄膜法、热裂解法等多种技术，尤其前面三种用得最多，现分别介绍如下。

（1）粉末法

这种方法是把固体样品研磨至 $2\mu\mathrm{m}$ 左右的细粉，悬浮在易挥发的液体中，移至盐窗上，待溶剂挥发后即形成一均匀薄层。

当红外线照射在样品上时，粉末粒子会产生散射，较大的颗粒会使入射光发生反射，这种杂乱无章的反射降低了样品光束到达检测器上的能量，使谱图的基线抬高。散射现象在短波长区表现尤为严重，有时甚至可以使该区无吸收谱带出现。所以为了减少散射现象，就必须把样品研磨至直径小于入射光的波长，即必须磨至直径在 $2\mu\mathrm{m}$ 以下（因为中红外光波波

长是从 $2\mu m$ 起始）。即使如此也还不能完全避免散射现象。

（2）悬浮法（糊状法）

颗粒直径小于 $2\mu m$ 的粉末悬浮在吸收很低的糊剂中。石蜡油，一种精制过的长链烷烃，不含芳烃、烯烃和其他杂质，黏度大、折射率高，它本身的红外谱带较简单，只有四个吸收光谱带，即 $3000\sim2850cm^{-1}$ 的饱和 C—H 伸缩振动吸收，$1468cm^{-1}$ 和 $1379cm^{-1}$ C—H 弯曲振动吸收以及 $720cm^{-1}$ 处的 CH_2 平面摇摆振动弱吸收。假如被测定物含饱和 C—H 键，则不宜用液体石蜡作悬浮液，可以改用六氟二烯代替石蜡作糊剂。

对于大多数固体试样，都可以使用糊状法来测定它们的红外光谱，如果样品在研磨过程中发生分解，则不宜用糊状法。糊状法不能用来作定量的工作，因为液体槽的厚度难以掌握。光的散射也不易控制。有时为了避免样品的分解，在研磨时就加入液体石蜡等悬浮剂。

（3）卤化物压片法

压片法也叫碱金属卤化物锭剂法。由于碱金属卤化物（如 KCl、KBr、KI 以及 CsI 等）加压后变成可塑物，并在中红外区完全透明，因而被广泛用于固体样品的制备。一般将固体样品 $1\sim3.8mg$ 放在玛瑙研钵中，加 $100\sim300mg$ 的 KBr 或 KCl，混合研磨均匀，使其粒度达到 $2.5\mu m$ 以下。将磨好的混合物小心倒入压模中，加压 15MPa 1min 左右，就可得到厚约 0.8mm 的透明薄片。

压片法的优点是：①没有溶剂和糊剂的干扰，能一次完整地获得样品的红外吸收光谱。②可以通过减小样品的粒度来减少杂散光，从而获得尖锐的吸收带。③只要样品能变成细粉，并且加压下不发生结构变化，都可用压片法进行测试。④由于薄片的厚度和样品的浓度可以精确控制，因而可用于定量分析。⑤压成的薄片便于保存。

值得注意的是：压片法对样品中的水分要求严格，因为，样品含水不仅影响薄片的透明度，而且影响对化合物的判定。因此，要尽量采用加热、冷冻或其他有效方法除水。样品粉末的粒度对吸光度有影响，粒度越小，吸光度越大。因此，特别是做定量分析时，要求样品粉末有均一的分散性和尽可能小的粒度。有时，在压片过程中会发生卤化物与样品的离子交换、脱水、多晶转变及部分分解等物理化学变化，使谱图面貌出现差异。

（4）薄膜法

薄膜法是红外光谱实验技术中常用的另一种固体制样方法，根据样品的物理性质，而有不同的制备薄膜的方法。

① 剥离薄片　有些矿物如云母类是以薄层状存在的，小心剥离出厚度适当的薄片（10~150μm），即可直接用于红外光谱的测绘。有机高分子材料常常制成薄膜，作红外光谱测定时只需直接取用。

② 熔融法　对于一些熔点较低，熔融时不发生分解、升华和其他化学、物理变化的物质，例如低熔点的蜡、沥青等，只需把少许样品放在盐窗上，用电炉或红外灯加热样品，待其熔化后直接压制成薄膜。

③ 溶液法　这一方法的实质是将样品悬浮在沸点低、对样品的溶解度大的溶剂中，使样品完全溶解，但不与样品发生化学变化，将溶液滴在盐片上，在室温下待溶液挥发，再用红外灯烘烤，以除去残留溶剂，这时就得到了薄膜，常用的溶剂有苯、丙酮、甲乙酮、N,N-二甲基甲酸胺等。

④ 沉淀薄片法　称取几毫克的样品用酒精或异丙醇，充分研磨，再稀释到所需浓度后，吸一滴悬浮液到窗片上，继续搅动成为较稠厚的液体，当溶剂蒸发、干燥后得到厚度相当均

匀的薄膜。

8.3.2.2　气体样品

气态样品可在玻璃气槽内进行测定，它的两端粘有红外透光的 NaCl 或 KBr 窗片。先将气槽抽真空，再将试样注入，如图 8-9 所示。

8.3.2.3　液体和溶液试样

（1）液体池法

沸点较低，挥发性较大的试样，可注入封闭液体池中，液层厚度一般为 0.01～1mm，如图 8-10 所示。

（2）液膜法

沸点较高的试样，直接滴在两片盐片之间，形成液膜。

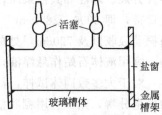

图 8-9　气态样品的制备装置

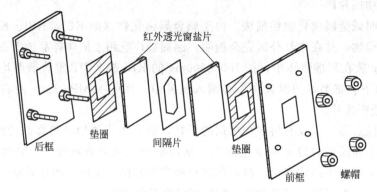

图 8-10　液态样品的制备装置

8.4　红外光谱数据处理

傅里叶变换红外光谱的测试是一件非常容易的事情，将制备好的样品插入样品仓中的样品架上，采集样品的单光束光谱，取出样品，采集背景的单光束光谱，就能得到一张傅里叶变换红外光谱。但是，要得到一张高质量的红外光谱并不是一件容易的事情。测试方法的选择、样品的用量、样品的制样技术、测试时分辨率的选择、扫描次数的确定、其他测试参数的确定等因素都会影响光谱的质量。

测试得到的红外光谱通常都需要进行数据处理。在对光谱进行数据处理之前，应将测得的光谱保存在计算机的硬盘中，因为这是光谱的原始数据。对光谱进行数据处理得到的光谱，应重新命名保存。如果数据处理不得当，可以将原始数据调出来重新处理，也可能采用不同的数据处理技术对原始数据进行处理。因此，保存光谱的原始数据是一件非常重要的事情。

基本的红外光谱数据处理软件应包含在红外软件包中，但特殊的红外光谱数据处理软件需要单独购买。各个仪器公司编写的红外光谱数据处理软件使用方法可能不同，但基本原理是相同的。

8.4.1　红外光谱的表示方法

傅里叶变换红外光谱是将干涉仪动镜扫描时采集的数据点进行傅里叶变换得到的。光谱图是由数据点连线组成的。每一个数据点由两个数组成，对应于 x 轴（横坐标）和 y 轴（纵坐标）。对于同一个数据点，x 值和 y 值决定于光谱图的表示方式，即决定于横坐标和纵坐标的单位。坐标的单位不同，这两个数的数值是不相同的。所以，在采用数据之前，需要设定光谱的纵坐标单位。在采集数据之前，如果选定了光谱图的最终输出格式，在采集完样品和背景光谱之后，经过计算机计算，就能马上按照设定的最终格式输出光谱。得到的光谱还可以根据需要进行坐标变换，得到其他格式的光谱。

（1）透射光谱纵坐标的变换

如果采用透射法测定样品的透射光谱，光谱图的纵坐标只有两种表示方法，即透射率 T（transmittance）和吸光度 A（absorbance）。

透射率 T 是红外光透过样品的光强 I 和红外光透过背景（通常是空光路）的光强 I_0 的比值，通常采用百分数（%）表示：

$$T = \frac{I}{I_0} \times 100\% \tag{8-15}$$

吸光度 A 是透射率 T 倒数的对数：

$$A = \lg \frac{1}{T} \tag{8-16}$$

透射率光谱和吸光度光谱之间可以相互转换。在计算机应用于红外光谱仪之前，仪器输出的光谱图为透射率光谱。由于没有计算机，不能将透射率光谱转换成吸光度光谱，所以在 20 世纪 60～70 年代以前发表的红外光谱文章中，红外光谱图纵坐标只能以透射率表示。

透射率光谱虽然能直观地看出样品对红外光的吸收情况，但是透射率光谱的透射率与样品的质量不成正比关系，即透射率光谱不能用于红外光谱的定量分析。而吸光度光谱的吸光度值 A 在一定范围内与样品的厚度和样品的浓度成正比关系，所以现在的红外光谱图大都以吸光度光谱表示。

（2）反射-吸收光谱的坐标变换

如果采用反射法测定样品的反射-吸收光谱，如用红外显微镜的反射模式测试样品的反射光谱，用镜反射附件或掠角反射附件测试样品的反射光谱，得到的光谱图纵坐标应该以反射率 R（%）表示，如图 8-11 所示。

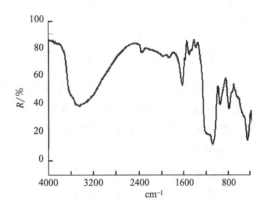

图 8-11　反射-吸收红外光谱

从图 8-11 可以看出，当光谱图纵坐标以反射率 R（%）表示时，光谱的形状和透射光谱用透射率（%）表示时相似，吸收峰的方向朝下。

测定样品的反射-吸收光谱时，应该用镀金的镜面作为背景。检测器检测到背景的光强为 I_0，检测器检测从样品反射出来的反射光光强为 I。反射率 R（%）定义为：

$$R = \frac{I}{I_0} \times 100\% \tag{8-17}$$

式（8-17）表示的是反射率，式（8-15）表示的是透射率，这两个式子很相似。

采用反射法得到的反射率光谱可以转换成吸光度光谱，如图 8-12 所示，而且二者之间可以相互转换。虽然反射率光谱可以转换成吸光度光谱，但这种吸光度光谱与采用透射法测得的吸光度光谱不同，前者吸收峰的吸光度值与样品的质量不成正比关系，而后者则成正比关系。这是因为检测器检测从样品反射出来的反射光中包含一部分未与样品发生作用的镜面反射光。

反射-吸收光谱的纵坐标除用反射率 $R(\%)$ 表示外，还可以用 $\lg(1/R)$ 表示。这种表示法所显示的光谱，实际上是将反射率光谱直接转换成吸光度光谱。所以用 $\lg(1/R)$ 表示的光谱和将反射率光谱转换成吸光度光谱是完全相同的。

（3）漫反射光谱的坐标变换

如果采用漫反射红外附件测试样品的漫反射光谱，得到的光谱图纵坐标应该以 Kubelka-Munk 表示，如图 8-13 所示。当纵坐标以 Kubelka-Munk 表示时，光谱峰强度与样品的浓度成正比关系，因此，可用于光谱的定量分析。

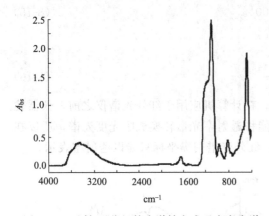

图 8-12　反射-吸收红外光谱转变成吸光度光谱　　　　图 8-13　漫反射红外光谱图

纵坐标以 Kubelka-Munk 表示的漫反射光谱可以转变成吸光度光谱，如图 8-14 所示。但转化后的吸光度光谱吸收峰的吸光度值与样品的浓度不成正比关系，这是因为漫反射光中包含一部分未与样品发生作用的镜面反射光。

8.4.2　光谱差减

光谱差减在数学上是将两个光谱相减，相减得到的光谱叫做差谱，或差减光谱，或差示光谱。光谱差减有两种方法，一种是背景扣除法，另一种是吸光度光谱差减法。

（1）背景扣除法

傅里叶变换红外光谱仪基本上都采用单光路系统。测试光谱时，既要采集样品的单光束光谱，也要采集背景的单光束光谱。从样品的单光束光谱中扣除背景的单光束光谱，就可以得到样品的光谱。

在测试透射红外光谱时，如果用空光路采集背景单光束光谱，这时扣除的背景单光束光谱主要是扣除光路中的二氧化碳和水汽的吸收，同时也扣除了仪器各种因素的影响。

如果在采集样品单光束光谱和采集背景单光束光谱时，在光路中分别放入不同的样品，得到的光谱就是差减光谱。这就是背景扣除法得到的差减光谱。

例如，采用溴化钾压片法测定光谱时，在背景光路中插入一个用纯溴化钾在相同条件下压制的锭片，以消除因溴化钾研磨压片引起的影响，如图 8-15 所示。因为压制好的纯溴化钾锭片，放置时间过长会吸附空气中的水汽，而且时间不同，空气的湿度也不相同，不同时间研磨的溴化钾，吸附水汽的程度也不相同，所以采用这种背景扣除法测试光谱，每次都要在相同条件下压制一个纯溴化钾锭片。

在测试溶液的光谱时，在背景光路中插入装有溶剂的液体，以扣除溶剂的光谱，直接测得溶质的光谱。采用这种背景扣除法往往难以奏效。这是因为很难控制溶剂的厚度。要彻底消除溶剂光谱的影响，溶剂的厚度必须精确到纳米级。这是不可能实现的。

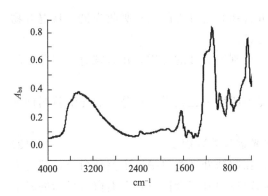

图 8-14　漫反射红外光谱转变成吸光度光谱

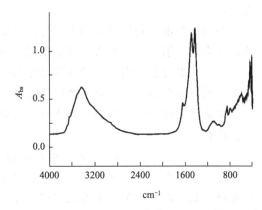

图 8-15　用纯溴化钾锭片作背景测得的样品光谱

总之，采用背景扣除法得到样品的差谱，在某些情况下是可以实现的。但是，有时扣除得不是很好，因而出现了吸光度光谱差减法。

（2）吸光度光谱差减法

傅里叶变换红外光谱是数字化的光谱。在吸光度光谱坐标中，每一个数据点都由 x 值（波数 $\bar{\nu}$）和 y 值（吸光度 A）组成。

如果两张光谱的分辨率相同，在相同的光谱区间内，不但这两张光谱的数据点总数相同，而且所有的 x 值都一一对应。所不同的是两张光谱的 y 值不相同。图 8-16 中的光谱 A 和光谱 B 是分辨率为 8cm^{-1} 的两张光谱扩展后的数据点分布情况。光谱线上的小圆点所在位置是光谱数据点的位置。当两张分辨率相同的吸光度光谱相减时，实际上是从一张光谱中所有数据点中的 y 值减去另一张光谱中对应数据点的 y 值。

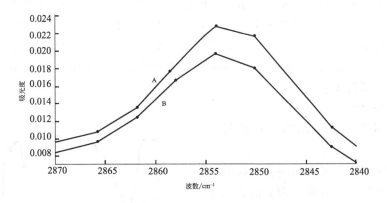

图 8-16　分辨率为 8cm^{-1} 的两张光谱扩展后的数据点分布情况

如果光谱 A 和光谱 B 的分辨率不相同，假如光谱 A 的分辨率为 4cm^{-1}，光谱 B 的分辨率为 8cm^{-1}，这两张光谱也可以相互差减。不管是光谱 A 减光谱 B，还是光谱 B 减光谱 A，得到的差谱分辨率都是 8cm^{-1}。

红外光谱的吸光度具有加和性。在混合物光谱中，某一波数 ν 处的总吸光度 $A_{总}(\nu)$ 是该混合物中各组分在波数 ν 吸光度的总和。即：

$$A_总(\nu)=A_1(\nu)+A_2(\nu)+A_3(\nu)+\cdots \tag{8-18}$$

式中，$A_1(\nu)$、$A_2(\nu)$、$A_3(\nu)\cdots$分别表示混合物中组分1、组分2、组分3$\cdots$在波数 ν 处的吸光度。

如果一个混合物只包含两个组分，分别测定混合物和组分1的红外吸收光谱，从混合物的光谱中减去组分1的光谱，就能得到组分2的光谱。

由于在混合物中组分1的含量是未知的，为了得到组分2的光谱，在差减时，组分1的光谱要乘以一个系数，这个系数叫做差减因子。

如果将混合物光谱叫做样品光谱，组分1的光谱叫做参比光谱，组分2的光谱就叫做差谱。那么

$$差谱＝样品光谱－参比光谱×差减因子 \tag{8-19}$$

在红外光谱窗口中选定样品光谱和参比光谱，在数据处理菜单中选定差减命令，即可进行光谱差减。此时出现光谱差减窗口，在光谱差减窗口中有三个窗口，上面窗口显示的光谱是样品光谱，中间窗口显示的是参比光谱，下面窗口显示的是差谱。

在进行光谱差减时，要人为地调节差减因子。差减因子可以连续调节。差减因子变化时，下面窗口的差谱也跟着变化。从式(8-19)可以看出，差减因子不同，得到的差谱是不相同的。因此，进行差谱操作时，要得到正确的差谱，关键是要调节好差减因子。

在进行光谱差减时，要在参比光谱中找出一个参考峰。调节差减因子，将这个参考峰全部减掉，即将这个参考峰减到基线为止。

找参考峰的原则是：参考峰的吸光度不能太强，但也不能太弱，参考峰的强度应该中等；在参考峰的波数范围内没有其他峰的干扰。

利用红外光谱技术对未知物进行剖析时，先要测定未知物的红外光谱。对未知物的红外光谱进行谱库检索，找出其中一种组分的光谱，从未知物的光谱中减去这一组分的光谱，对得到的差谱再进行谱库检索，就有可能知道另一种组分，以此类推。

吸光度光谱差减法是红外光谱数据处理技术中经常使用的一种方法。因此，对于红外光谱分析测试工作者来说，必须通过实践熟练掌握这种数据处理技术。在日常的分析测试工作中，需要采用光谱差减法处理测试得到的光谱，如从溴化钾压片法测得的样品光谱中减去纯溴化钾锭片的光谱；从接受光路中水汽影响的光谱中减去水汽的光谱，采取这些措施是为了提高所提供的光谱的质量。

8.4.3 光谱归一化

光谱归一化是将光谱的纵坐标进行归一化。

对于透射率光谱，光谱归一化是将测试得到的光谱或经过其他数据处理后的光谱中的最大吸收峰的透射率变成10%，将基线变为100%。图8-17是实际测得的透射率光谱，图8-18是归一化后的透射率光谱。

对于吸光度光谱，光谱归一化是将光谱中最大吸收峰的吸光度归一化为1，将光谱的基线归一化为0。图8-19是实际测得的吸

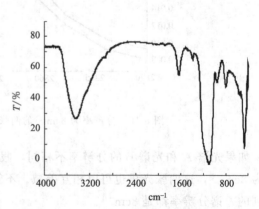

图8-17 实际测得的透射率光谱

光度光谱，图 8-20 是归一化得到的吸光度光谱。

将经过归一化处理的吸光度光谱转换成透射率光谱后，光谱中所有吸收峰的透射率全部都落在 10%～100% 之间。同样，将经过归一化处理的透射率光谱转换成吸光度光谱后，光谱中所有吸收峰的吸光度都落在 0～1 之间。

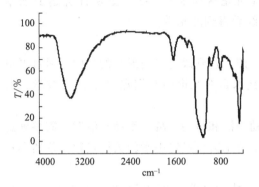

图 8-18　归一化后的透射率光谱

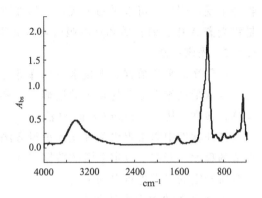

图 8-19　实际测得的吸光度光谱

归一化的光谱是标准光谱。商业红外光谱谱库中的光谱基本上都是归一化的光谱。实验室在建立红外光谱谱库时，也应该将测试得到的光谱在进行其他光谱数据处理后进行归一化，然后再将光谱存入所建的谱库中。

由于归一化光谱是标准光谱，所以给用户提供的测试光谱最好归一化。不过，归一化的光谱不能反映测试光谱时样品的用量或样品的浓度。因此，对于吸光度非常强的光谱或吸光度非常弱的光谱，为了保留样品原来的信息，最好不要对光谱进行归一化。

8.4.4　生成直线

生成直线是使光谱中某一光谱区间内所有吸收峰都消失而生成一条直线。这是一种很简单的数据处理方法，但却是很有用的一种数据处理技术。

在测试光谱时，如果采集样品单光束光谱的时间与采集背景单光束光谱的时间相隔太长，在测得的样品光谱中会出现明显的二氧化碳和水汽的吸收峰。在使用红外附件测试光谱，如使用红外显微镜附件测试显微红外光谱时，由于外光路是开放的，易受空气中二氧化碳和水汽的影响，使测得的光谱出现二氧化碳和水汽的吸收峰。为了提高光谱的质量，需要从光谱中将二氧化碳和水汽的吸收峰去除掉。

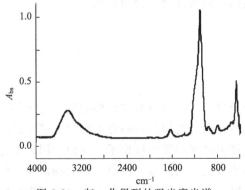

图 8-20　归一化得到的吸光度光谱

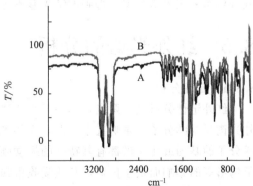

图 8-21　出现二氧化碳和水汽谱带的光谱 A 及将二氧化碳和水汽吸收峰区间生成直线后的光谱 B

从光谱中去掉水汽吸收峰可以采用光谱差减技术，即从样品光谱中减去水汽的光谱。但是，如果水汽吸收峰比较强，很难将所有的水汽吸收峰彻底扣除掉，这时可以采用生成直线数据处理技术，将水汽吸收峰逐个去除掉。

在二氧化碳反对称伸缩振动吸收峰出现的区间（2400～2300cm^{-1}），通常不会有其他吸收峰出现，因此，可以采用生成直线的办法将这个光谱区间生成直线。图 8-21 光谱 B 所示是将光谱 A 中二氧化碳和水汽吸收峰区间生成直线后得到的光谱。

8.4.5　光谱平滑

利用光谱平滑数据处理技术可以降低光谱的噪声，达到改善光谱形状的目的。通过平滑可以看清楚被噪声掩盖的真正的谱峰。光谱平滑技术是对光谱中数据点 Y 值进行数学平均计算，通常采用 Savitsky-Golay 算法。

红外软件中通常提供两种光谱平滑方法：手动平滑和自动平滑。手动平滑时，需要确定平滑的程度，即需要设定平滑的数据点数。自动平滑不需要设定平滑的数据点数，仪器会自动对所选定的光谱进行自动平滑。

手动平滑的数据点数可以从 5～25 之间的奇数中选择，即可选的点数为 5，7，9，11，…，25。有的红外仪器公司提供的红外软件中，手动平滑的数据点数可以从 3～99 之间的奇数中选择。平滑的点数越高，光谱越平滑。当选 5 点平滑时，取相连 5 个数据点的 Y 值进行平均，平均值就是中间数据点的 Y 值。显然，取的数据点数越多，光谱的范围越大，相连的平均值越接近，光谱也就越平滑。

光谱平滑通常从最少的点数开始。对 4cm^{-1} 或 8cm^{-1} 分辨率的光谱平滑，可以先从 5 点或 7 点开始平滑，将平滑前和平滑后两张光谱进行比较，主要观察肩峰的形状，如果肩峰没有消失，光谱的表观分辨率没有明显下降，就可以继续增加平滑的点数，直到信噪比达到要求为止。

采用光谱平滑数据处理技术对光谱进行平滑后，光谱噪声降低的同时，光谱的分辨能力也降低了。平滑的数据点数越高，所得光谱的宏观分辨率越低。当平滑的点数达到一定程度时，光谱的有些肩峰会消失。随着光谱平滑点数的增加，吸收峰变得越来越宽。

平滑是对已采集的光谱信噪比达不到要求而采取的一种数据处理技术，是一种补救的办法。实际上，在采集光谱数据时，如果发现光谱的信噪比达不到要求，可以采用降低分辨率的办法，以提高光谱的信噪比。这样得到的光谱就不需要进行平滑了。平滑虽然没有降低光谱的"真正"分辨率，但是光谱的"表观"分辨率已经降低了。所以，对光谱进行平滑和降低分辨率采集光谱数据，得到的结果基本上是等同的，后者比前者会更好些。

8.5　红外光谱的分析

8.5.1　定性分析

红外定性分析基于两点：其一是组成物质的分子都有其各自特有的红外光谱，分子的红外光谱受周围分子的影响甚小，混合物的光谱是其各自组分光谱的简单算术加和；其二是组成分子的基团或化学键都有其特征的振动频率，特征振动频率受邻接原子（或原子团）和分子构形等的影响而发生位移，甚或吸收带强度和形状改变。利用以上两点，便可确定样品中所含基团或化学键的类型及其周围的环境，亦即是确定分子中原子的排布方式，进而推断物质结构。红外光谱定性分析具有特征性高，不受样品的相态、熔点、沸点和蒸气压等的限制，所得样品量少，分析时间短，非破坏性分析等特点，因而被广泛用于物质的基团或化学键的定性和结构分析上。

(1) 分析谱带的特征

对已得到的质量较好的谱图，首先分析所有的谱带数目，各谱带的位置和相对强度。不必如鉴定有机化合物那样把谱带划分成若干个区，因为无机物阴离子团的振动绝大多数在 $1500cm^{-1}$ 以下。但是要注意高频率振动区是否有 OH^- 或 H_2O 的存在，以确定矿物是否含水（但是要注意吸附水）。然后再依次确定每一个谱带的位置及相对强度。最先应注意最强的吸收谱带的位置，而后可以用以下方法中任一种来进行分析。

(2) 对已知物的验证

为合成某种矿物，需知它的合成纯度时，可以取另一标准矿物分别做红外光谱加以比较或借助于已有的标准红外谱图或资料卡查对。假如除了已有的谱带外，还存在其他的谱带，则表明其中尚有杂质，或未反应完全的原料化合物或反应的中间物。这时还可以进一步把标准物放在参比光路中，与待分析试样同时测定，就得到了其他物质的光谱图，可以确定杂质属于何种物质。

(3) 未知矿物的分析

如果待测矿物完全属未知情况，则在做红外光谱分析以前，应对样品做必要的准备工作和对其性能的了解。例如对矿物的外观、晶态或非晶态；矿物的化学成分（这一点很重要，因为从化学成分可以得知待测矿物主要属于硅酸盐、铝酸盐或其他阴离子盐的化合物，可作为进一步分析的参考依据）；矿物是否含结晶水或其他水（可以用差热分析先进行测定，这对处理样品有指导意义，因为红外测定必须除去吸附水）；矿物是属于纯化合物或混合物或者是否有杂质等。如果矿物是晶态物质，也可以借助于 X 射线作测定。

8.5.2 定量分析

8.5.2.1 定量分析的原理

朗伯-比尔定律是用红外分光光度法进行定量分析的理论基础，是由朗伯定律和比尔定律合并而成的。

根据朗伯吸收定律，在均匀介质中辐射被吸收的分数与入射光的强度无关。如图 8-22 所示，设入射光强度为 I_0，入射光穿过样品槽后强度为 I，样品的厚度为 b，一束平行单色光穿过无限小的吸收层以后，则其强度的减弱量与入射光的强度和样品的厚度成正比，即：

$$-\mathrm{d}I = \mu I \mathrm{d}b \qquad (8\text{-}20)$$

其解为：

$$I = I_0 \mathrm{e}^{-\mu b} \qquad (8\text{-}21)$$

或

$$T = \frac{I}{I_0} = \mathrm{e}^{-\mu b} \qquad (8\text{-}22)$$

或

$$A = \lg\left(\frac{1}{T}\right) = \lg\left(\frac{I}{I_0}\right) = kb \qquad (8\text{-}23)$$

比尔研究了在吸收层厚度固定时吸光度与吸收辐射物质浓度的关系，得到了吸光度与吸收辐射物质的浓度成正比的规律，即：

$$\lg\left(\frac{I_0}{I}\right) = K'C \qquad (8\text{-}24)$$

结合两定律，即得出朗伯-比尔定律：

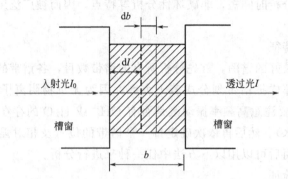

图 8-22 样品的吸收使入射光强度降低

$$A = \lg\left(\frac{I_0}{I}\right) = KCb \tag{8-25}$$

此定律表明，吸光度与吸收物质的浓度及吸收层的厚度成正比。若浓度 C 用 $mol \cdot L^{-1}$ 表示，厚度以 cm 表示，则常数 K 就是摩尔吸光系数，简称吸光系数，单位为 $L \cdot (mol \cdot cm)^{-1}$。

8.5.2.2 定量分析的条件选取和各参量测定

（1）分析波长（或波数）的选择

根据朗伯-比尔定律、考虑最大限度地减小对比尔定律的影响，定量分析选择的分析波长（或波数）应满足以下条件：①所选吸收带必须是样品的特征吸收带。②所选特征吸收带不被溶剂或其他组分的吸收带干扰。③所选特征吸收带有足够高的强度，并且强度对定量组分浓度的变化有足够的灵敏度。④尽量避开水蒸气和二氧化碳的吸收区。

定量分析的精度取决于测定分析谱带透过率的精度。透过率过大或过小，都会造成定量分析精度的下降。计算表明，透过率在 36.8% 时，其相对误差最小。但实际定量分析中，不可能保持透过率 36.8%，而一般将透过率保持在 25%～50% 时，就可以获得比较满意的结果了。

（2）最适透过率的选择

定量分析的精度取决于测定分析谱带透过率的精度。透过率过大或过小，都会造成定量分析精度的下降。计算表明，透过率在 36.8% 时，其相对误差最小。但实际定量分析中，不可能保持透过率 36.8%，而一般将透过率保持在 25%～50% 时，就可以获得比较满意的结果了。

（3）分光计操作条件的选择

红外光谱定量分析要求仪器有足够的分辨率，而分辨率主要取决于狭缝的宽度，狭缝越窄，分辨率越高。此外，定量分析时，要时刻保持分光计的稳定性。选择窄的狭缝，虽然提高了分辨率但入射光能量大大减弱，势必要提高放大器的增益才能进行测量，从而使噪声增大，造成测量稳定性的下降。实际操作中，只能先保证到达检测器上的光有足够的能量，并降低放大器的增益，再在此基础上尽可能减小狭缝宽度。

（4）吸光系数的测定

一般采用工作曲线的方法来求得，也就是把待测物质用同一配剂配成各种不同浓度的样品，然后测定每个不同浓度样品在分析波长处的吸光度。以样品浓度为横坐标，吸光度为纵坐标作图，则可得到一条通过原点的直线。由朗伯-比尔定律可知，该直线的斜率就是待测物质在分析波长处的吸光系数和厚度的乘积 Kb，将该斜率值除以 b 即得到吸光系数 K。

（5）吸光度的测量

测量吸光度的方法主要有顶点强度法和积分强度法。

① 顶点强度法　吸收带的最高位置（吸收带的顶点）进行吸光度的测定，因而有较高的灵敏度。具体测定时又分为带高法和基线法。

带高法依据谱带高度与吸光度成正比的规律，直接量取谱带高度，扣除背景作为吸光度，适合于一些形状比较对称的吸收带的测量。

基线法主要用于测量形状不对称的吸收带的吸光度。先选择测量谱带两侧最大透过率处的两点划切线作为基线，再由谱带顶点作平行于纵坐标的直线，从这条直线的基线到谱带顶点的长度即为吸光度。图 8-23 中示意性地给出了基线的常用画法。

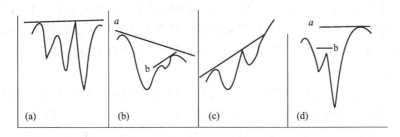

图 8-23　基线的常用画法

② 积分强度法　也叫面积强度法。顶点强度法的一个弱点是不能完全定量地反映化学结构与吸光度的关系。例如，宽的和窄的吸收带吸收的能量是不同的，但用顶点强度法测量时，它们可能具有同样的吸光度值。而积分强度法测量的是某一振动形式所引起吸收的全部强度值，用公式表示如下：

$$B = \frac{1}{bC} \int_{\nu_1}^{\nu_2} \lg(I_0/I)\,\mathrm{d}\nu$$

积分强度可用求积仪求吸收带的面积来表示，也可用剪下吸收带面积的记录纸称其质量的方法来表示，但要求记录纸的质量必须均匀。积分强度法虽可克服顶点强度法的缺点，但比较复杂，因而实际使用也少。

8.5.2.3　定量分析的方法

（1）标准法

标准法首先测定样品中所有成分的标准物质的红外光谱，由各物质的标准红外光谱选择每一成分与其他成分吸收带不重叠的特征吸收带作为定量分析谱带，在定量吸收带处，用已知浓度的标准样品和未知样品比较其吸光度进行测量。采用标准法进行红外定量分析，绝大多数是在溶液的情况下进行的。

利用一系列已知浓度的标准样品，测定各自分析谱带处的吸光度，而后，以浓度为横坐标和对应的吸光度为纵坐标作图就可获得组分浓度和吸光度之间的关系曲线，即工作曲线。由于这种方法是直接和标准样品对比测定，因而系统误差对于被测样品和标准样品是相同的。如果没有人为误差，那么该法可以给出定量分析的最精确的结果。同时，该法不需要求出某一定量分析谱带的吸光系数，而只要求出样品在该分析谱带处的吸光度，即可由工作曲线求出该组分的浓度。

（2）吸光度比法

假设有一个两组分的混合物,各组分有互不干扰的定量分析谱带,由于在一次测定中样品的厚度相同,则在同一状态下进行两个波长的吸光度测定时,根据朗伯-比尔定律,其吸光度之比 R 可以写成

$$R=\frac{A_1}{A_2}=\frac{K_1C_1b}{K_2C_2b}=\frac{K_1C_1}{K_2C_2}=K\frac{C_1}{C_2}$$

又因

$$C_1+C_2=1$$

则

$$C_1=\frac{R}{K+R}$$

$$C_2=\frac{K}{K+R}$$

从上式可以看出,只要知道二元组分在定量分析谱带处的吸光系数(利用标准物质或标准物质的混合物求出),就可求出各组分的浓度。这种方法避免了精确测定样品厚度的困难,测试结果的重复性好,比标准法简便一些,因而获得了较普遍的应用。

(3)补偿法

在对混合物样品进行定量分析时,往往由于吸收带重叠的干扰,即使根据吸收带的对称性和吸光度的加和性原则对重叠谱带加以分离处理,有时也难以得到满意的结果。所谓补偿法,就是在参比光路中加入混合物样品的某些组分,与样品光路的强度比较,以抵消混合物样品中某些组分的吸收,使混合物样品中的被测组分有相对孤立的定量分析谱带。其实质就是通过补偿法将多元混合物中的组分减少,以消除或减少吸收带的重叠和干扰,使各组分的分析能够独立地进行。

通常,补偿法更适合溶液或液体混合物的测试,它不仅适合于混合物中主要组分的定量分析,而且也适合于混合物中微量组分的定量分析,可测定混合物中含量在 $0.001\% \sim 1\%$ 的微量组分。

8.6　红外光谱法应用实例

8.6.1　水泥的红外光谱研究

(1)水泥熟料

波特兰水泥熟料主要是无水的钙硅酸盐和铝酸盐矿物,四种主要的熟料矿物是:①阿利特或硅酸三钙(C_3S);②贝利特或硅酸二钙(C_2S);③铝酸三钙(C_3A);④铁相(C_4AF)。这些主晶相的红外光谱特征如图 8-24、表 8-3 所示。

C_3S:在 $800 \sim 1000cm^{-1}$ 范围有宽的吸收带是阿利特的特征。在水泥熟料中,C_3S 的晶格中含有 Na_2O、K_2O 等杂质而使阿利特稳定存在。纯 C_3S 的吸收带比阿利特的尖锐。

C_2S:C_2S 的晶格中含有外来离子时,就成为贝利特而稳定存在。外来离子的存在对贝利特的红外光谱影响较小。

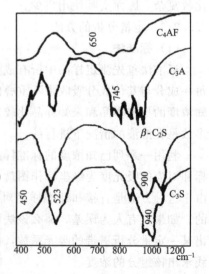

图 8-24　水泥熟料矿物的红外光谱

C_3A：C_3A 具有立方晶系结构，Al 在 C_3A 中的配位数为 4，即以 AlO_4 四面体的形式存在。由于 AlO_4 比 SiO_4 的对称性更低，振动基本没有简并。C_3A 主要的吸收带在 $800cm^{-1}$ 附近。

表 8-3　C_2S 和 C_3S 基团振动

矿物	振动频率/cm^{-1}	吸收强度	振动性质
C_3S	815	强、尖锐	对称伸缩 ν_1
	555	强	面外弯曲 ν_2
	<500	中强	面内弯曲 ν_4
	925	宽带	不对称伸缩 ν_3
C_2S	999～1000	强、尖锐	不对称伸缩
	850～950	强、宽带	对称伸缩
	840 左右	尖锐、中等吸收	弯曲振动

（2）水泥的水化

普通硅酸盐水泥的主要水化产物是水化硅酸钙、氢氧化钙、钙矾石以及单硫酸盐等。图 8-25 是普通波特兰水泥水化过程的红外光谱。波特兰水泥中的硅酸盐、硫酸盐和水的红外光谱吸收带波数的变化反映了它的水化过程。在未水化的波特兰水泥中，可以很容易地鉴别属于 C_3S 的 $925cm^{-1}$ 和 $525cm^{-1}$ 吸收带、属于石膏中的硫酸根离子的 $1120cm^{-1}$ 和 $1145cm^{-1}$ 吸收带以及属于石膏中 H_2O 的 $1623cm^{-1}$、$1688cm^{-1}$、$3410cm^{-1}$ 和 $3555cm^{-1}$ 吸收带。

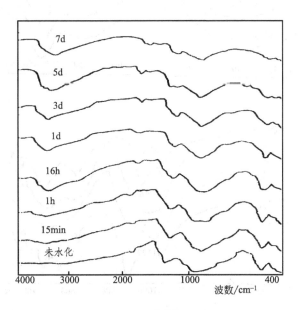

图 8-25　波特兰水泥水化过程的红外光谱（溴化钾压片）

随着水化的进行，谱带发生变化，$1120cm^{-1}$ 谱带的变化表明了钙矾石的逐步形成过程。水化 16h、24h 之后，$925cm^{-1}$ 谱带逐渐向高波数方向位移到 $970cm^{-1}$，表明了 C—S—H 相的形成。而硫酸盐和水在 $1100cm^{-1}$、$1600cm^{-1}$ 和 $3200～3600cm^{-1}$ 附近吸收带波数的类似变化，则反映了水泥浆体中钙矾石向单硫酸盐的转化。

8.6.2　高岭土及其相关矿物

图 8-26(a) 是高岭土及其加热过程中脱水产物的红外光谱，可以看到，脱水引起了红外光谱一系列的变化，所有与水有关的吸收带逐渐消失，而属于 Si—O 键和 Al—O 伸缩振动的 $1000 \sim 1100 cm^{-1}$ 宽谱带则向高波数方向位移，随着加热温度的升高，在 $500 cm^{-1}$ 处出现了宽谱带，并持续向高波数方向位移。1000℃和1200℃的两条红外光谱反映了莫来石从 Ai—Si 尖晶石中逐渐形成的过程。

8.6.3　蛇纹石及其相关矿物

图 8-26(b) 是不同温度下蛇纹石及其脱水产物的红外光谱，Si—O 键的伸缩振动在 $900 \sim 1100 cm^{-1}$ 之间的谱带是分裂的，但当脱水量达到约50%时，这种分裂现象就消失了，加600℃以后，属于 Mg—O—H 振动的相对尖锐的 $300 cm^{-1}$ 和 $430 cm^{-1}$ 谱带逐渐消失，同时，晶格有序程度逐渐降低，在640℃时，镁橄榄石的强谱带开始出现，最后得到了结晶完好的镁橄榄石和顽火辉石的红外光谱。

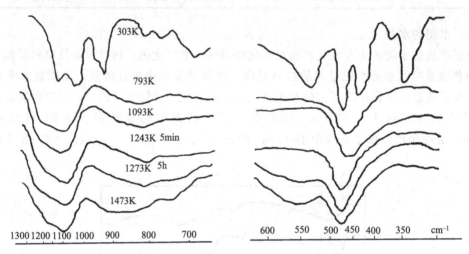

(a) 高岭土

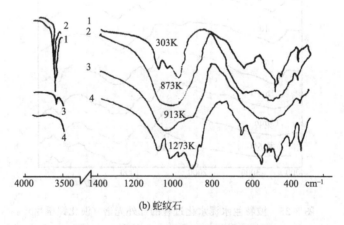

(b) 蛇纹石

图 8-26　高岭土和蛇纹石的红外光谱图

8.6.4　氧化石墨烯

氧化石墨烯是石墨烯的一种重要的派生物，是由氧化还原法制备石墨烯的中间产物，表面带有极性官能团，使其具有亲水性，可以在水中良好的分散，见图 8-27。

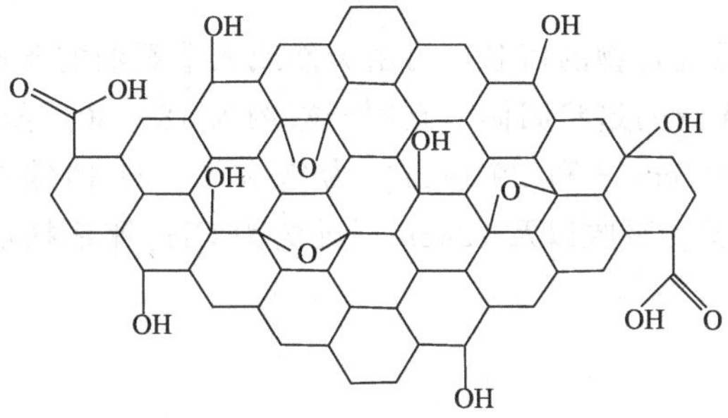

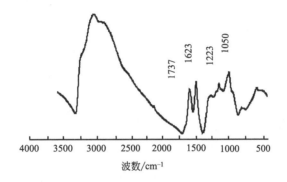

图 8-27 氧化石墨烯示意

图 8-28 是氧化石墨烯的红外光谱图，其中 3400cm^{-1} 附近的两个宽峰是缔合羟基的伸缩振动峰；1737cm^{-1} 的峰为羧基上的 C=O 键的伸缩振动峰；1623cm^{-1} 是 C=C 键的伸缩振动峰；1223cm^{-1} 和 1050cm^{-1} 处的两个峰为环氧基团 C—O—C 的伸缩振动峰。

图 8-28 氧化石墨烯的红外光谱图

8.6.5 聚苯乙烯

聚苯乙烯为一种无色透明的热塑性塑料，是由苯乙烯单体经自由基缩聚反应合成的聚合物，因其具有高于 100℃的玻璃转化温度，所以经常被用来制造各种需要承受开水温度的一次性容器或一次性泡沫饭盒等。图 8-29 是聚苯乙烯的红外光谱图，其中 2926cm^{-1} 为亚甲基的不对称伸缩振动；2850cm^{-1} 为亚甲基的对称伸缩振动峰；1450cm^{-1} 为亚甲基的对称弯曲振动；3000~3100cm^{-1} 为苯环上不饱和碳氢伸缩振动峰；1450~1600cm^{-1} 为苯环骨架振动峰；690~770cm^{-1} 为苯环上不饱和碳氢基团的面外弯曲振动峰。

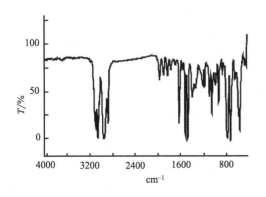

图 8-29 聚苯乙烯的红外光谱图

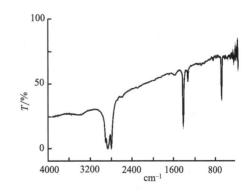

图 8-30 石蜡的红外光谱图

8.6.6　石蜡

石蜡是固态高级烷烃混合物的俗名，可由天然或人造石油的含蜡馏分用冷榨或溶剂脱蜡等方法制得，为白色、无味的蜡状固体，碳原子数约为 18～30。图 8-30 是石蜡的红外光谱图，其中 2849cm^{-1}、2917cm^{-1} 和 2960cm^{-1} 为饱和 C—H 伸缩振动吸收，1468cm^{-1} 和 1380cm^{-1} 为 C—H 弯曲振动吸收以及 724cm^{-1} 处的为 CH$_2$ 平面摇摆振动弱吸收。

第 9 章　X 射线光谱显微分析

9.1　电子探针 X 射线显微分析

电子探针 X 射线显微分析原理最早是由卡斯坦（Castaing）提出的，1949 年他用电子显微镜和 X 射线光谱仪组合成第一台实用的电子探针 X 射线分析仪（简称电子探针），可以对固定点进行微区成分分析。1956 年柯士莱特（Cosslett）和邓卡姆（Dumcumb）吸收扫描电镜技术，解决了观察试样表面元素分布状态的方法，制成扫描式电子探针，不仅能进行固定点的分析，还能对试样表面某一微区进行扫描分析。

电子探针 X 射线显微分析仪（简称电子探针仪，EPA 或 EPMA）是利用一束聚焦到很细且被加速到 $5\sim30\mathrm{keV}$ 的电子束，轰击用显微镜选定的待分析样品上的某个"点"，利用高能电子与固体物质相互作用时所激发出的特征 X 射线波长和强度的不同来确定分析区域中的化学成分。利用电子探针可以方便地分析出从 $^4\mathrm{Be}$ 到 $^{92}\mathrm{U}$ 之间的所有元素。与其他化学分析方法相比，分析手段大为简化，分析时间也大大缩短；其次，利用电子探针进行化学成分分析，所需样品量很少，而且是一种无损分析方法；还有更重要的一点，由于分析时所用的是特征 X 射线，而每种元素常见的特征 X 射线谱线一般不会超过一二十根（光学谱线往往多达几千根，有的甚至高达两万根之多），所以释谱简单且不受元素化合状态的影响。

一般的化学分析方法（包括各种仪器分析方法在内）仅能得到分析试样的平均成分，电子探针 X 射线显微分析（EPMA）是一种显微分析和成分分析相结合的微区分析，它特别适用于分析试样中微小区域的化学成分，因而是研究组织结构和元素分布状态的极为有用的分析方法。常规分析的典型检测相对灵敏度为万分之一，在有些情况下可达十万分之一。检测的绝对灵敏度因元素而异，一般为 $10^{-10}\mathrm{g}$。用这种方法可以方便地进行点、线、面上的元素分析，并获得元素分布的图像。对于原子序数高于 10、浓度高于 10% 的元素，定量分析的相对精度优于 $\pm2\%$。常用的 X 射线谱仪有两种。一种是利用特征 X 射线的波长不同来展谱，实现对不同波长 X 射线分别检测的波长色散研究，简称波谱仪（WDS）。由于波长色散谱仪是通过晶体的衍射来分光（色散）的，因此又称为晶体分光谱仪；另一种是利用特征 X 射线能量不同来展谱的能量色散谱仪，简称能谱仪（EDS）。

9.2　电子探针仪的构造和工作原理

电子探针仪的电子光学系统和 X 射线波谱仪系统的组成示意如图 9-1 所示。电子探针的构造与扫描电子显微镜大体相似，只是增加了接收记录 X 射线的谱仪。样品上被激发出的 X 射线透过样品室上预留的窗口进入谱仪，经弯晶展谱后再由接收记录系统加以接收，并记录下谱线的强度。谱仪可以垂直安装也可以倾斜安装，垂直安装适合于平面样品的分析，倾斜安装适合于分析断口等参差不齐的样品。电子探针仪使用的 X 射线谱仪有波谱仪和能谱仪两类。电子探针利用约 $1\mu\mathrm{m}$ 的细焦电子束，在样品表层微区内激发元素的特征 X 射线，根据特征 X 射线的波长和强度，进行微区化学成分定性或定量分析。电子探针的光学系统、真空系统等部分与扫描电镜基本相同，通常也配有二次电子和背散射电子信号检测器，同时兼有组织形貌和微区成分分析两方面的功能。电子探针的构成除了与扫描电镜结构相似的主机系统以外，还主要包括分光系统、检测系统等部分。

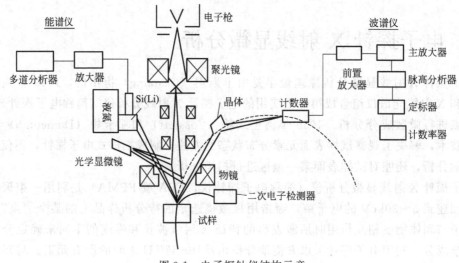

图 9-1　电子探针仪结构示意

9.3　能谱仪

9.3.1　能谱仪结构

能谱仪的主要组成部分如图 9-2 所示，由探测器、前置放大器、脉冲信号处理单元、模数转换器、多道分析器、计算机以及显示记录系统等组成。

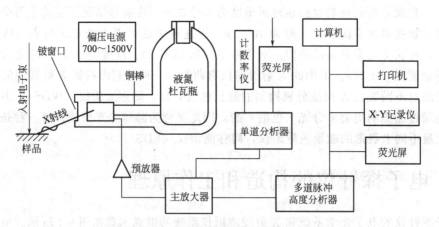

图 9-2　能谱仪的主要组成部分

（1）半导体探测器

能谱仪使用的是锂漂移 Si(Li) 探测器（Li-drifted Si detector），其结构如图 9-3 所示。Si(Li) 是厚度为 3~5mm、直径为 3~10mm 的薄片，它是 p 型 Si 在严格的工艺条件下漂移进 Li 制成的。Si (Li) 可分为三层，中间是活性区（I 区），由于 Li 对 p 型半导体起了补偿作用，是本征型半导体；I 区的前面是一层 0.1μm 的 p 型半导体（Si 失效层），在其外面镀有 20nm 的金膜；I 区后面是一层 n 型 Si 半导体。Si（Li）探测器实际上是一个 p-I-n 型二极管，镀金的 p 型 Si 高压负端，n 型硅接高压正端并和前置放大器的场效应晶体管相连接。Si(Li)探测器处于真空系统内，其前方有一个 $7\sim8\mu m$ 的铍窗，整个探头装在与存有液氮的杜瓦瓶相连的冷指内。它是一个特殊的半导体二极管，有一个厚度约 3mm 的中性区，当 X 射线经过铍窗进入该区会产生

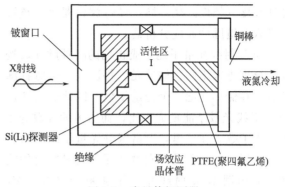

图 9-3　半导体探测器

电子-空穴对，在二极管加反向偏压可收集电子-空穴对的电荷，形成脉冲，其脉冲幅度正比于 X 射线光量子的能量。

在 Si(Li) 中产生一对电子-空穴对所需要的平均能量 ε 等于 3.8eV，这样能量为 E 的 X 射线光量子在 Si 晶体内产生的电子-空穴对的数目为：$n=E/\varepsilon$。电子-空穴对的寿命很短（10^{-8}s），在探测器上加 1kV 的偏压，让载流子迅速以饱和迁移率到达探头的两端，防止它们复合，产生总的电荷为：

$$Q=ne=Ee/\varepsilon$$

式中，e 为电子电荷。

为了防止 Li 的再漂移或沉积以及减少噪声，Si(Li) 探头要保持在液氮（LN_2）温度下。为防止周围气氛对硅表面的污染，探头必须放在 10^{-4}Pa 的真空里。

（2）前置放大器和主放大器

前置放大器将探测器收集来的脉冲电荷积分成电压信号，并产生放大，要求输出的电压信号幅值正比于电子-空穴对的数目。主放大器的工作是将前置放大器输出的电压信号继续放大并整形。

（3）多道分析器

它把从主放大器输出的脉冲，按其高度分成若干挡，脉冲幅度相近的编在一个挡内进行累计，这相当于把 X 射线光量子能量相近的放在一起计数，每个挡称为一道，每个道都给编上号，称为道址，道址号是按 X 射线光量子能量大小编排的，X 射线光量子能量低的对应道址号小。道址和能量之间存在对应关系，每一道都有一定的宽度，叫道宽，常用的 X 射线光量子能量范围为 $0\sim20.48$keV，若总道数为 2048，则道宽为 10eV。多道分析器测定一个谱后，可以用计算机显示出谱形曲线，也可打印输出。

9.3.2　能谱仪的工作原理

能量色散谱仪（Energy Dispersive Spectrometer，简称能谱仪 EDS）是用 X 射线光量子的能量不同来进行元素分析的方法。由试样出射的具有各种能量的 X 射线光量子相继经铍窗射入 Si(Li) 内，在 I 区产生电子-空穴对。每产生一对电子-空穴对，要消耗掉 X 射线光量子 3.8eV 能量，因此每一个能量为 E 的入射光量子产生的电子-空穴对数目 $N=E/3.8$。加在 Si(Li) 上的偏压将电子-空穴对收集起来，每入射一个 X 射线光量子，探测器输出一个微小的电荷脉冲，其高度正比于入射的 X 射线光量子能量 E。电荷脉冲经前置放大器、信号处理单元和模数转换器处理后以时钟脉冲形式进入多道分析器。X 射线光量子由锂漂移硅探测器 ［Si(Li)detector］ 接收后给出电脉冲信号，由于 X 射线光量子的能量不同，产生的

脉冲高度（幅度）也不同，经过放大器放大整形后送入多道脉冲高度分析器。

与 X 射线光量子能量成正比的时钟脉冲数按大小分别进入不同存储单元、每进入一个时钟脉冲数，存储单元记一个光量子数，因此通道地址和 X 射线光量子能量成正比，而通道的计数为 X 射线光子数。在这里，严格区分光量子的能量和数目，每一种元素的 X 射线光量子有其特定的能量，例如铜 K_α X 射线光量子能量为 8.02keV，铁的 K_α X 射线光量子的能量为 6.40keV。X 射线光量子的数目是用作测量样品中元素的相对百分比，即不同能量的 X 射线光量子在多道分析器的不同道址出现，然后在 X-Y 记录仪或显像管上把脉冲数-能量曲线显示出来，这是 X 射线光量子的能谱曲线。横坐标是 X 射线光量子的能量（道址数），纵坐标是对应某个能量的 X 射线光量子的数目。最终得到以通道（能量）为横坐标、通道计数（强度）为纵坐标的 X 射线能量色散谱（图 9-4），并显示于显像管荧光屏上。

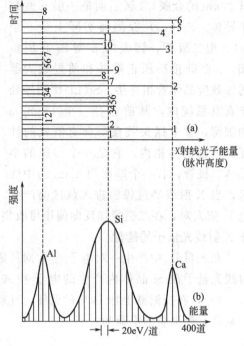

图 9-4　对应于探测器接收的 X 射线光子（a）的能谱图（b）

9.3.3　能谱仪的性能特点

① 测试灵敏度高，X 射线收集立体角大。由于能谱仪中 Si（Li）探头可以放在离发射源很近的地方（10cm 甚至更小），无需经过晶体衍射，信号强度几乎没有损失，所以灵敏度高（可达 10^4 cps/nA，入射电子束单位强度所产生的 X 射线计数率）。此外，能谱仪可在低入射电子束流（10^{-11}A）条件下工作，这有利于提高分析的空间分辨率。能谱仪所用的 Si（Li）探测器尺寸小，可以装在靠近样品的区域。这样，X 射线出射角大，接收 X 射线的立体角大，X 射线利用率高。能谱仪在低束流情况下（$10^{-10} \sim 10^{-12}$A）工作，仍能达到适当的计数率。电子束流小，束斑尺寸小，采样的体积也较小，最少可达 $0.1\mu m^3$，对样品的污染作用小。

② 分析速度快，可在 2～3min 内完成元素定性全分析。能谱仪可以同时接收和检测所有不同能量的 X 射线光子信号，故可在几分钟内分析和确定样品中含有的所有元素，带铍窗口的探测器可探测的元素范围为 [11]Na～[92]U，20 世纪 80 年代推向市场的新型窗口材料可使能谱仪能够分析 Be 以上的轻元素，探测元素的范围为 [4]Be～[92]U。

③ 能谱仪工作时，样品的位置可起伏 2～3mm，适用于粗糙表面成分分析。Si（Li）探头必须始终保持在液氮冷却的低温状态，一般情况即使是在不工作时也不能中断，否则晶体内 Li 的浓度分布状态就会因扩散而变化，导致探头功能下降甚至完全被破坏。

④ 能进行低倍 X 射线扫描成像，得到大视域的元素分布图，谱线重复性好。由于能谱仪没有运动部件，稳定性好，且没有聚焦要求，所以谱线峰值位置的重复性好且不存在失焦问题，适合于比较粗糙表面的分析工作。

⑤ 能量分辨率低，只有 130eV，而峰背比低，一般为 100eV。由于能谱仪的探头直接对着样品，所以由背散射电子或 X 射线所激发产生的荧光 X 射线信号也被同时检测到，从

而使得 Si（Li）检测器检测到的特征谱线在强度提高的同时，背底也相应提高，谱线的重叠现象严重。故仪器分辨不同能量特征 X 射线的能力变差。能谱仪的能量分辨率（130eV）比波谱仪的能量分辨率（5eV）低。

⑥ Si(Li) 探测器必须在液氮温度下使用，维护费用高，用超纯锗探测器虽无此缺点，但其分辨本领低。

9.4　波谱仪

电子探针若配有检测特征 X 射线特征波长的谱仪称为电子探针波谱仪。若配有检测特征 X 射线特征能量的谱仪称为电子探针能谱仪。波谱仪，全称波长色散谱仪（WDS），它是依据不同元素的特征 X 射线具有不同波长这一特点来对样品进行成分分析的。若样品中含有多种元素，高能电子束入射样品会激发出各种波长的特征 X 射线，为了将待分析元素的谱线检测出来，就必须把它们分散开（展谱）。波谱仪是通过晶体衍射分光的途径实现对不同波长的 X 射线分散展谱、鉴别与测量的。其结构的主要部分是分光系统（波长分散系统）和信号的检测系统。

X 射线在晶体上的衍射规律服从布拉格定律 $2d\sin\theta = n\lambda$，用一块已知晶面间距 d 的单晶体，通过实验测定衍射角 θ，再由布拉格定律计算出波长 λ，由它来研究 X 射线谱。从试样激发出来的 X 射线经过适当的晶体分光（d 已知），波长不同的 X 射线将有不同的衍射角 θ，利用这个原理制成的谱仪叫做波长色散谱仪（Wavelength dispersive spectrometer，WDS，简称波谱仪）。WDS 主要由分光晶体（衍射晶体）、X 射线探测器组成。WDS、X 光源不同，一般改变晶体和探测器的位置来探测 X 射线。晶体和探测器的位置的运动要服从一定的规律，探测原理与 X 射线衍射仪相似。

X 射线的分光和探测原理如图 9-5 所示。分光晶体的衍射平面弯曲成 $2R$ 的圆弧形，晶体的入射面磨成曲率半径为 R 的圆弧，R 为聚焦圆（或称罗兰圆）半径。聚焦电子束激发试样产生的 X 射线可以看成是由点状辐射源（S 点）出射的。X 射线辐射源、分光晶体、X 射线探测器均处于聚焦圆上，并使分光晶体入射面与罗兰圆相切，辐射源（S 点）和探测器（D 点）与分光晶体中心（B 点）间的距离均为 L。从几何关系可知，由辐射源出射的 X 射线以及由分光晶体反射的 X 射线与分光晶体衍射面的夹角 $\theta = \arcsin L/2R$。当分光晶体的衍射晶面间距 d、辐射的 X 射线波长 λ、X 射线与分光晶体衍射平面的夹角满足布拉格条件 $2d\sin\theta = n\lambda$ 时，则波长为 λ 的 X 射线受到分光晶体衍射，且衍射束均重新汇聚探测器（D 点）。谱仪中使用的弯晶分光系统聚焦方式有两种：约翰逊（Johansson）型和约翰（Johann）型聚焦法。

约翰型聚焦法：晶体曲率半径是聚焦圆半径的两倍。约翰逊型聚焦法：晶体曲率半径和聚焦圆半径相等。约翰型：当某一波长的 X 射线自点光源 S 处发出时，晶体内表面任意点 A、B、C 上接收到的 X 射线相对于点光源来说，入射角都相等，由此 A、B、C 各点的衍射线都能在 D 点附近聚焦。因 A、B、C 三点的衍射线并不恰在一点，是一种近似的聚焦方式。约翰逊型：A、B、C 三点的衍射束正好聚焦在 D 点，叫做完全聚焦法。

根据晶体和探测器的位置的配置，WDS 分为旋转式和直进式（见图 9-6）。

（1）旋转式波谱仪

图 9-6(a) 为旋转式波谱仪的工作原理图。它用磨制的弯晶（分光晶体）将光源（电子

束在样品上的照射点）发射出的射线束会聚在 X 射线探测器的接收狭缝处。通过将弯晶沿聚焦圆转动来改变 θ 角的大小，探测器也随着在聚焦圆上作同步运动。光源、弯晶反射面和接受狭缝始终都坐落在聚焦圆的圆周上。聚焦圆的圆心 O 不能移动，分光晶体和检测器在聚焦圆的圆周上以 1∶2 的角速度运动，以保证满足布拉格方程。旋转式波谱仪结构简单，但 X 射线出射方向改变很大，在表面不平度较大的情况下，出射的 X 射线光子在样品内行进路径可能各不相同，样品对其吸收也就不一样，从而造成分析上的误差。

　　旋转式波谱仪虽然结构简单，但有三个缺点：①其出射角 Φ 是变化的，若 $Φ_2 < Φ_1$，则出射角为 $Φ_2$ 的 X 射线穿透路程比较长，其强度就低，计算时需增加修正系数，比较麻烦；②X 射线出射线出射窗口要设计得很大；③出射角 Φ 越小，X 射线接收效率越低。

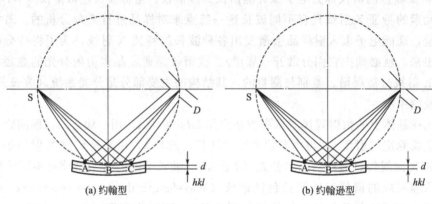

(a) 约翰型　　　　　　　　　　(b) 约翰逊型

图 9-5　弯曲晶体波谱仪的聚焦方式

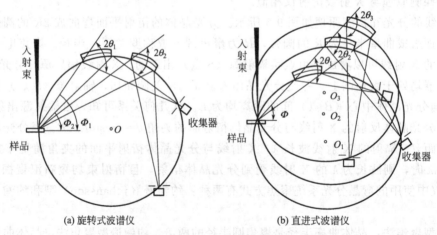

(a) 旋转式波谱仪　　　　　　(b) 直进式波谱仪

图 9-6　旋转式波谱仪和直进式波谱仪工作原理示意

（2）直进式波谱仪

　　直进波谱仪也称全聚焦直进式谱仪，其结构如图 9-6(b) 所示。改变样品与晶体的相对位置以改变入射角 θ，使分光晶体沿固定方向的导臂移动，并同时绕垂直于聚焦圆平面的轴旋转，使其表面始终保持与聚焦圆相切。探测器的运动则保证它与发射源和晶体三者始终处于同一聚焦圆的圆周上。特点是 X 射线出射角 Φ 固定不变，弥补了旋转式波谱仪的缺点。因此，虽然在结构上比较复杂，但它是目前最常用的一种谱仪。弯晶在某一方向上作直线运动并转动，探测器也随着运动。聚焦圆半径不变，圆心在以光源为中心的圆周上运动，光源、弯晶和接收狭缝也都始终落在聚焦圆的圆周上。由光源至晶体的距离 L（叫做谱仪长度）与聚焦圆的半径有下列关系：

$$L = 2R\sin\theta = \frac{R\lambda}{d}$$

所以，对于给定的分光晶体，L 与 λ 存在着简单的线性关系。因此，只要读出谱仪上的 L 值，就可直接得到 λ 值。

在波谱仪中是用弯晶将 X 射线分谱的，因此恰当地选用弯晶是很重要的。晶体展谱遵循布拉格方程 $2d\sin\theta = n\lambda$。显然，对于不同波长的特征 X 射线就需要选用与其波长相当的分光晶体。对波长为 $0.05 \sim 10\text{nm}$ 的 X 射线，需要使用几块晶体展谱。选择晶体的其他条件是晶体的完整性、波长分辨本领、衍射效率、衍射峰强度和峰背比都要高，以提高分析的灵敏度和准确度。直进式谱仪最大的优点是 X 射线照射分光晶体的方向是固定的，即保证了 X 射线的出射角不变，X 射线穿出样品表面过程中所走的路径相同，也就是吸收条件相同，从而克服了旋转式结构的缺点，避免了定量分析因吸收效应带来的误差。

电子探针用波谱仪有多种不同的结构，最常用的是全聚焦复进式波谱仪，其 X 射线的分光和探测系统由分光晶体、X 射线探测器和相应的机械传动装置构成。对同一台谱仪，聚焦圆半径 R 是不变的（图 9-7），对一定的分光晶体，衍射晶面的面间距 d 也是确定不变的。因此，在不同的 L 值处可探测不同波长的特征 X 射线。例如，当聚焦圆半径 $R = 140\text{mm}$ 时，用 LiF 晶体为分光晶体，以面间距为 0.2013nm 的（200）晶面为衍射晶面，在 $L = 134.7\text{mm}$ 处，可探测 FeK_α（0.1937nm）线，在 $L = 107.2\text{mm}$ 处，可探测 CuK_α（0.1542nm）线。因此由辐射源出射的多种波长的 X 射线可经分光晶体衍射后逐一探测。在实际操作时，分光晶体沿 AB 线直线移

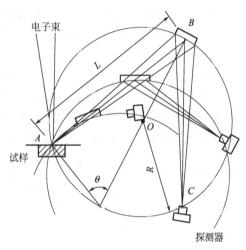

图 9-7　全聚焦圆原理

动，并且自转，以保持始终与聚焦圆相切，X 射线探测器则按四叶玫瑰线轨迹移动，以使辐射源、分光晶体，探测器处于同一聚焦圆上，并保持辐射源至分光晶体的距离 AB 和探测器至分光晶体的距离 CB 相等。这种结构的波谱仪，分光晶体按直线移动，并且由辐射源（A 点）出射到分光晶体不同部位的 X 射线均能汇聚于探测器（C 点），因此称为全聚焦直进式波谱仪。

（3）分光晶体

分光晶体是专门用来对 X 射线起色散（分光）作用的晶体，它应具有良好的衍射性能，即高的衍射效率（衍射峰值系数）、强的反射能力（积分反射系数）和好的分辨率（峰值半高宽）。在 X 射线谱仪中使用的分光晶体还必须能弯曲成一定的弧度。分光晶体的作用如图 9-8 所示。各种晶体能够色散的 X 射线波长范围，决定于衍射晶面间距 d 和布拉格角的可变范围；对于波长大于 $2d$ 的 X 射线则不能进行色散。谱仪的 θ 角有一定变化范围，如 $15° \sim 65°$；每一种晶体的衍射晶面是固定的；因此它只能色散一段范围波长的 X 射线和适用于一

定原子序数范围的元素分析。例如氟化锂，衍射晶面为（200），晶面间距 d 为 0.2013nm，可色散的波长范围为 0.089～0.35nm。对 K 系 X 射线适用于分析原子序数 20 的 Ca 到原子序数 92 的 U。为了使分析时尽可能覆盖分析的所有元素，需要使用多种分光晶体。电子探针仪器通常配有几个通道，每道谱仪装有两块可以选择使用的不同晶体，以便能同时测定更多的元素，减少分析时间。目前电子探针仪能分析的元素范围是原子序数为 4 的 Be 到原子序数为 92 的 U。其中，原子序数小于 F 的元素称为轻元素，它们的 X 射线波长范围大约在 1.8～11.3nm。

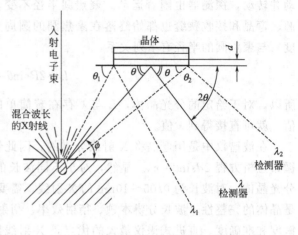

图 9-8　分光晶体

波谱仪常用的分光晶体以及应用范围见表 9-1。氟化锂是用于短波长 X 射线的标准晶体，它与 PET 和 KAP 或者 RAP 配合使用，色散的波长范围为 0.1～2.3nm，能覆盖的原子序数 10～92 元素，并且它们的衍射性能也相当好。要对更轻元素的长波长 X 射线进行色散，需要晶面间距达到数十埃的晶体。但是天然晶体和人工合成晶体都没有这么大的晶面间距，因而发展了一种称为多层皂化薄膜的特殊色散元件。它是在像硬脂酸盐一类脂肪酸键的一段附上重金属原子，并使这些金属原子平排在基底上形成单分子层，再把这种分子一层一层重叠起来制成的，其衍射晶面间距如表 9-1 所示高达几个纳米。

表 9-1　常用的分光晶体以及可检测范围

晶体名称	衍射晶面	晶面间距 2d/nm	检测波长范围 /nm	分析元素范围		
				K 系	L 系	M 系
氟化锂 （LiF）	200	0.402	0.087～0.35	20～36	51～92	
季戊四醇 （PET）	002	0.875	0.189～0.76	14～25	37～65	72～83 90～92
邻苯二甲酸氢钾 （KAP）	100	2.66	0.69～2.3	9～14	24～37	47～74
邻苯二甲酸氢铊 （TlAP）	100	2.595	0.581～2.33	9～15	24～40	57～78
硬脂酸铅 （STE）	皂膜	9.8	2.2～8.5	5～8	20～23	
二十六烷酸铅 （CEE）	皂膜	13.7	3.5～11.9	4～7	20～22	

（4）X 射线探测器

作为 X 射线的探测器，要求有高的探测灵敏度，与波长的正比性和响应时间短。波谱仪使用的 X 射线探测器有流气正比计数管、充气正比计数管等。探测器每接受一个 X 光子输出一个电脉冲信号。有关 X 射线探测器的结构以及工作原理可参看 X 射线衍射分析一章，此处不再重复。

（5）X 射线计数和记录系统

探测器（例如正比计数管）输出的电脉冲信号经前置放大器和主放大器放大后进入脉冲高度分析器进行脉冲高度识别。由脉冲高度分析器输出的标准形式的脉冲信号，需要转换成 X 射线的强度加以显示，可用多种方式显示 X 射线的强度。脉冲信号输入计数计，提供在仪表上显示 L_1 计数率（cps）读数，或供记录绘出计数率随波长变化的输出电压；此电压还可用来调制显像管，绘出电子束在试样上线扫描时的 X 射线扫描像。脉冲信号输入定标器，可显示或者打印出一定时间内的脉冲计数，以作定量分析计算用。配有电子计算机的电子探针仪，X 射线强度的记录、数据处理和定量分析可用计算机来完成。图 9-9 为 $BaTiO_3$ 的波长色散谱。

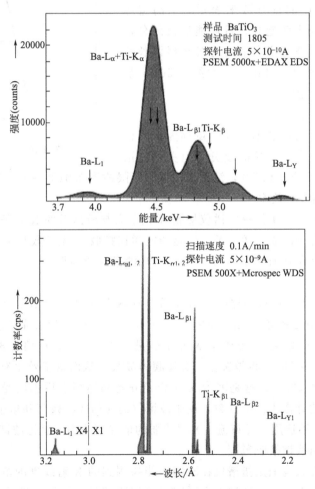

图 9-9　$BaTiO_3$ 波谱和能谱示意图

波谱仪的突出优点是波长分辨率很高。如它可将波长十分接近的 VK_β（0.228434nm）、$CrK_{\alpha1}$（0.228962nm）和 $CrK_{\alpha2}$（0.229351nm）三根谱线清晰地分开。但由于结构的特点，谱仪要想有足够的色散率，聚焦圆的半径就要足够大，这时弯晶离 X 射线光源的距离就会变大，它对 X 射线光源所张的立体角就会很小，因此对 X 射线光源发射的 X 射线光量子的收集率也就会很低，致使 X 射线信号的利用率极低。此外，由于经过晶体衍射后，强度损失很大，所以，波谱仪难以在低束流和低激发强度下使用，这是波谱仪的两个缺点。

9.5　能谱（EDS）与波谱（WDS）的比较

(1) 分析元素范围

能谱仪分析的元素范围为：有铍窗口的范围为 $^{11}Na \sim ^{92}U$。无窗或超薄窗口的为 $^4Be \sim ^{92}U$。波谱仪分析的元素范围为 $^4Be \sim ^{92}U$。

(2) 分辨率

能谱仪的分辨率是指分开或识别相邻两个谱峰的能力，可用能量色散谱的谱峰半高宽来衡量（图9-10），也可用 $\Delta E/E$ 的百分数来表示。半高宽越小，表示能谱仪的分辨率越高。目前能谱仪的分辨率达到 130eV 左右。波谱仪在常用的 X 射线波长范围内比能谱仪高一个数量级以上，大约在 5eV，从而减少峰谱重叠的可能性。

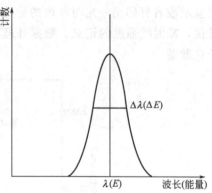

图 9-10　谱峰的半高宽

(3) 探测极限

能谱仪能测出的元素最小百分含量称为探测极限，与分析的元素种类、样品的成分等有关，能谱仪的探测极限约为 $0.1\% \sim 0.5\%$，波谱仪的探测极限约为 $0.01\% \sim 0.1\%$。

(4) X 光子几何收集效率

谱仪的 X 光子几何收集效率指谱仪接收 X 光子数与所出射的 X 光子数的百分比，它与谱仪探测器接收 X 光子的立体角有关。也是指能谱仪接收 X 光子数与出射的 X 光子数的百分比。能谱仪的 X 光子几何收集率约<2%，但比波谱仪要高得多。

(5) 量子效率

量子效率是指进入谱仪探测器的 X 光子数与探测器 X 光子计数的百分比，能谱仪的量子效率很高，对有 $8\mu m$ 铍窗、3mm 厚的 Si（Li）探测器，在 X 射线光子能量为 $2.5 \sim 15keV$ 范围，探测器使量子效率接近 100%，X 光子能量大于 15keV，则将穿透 Si（Li）探测器，X 光子能量小于 2.5keV 时，将被铍窗、金属膜等吸收，从而量子效率有所降低。而波谱仪的量子效率低，通常<30%。这是因为 X 射线经分光晶体衍射后强度受严重损失，以及一部分 X 射线穿透正比计数管而未计数。由于波谱仪的几何收集效率和量子效率都比较低，X 射线利用率都很低，不适用于低束流、X 射线弱的情况下使用，这是波谱仪的主要缺点。

(6) 瞬时的 X 射线谱接收范围

瞬时的 X 射线接收范围是指谱仪在瞬间所能探测到的 X 射线谱的范围。能谱仪在瞬间能探测各种能量的 X 射线，而波谱仪在瞬间只能探测满足布拉格条件的 X 射线。因此可以说波谱仪是对试样元素逐个进行分析，而能谱仪是同时进行分析。

(7) 最小电子束斑

特征 X 射线的强度与入射电子束流呈线性关系。为提高 X 射线信号强度，电子探针必须使用较大的入射电子束流，特别是在分析微量元素或轻元素时，更需选择大的束流，以提高分析灵敏度。在分析过程中要保持束流稳定，在定量分析同一组样品时应控制束流条件完全相同，以获取准确的分析结果。而束流与束斑直径的 8/3 次方成正比。因能谱仪有较高的几何收集率和很高的量子效率，在束流低到 10^{-11} A 时仍能有足够的计数，所以分析时的最小束斑直径可达 5nm。波谱仪的 X 射线利用率低，不适用于低束流，分析时的最小束斑为 200nm。

（8）分析速度

能谱仪的分析速度快，能在几分钟内把能谱显示出来。波谱仪一般需要十几分钟以上。

（9）谱仪失真

能谱分析时存在谱失真问题，波谱仪不存在谱的失真问题。能谱仪的失真大致分为三类：其一是，X 射线探测器过程中的失真，如硅的 X 射线逃逸峰、谐峰加宽、谱峰畸变、铍窗吸收效应等；其二是，信号处理过程中的失真，如脉冲堆积等；最后是由探测器样品室的周围环境引起的失真，如杂散辐射、电子束散射、样品污染等。

综上所述，波谱仪分析的元素范围广、探测极限小、分辨率高，适用于精确的定量分析。其缺点是要求试样表面平整光滑，分析速度慢，需要用较大的束流，从而引起试样和镜筒的污染。能谱仪分析速度快，可用较小的束流和微细的电子束，对试样要求低，适合与 SEM 配套使用。波谱仪和能谱仪的比较可归纳成表 9-2。

表 9-2　波谱仪和能谱仪的比较

项　目	EDS	WDS
探测效率	高(并行)(快几十到几万倍)	低(串行)
峰值分辨率	差(133eV)，谱峰重叠	好(5eV)，谱峰分离
分析元素范围	^{4}Be～^{92}U(老仪器^{11}Na～^{92}U)	^{4}Be～^{92}U
最好探测精度	0.01%	0.001%
定性分析	快 1min	慢 30min
定量分析	差	好
设备维护	难，需液氮	容易(不需液氮)
样品制备	无严格要求，可分析不平样品	要求平行度较好，表面光滑
分析区域大小	小(约 5nm)	大(约 200nm)
多元素同时分析	容易	难
用于 TEM	能	不能
仪器特殊性	探头液氮冷却	多个分光晶体

9.6　谱仪分析模式

电子探针分析有四种基本分析方法：定点定性分析，线扫描分析，面扫描分析和定点定量分析。点分析用于选定点的全谱定性分析或定量分析，以及对其中所含元素进行定量分析；线分析用于显示元素沿选定直线方向上的浓度变化；面分析用于观察元素在选定微区内浓度分布。要得到准确的分析结果，除了试样本身要满足实验要求（如良好的导电、导热性，表面平整度等）外，还要选择适宜的工作条件，如加速电压、计数率和计数时间，X 射线出射角等因素。

（1）加速电压

为了得到某一元素某一线系的特征 X 射线，入射电子束的能量 E_0 必须大于该元素此线系的临界电离激发能 E_c，并使激发产生的特征 X 射线强度达到探测器足以检测的程度，因此希望使用较高的加速电压。电子探针电子枪的加速电压一般为 $3\sim50$kV，分析过程中加速电压的选择应考虑待分析元素及其谱线的类别。原则上，加速电压一定要大于被分析元素的临界激发电压，一般选择加速电压为分析元素临界激发电压的 $2\sim3$ 倍。若加速电压选择过高，导致电子束在样品深度方向和侧向的扩展增加，使 X 射线激发体积增大，空间分辨率下降。同时过高的加速电压将使背底强度增大，影响微量元素的分析精度，而且增加了试样对 X 射线的吸收，影响分析的准确性。考虑到上述两方面的因素，一般取过电压比：$V/V_c=E_0/E_c=2\sim4$。对于原子序数 $Z=11\sim30$ 的元素，K 层电子的 E_c(K) 在 $1\sim10$keV 范围，可选择 $V=10\sim25$kV；对于 $Z>35$ 的元素，一般都利用 E_c 不太高的 L 系或 M 系谱线进行分析，以便在适当的 V 值（例如低于 30kV）条件下保持较高的激发效率、较好的空间分辨率和精度。

(2) 计数率和计数时间

在分析时，每一次强度测量要有足够的累计计数 N。这不仅可提高测量精度，同时要使每个谱峰从统计角度来看都是显然可见的。一般 N 需大于 10^5，对中等浓度元素计数率约为 $10^3\sim10^4$cps。计数时间为 $10\sim100$s。

对于能谱仪，计数率过高有增加能谱失真的趋势，要使能谱系统在最佳分辨率情况下工作，计数率一般保持在 2000cps 以下，如总计数率不够，可适当增加计数时间。但随着谱仪探测速度的不断提高及计算机技术的不断发展，目前能谱仪的计数率可提高到 10000cps 以下。计数率 cps 主要决定于试样状况和束流大小。对于一定的试样，可通过调节束流大小来控制计数率。但必须注意，束流过大不仅导致样品的污染，同时也导致镜筒的污染，使图像分辨率下降。

(3) X 射线出射角

X 射线出射角对分析结果有一定影响，这主要是由于 X 射线以不同的出射角时样品对它的吸收程度不同引起的。

9.6.1　点分析

定点定性分析是对试样某一选定点（区域）进行定性成分分析，以确定该点区域内存在的元素。其原理如下：用聚焦电子束照射在需要分析的点上，激发试样元素的特征 X 射线。用谱仪探测并显示 X 射线谱，根据谱线峰值位置的波长或能量确定分析点区域的试样中存在的元素。

能谱谱线的鉴别可以用以下两种方法：①根据经验及谱线所在的能量位置估计某一峰或几个峰是某元素的特征 X 射线峰，让能谱仪在荧光屏上显示该元素特征 X 射线标志线来核对；②当无法估计可能是什么元素时，根据谱峰所在位置的能量查找元素各系谱线的能量卡片或能量图来确定是什么元素。而波谱仪一般采用全谱定性分析：驱动分光谱仪的晶体连续改变衍射角 θ，记录 X 射线信号强度随波长的变化曲线。检测谱线强度峰值位置的波长，即可获得样品微区内所含元素的定性结果。电子探针分析的元素范围可从铍（序数 4）到铀（序数 92），检测的最低浓度（灵敏度）大致为 0.01%，空间分辨率约在微米数量级。全谱定性分析往往需要花费很长时间。

正因为波谱仪进行全谱分析需要花费很长的时间，所以在电子探针中或带能谱仪、波谱仪的扫描电镜中，一般情况下先使用能谱仪进行全能量谱的分析，而后选择特定的谱段，如存在能量谱重叠峰的区间或需要较准确探测成分的区间进行波谱分析，这样既保证了分析的快速性，又保证元素成分分析的准确性。

9.6.2　线扫描分析

使聚焦电子束在试样观察区内沿一选定直线（穿越粒子或界面）进行慢扫描。能谱仪处于探测元素特征 X 射线状态。显像管射线束的横向扫描与电子束在试样上的扫描同步，用谱仪探测到的 X 射线信号强度调制显像管射线束的纵向位置就可以得到反映该元素含量变化的特征 X 射线强度沿试样扫描线的分布。通常将电子束扫描线，特征 X 射线强度分布曲线重叠于二次电子图像之上，可以更加直观地表明元素含量分布与形貌、结构之间的关系。

线扫描分析对于测定元素在材料相界和晶界上的富集与贫化是十分有效的。在有关扩散现象的研究中，能谱分析比薄层化学分析、放射性示踪原子等方法更方便。在垂直于扩散界面的方向上进行线扫描，可以很快显示浓度与扩散距离的关系曲线，若以微米级逐点分析，即可相当精确地测定扩散系数和激活性。电子束在试样上扫描时，由于样品表面轰击点的变化，波谱仪将无法保持精确的聚焦条件，为此可将电子束固定不动而使样品以一定的速度移动，但这样做并不方便，重复性也不易保证，特别是仍然不能解决粗糙表面分析的困难，考虑到线扫描分析绝大多数只是定性分析，因而目前仍较多采用电子束扫描的方法。如果使用能谱仪，则不存在 X 射线聚焦问题。

实验时，首先在样品上选定的区域获得一张背散射电子像（或二次电子像），再把线分析的位置和线分析结果显示在同一图像上，也可将线分析结果显示在不同的图像上，见图9-11。图 9-11(a) 是水泥硬化体的二次电子像，被选定的直线通过球状颗粒，图 9-11(b) 显示了 X 射线信号强度在此直线上的变化曲线。由图 9-11(b) 可见，沿着起始直线开始，线扫描反映了不同颗粒中的不同元素的强度信号。例如在该水泥硬化体中，圆形颗粒中 Si、O元素显著增加，而在其他晶粒截面中 Fe、Ca 元素则含量较高。

9.6.3　面扫描分析

聚焦电子束在试样上作二维光栅扫描，能谱仪处于能探测元素特征 X 射线状态，用输出的脉冲信号调制同步扫描的显像管亮度，在荧光屏上得到由许多亮点组成的图像，称为 X射线扫描像或元素面分布图像。试样每产生一个 X 光子，探测器输出一个脉冲，显像管荧光屏上就产生一个亮点；若试样上某区域该元素含量多，荧光屏图像上相应区域的亮点就密集。根据图像上亮点的疏密和分布，可确定该元素在试样中分布情况。

当谱仪调整到探测其他元素的特征 X 射线状态时，可得到其他元素的 X 射线扫描像。图 9-12 为 $ZnO-B_2O_3$ 陶瓷烧结表面的面分布成分分析的 X 射线扫描像，它显示 Bi 元素在陶瓷烧结表面中的分布情况。在一幅 X 射线扫描像中，亮区代表元素含量高，灰区代表元素含量较低，黑色区域代表元素含量很低或不存在。图示 9-13 是与图示 9-11 相同的样品区域所得的面扫描图像，可以清晰地显示 Al、O、Si、Ca 元素在样品微区的分布情况。

9.6.4　定量分析

在定量分析计算时，对接收到的特征 X 射线信号强度必须进行原子序数修正（Z）、吸收修正（A）和荧光修正（F）等，这种修正方法称为 ZAF 修正。采用 ZAF 修正法进行定量分析所获得的结果，相对精度一般可达 1‰～2‰，这在大多数情况下是足够的。但是，对于轻元素（O、C、N 等）的定量分析结果还不能令人满意，在 ZAF 修正计算中往往存在相当大的误差，分析时应该引起注意。产生这种误差的原因是：谱线强度除与元素含量有关外，还与试样的化学成分有关，通常称为"基体效应"；谱仪由于不同波长（或能量）导致X 射线量子效率有所不同。如何消除这些误差，这就是定量分析所要解决的问题。

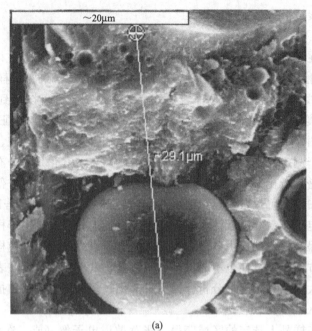

(a)

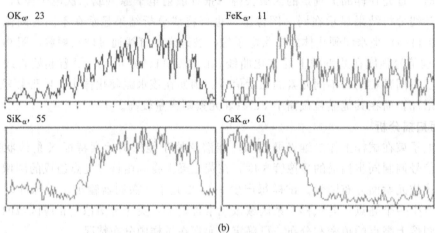

OK$_\alpha$, 23　　　　FeK$_\alpha$, 11

SiK$_\alpha$, 55　　　　CaK$_\alpha$, 61

(b)

图 9-11　水泥硬化体的线扫描分析
(a) 二次电子像；(b) O、Fe、Si、Ca 元素线扫描曲线

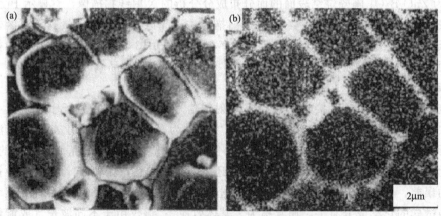

图 9-12　ZnO-B$_2$O$_3$ 陶瓷烧结表面的面分布成分分析
(a) 形貌像；(b) Bi 元素的 X 射线面分布像

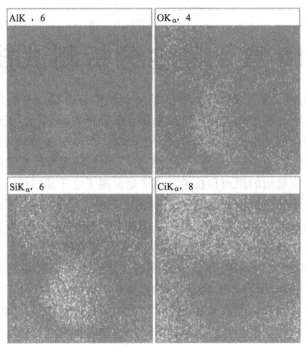

图 9-13 水泥硬化体的元素面扫描图

为了排除谱仪在检测不同元素谱线时条件不同所产生的误差，也就是为了使浓度与测得的 X 射线强度之间建立必要的可比性基础，采用成分精确已知的纯元素或化合物作为标样。对待测试样和标样在完全相同的条件（如电子束加速电压、束流和 X 射线出射角）下，测量精确强度比，即使用已知的标样和待测试样在完全相同的条件下，测量同一元素的特征 X 射线强度，如不考虑基体效应，则待测试样和标样的某一元素的浓度比就等于强度比。通过标样进行定量分析可以得到比较准确的分析结果。但有些样品的标样获得较为困难，可采用无标样定量的办法通过计算获得。但计算结果可能误差比较大，只能算半定量的分析结果。

第 10 章　其他分析测试技术

1674 年，荷兰人列文虎克发明了世界上第一台光学显微镜，并利用这台显微镜首次观察到了血红细胞，从而开始了人类使用仪器来研究微观世界的纪元。光学显微镜的出现，开阔了人们的观察视野，但是由于受到光波波长的限制，光学显微镜的观察范围只能局限在细胞的水平上，分辨率大约为 $10^{-6} \sim 10^{-7}$m 的水平。1931 年德国科学家恩斯特·鲁斯卡利用电子透镜可以使电子束聚焦的原理和技术，成功地发明了电子显微镜。电子显微镜一出现即展现了它的优势，电子显微镜的放大倍数提高到上万倍，分辨率达到了 10^{-8}m。在电子显微镜下，比细胞小得多的病毒也露出了原形。20 世纪 70 年代末，德裔物理学家葛宾尼和他的导师海罗雷尔在 IBM 公司设在瑞士苏黎世的实验室进行超导实验，经过师生两人的不懈努力，1981 年，世界上第一台具有原子分辨率的扫描隧道显微镜终于诞生了。扫描隧道显微镜的英文名称是 Scanning Tunneling Microscope，简称为 STM。STM 具有惊人的分辨本领，水平分辨率小于 0.1nm，垂直分辨率小于 0.01nm。一般来讲，物体在固态下原子之间的距离在零点一到零点几个纳米之间。在扫描隧道显微镜下，导电物质表面结构的原子、分子状态清晰可见。

STM 巧妙地利用探针近场（近距离）探测方法、隧道电流理论、压电陶瓷扫描方法等现代科学技术，大大扩展了人们对显微技术本身的认识。借鉴 STM 的方法，许多新型的显微仪器和探测方法相继诞生。这些显微仪器适用于不同的领域，具有不同的功能。虽然它们功能各异，但都有一个共同的特点：使用探针在样品表面进行扫描。科学界把这类显微仪器归纳到一起，统称为扫描探针显微镜，英文为 Scanning Probe Microscope，简称 SPM。因此，当我们说到扫描探针显微镜时，指的是 SPM 这一类显微镜。

继 1982 年发明了在真空条件下工作的 STM 以来，扫描隧道显微技术及其应用得到了迅猛发展。1984 年 STM 先后用于在大气、蒸馏水、盐水和电解液环境下研究不同物质的表面结构。后来，在 STM 的原理的基础上又发明了一系列新型的显微镜。这些显微镜包括：原子力显微镜（Atomic Force Microscope，简称 AFM）。它可以直接观察原子和分子，而且用途更为广泛，对导电和非导电样品均适用。AFM 也可以作为纳米制造的手段，目前，已有一些成功的例子。目前扫描探针显微镜分为原子力显微镜（AFM）、激光力显微镜（LFM）、摩擦力显微镜、磁力显微镜（MFM）、静电力显微镜、扫描热显微镜、弹道电子发射显微镜（BEEM）、扫描隧道电位仪（STP）、扫描离子电导显微镜（SICM）、扫描近场光学显微镜（SNOM）和扫描超声显微镜等。

10.1　扫描探针显微镜的分类

由于 SPM 深入到现代科技的各个领域，扫描探针显微镜的种类也很多，主要包括原子力显微镜，近场光学显微镜和弹道电子发射显微镜。

10.1.1　原子力显微镜

原子力显微镜（Atomic Force Microscope，简称 AFM）的设计思想是这样的：一个对力非常敏感的微悬臂，其尖端有一个微小的探针，当探针轻微地接触样品表面时，由于探针尖端的原子与样品表面的原子之间产生极其微弱的相互作用力而使微悬臂弯曲，将微悬臂弯曲的形变信号转换成光电信号并进行放大，就可以得到原子之间力的微弱变化的信号。从这里可以看出，原子力显微镜设计的高明之处在于利用微悬臂间接地感受和放大原子之间的作用力，从而达到检测的目的。

图 10-1 是目前商品化的原子力显微镜仪器普遍采用的激光检测法示意图。激光检测法的工作原理是：由半导体激光器发出的一束红光经过光学透镜进行准直、聚焦后，照射到微悬臂上。三角架形状的微悬臂是利用微电子加工工艺制作的。微悬臂的尖端是探针，背面是用于反射激光光束的光滑镜面。微悬臂的尺寸大约为 $100\mu m$。汇聚到微悬臂镜面的激光经反射后最终照射到四象限光敏检测器上。当探针在样品表面扫描时，由于样品表面起伏不平而使探针带动微悬臂弯曲变化，而微悬臂的弯曲又使得光路发生变化，最终导致照射到光敏检测器上的激光光斑位置发生移动。光敏检测器将光斑位移信号转换成电信号，经放大处理后即可得到图像信号。

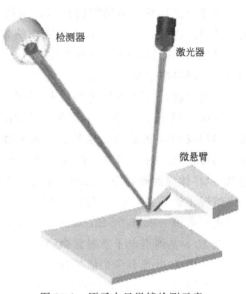

图 10-1　原子力显微镜检测示意

原子力显微镜同样具有原子级的分辨率。由于原子力显微镜既可以观察导体，也可以观察非导体，从而弥补了 STM 的不足。原子力显微镜发明以后，又出现了一些以测量探针与样品之间各种作用力来研究表面性质的仪器，例如：以摩擦力为对象的摩擦力显微镜、研究磁场性质的磁力显微镜、利用静电力的静电力显微镜等。这些不同功能的显微镜在不同的研究领域发挥着重要的作用，它们又统称为扫描力显微镜。

10.1.2　近场光学显微镜

科学界把探针与样品之间的距离小于几十纳米的范围称为近场，而大于这个距离的范围叫做远场。显然，STM、AFM 等利用探针在样品表面扫描的方法属于近场探测，而对于光学显微镜、电子显微镜等远离样品表面进行观测的方法称为远场方法。

正如电子具有隧道效应一样，光子也具有光子隧道效应。既然可以利用电子的隧道效应成像，也能利用光子隧道效应成像。我们都知道，传统光学显微镜的分辨率不能超过光波波长的一半，这是限制光学显微镜分辨本领的桎梏。研究发现，物体受光波照射后，离开物体表面的光波分为两种成分：一部分光向远方传播，这是传统光学显微镜能接收的信息；而另一部分光波只能沿物体表面传播，一旦离开表面就很快衰减。这部分在近场传播的光波又叫隐失波。由于隐失波携带有研究样品表面非常有用的信息，科学家一直设想能对这种近场的光波加以研究利用。STM 新颖的设计思想的出现，为近场光学的研究提供了思路，于是近场光学显微镜（Scanning Near-field Optical Microscope）诞生了。

图 10-2 是近场光学显微镜的原理示意图。将一个同时具有传输激光和接收信号功能的光纤探针移近样品表面，微探针表面除了尖端部分以外均镀有金属层以防止光信号泄漏，探针的尖端未镀金属层的裸露部分用于在微区发射激光和接收信号。当控制光纤探针在样品表面扫描时，探针一方面发射激光在样品表面形成隐失场，另一方面又接收 $10\sim100nm$ 范围

内的近场信号。探针接收到的近场信号经光纤传输到光学镜头或数字摄像头进行记录、处理，再逐点还原成图像等信号。近场光学显微镜的其他部分与 STM 或 AFM 很相似。由于近场光学显微镜探测的是隧道光子，而光子又具有许多独特的性质，例如：没有质量、电中性等。因此，近场光学显微镜在纳米科技中的地位是其他扫描探针显微镜所不可替代的。

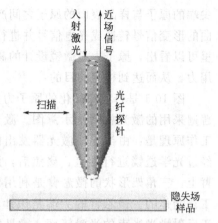

图 10-2 近场光学显微镜的原理

10.1.3 弹道电子发射显微镜

一般来说，当两种材料相互接触时，接触的面就叫做界面。对于半导体材料来讲，界面的研究尤其重要。例如我们所熟悉的二极管、三极管就是利用其界面的特殊性质进行工作的。在以往的半导体/半导体或金属/半导体界面研究中，人们只能通过宏观或平均的测量来了解界面的性质，而对微观的界面情况了解甚少。STM 近场探测方法的实现也开阔了人们研究微观界面的思路。弹道电子发射显微镜（Ballistic-Electron-Emission Microscopy）也是在 STM 的基础上设计出来的。

图 10-3 是弹道电子发射显微镜的示意图。现在我们把 STM 的探针接近具有异质结的样品表面。图 10-3 具有两个信号通路：一个是探针与上层样品构成的 STM 信号通路；另一个是由探针经过上层材料和异质结到达下层材料的弹道电流通路。按照 STM 的工作原理，当探针与样品之间的距离非常小时，由于探针的电势场高于样品，探针会向样品发射隧道电子。这些隧道电子进入样品到达界面时，虽然大部分电子的能量由于已经衰减而被界面的势垒反弹回来，但是仍有少数能量较高的电子能够穿透界面到达下层材料，这些穿透过界面的电子称为弹道电子。由于弹道电子在穿透界面时携带了许多有关界面的信息，因此 BEEM 为界面的研究提供了有价值的数据。BEEM 的另一个特点是可以同时得到表面的 STM 图像和界面的图像，这对于同时对表面和界面进行探测、研究和比较是十分有利的。

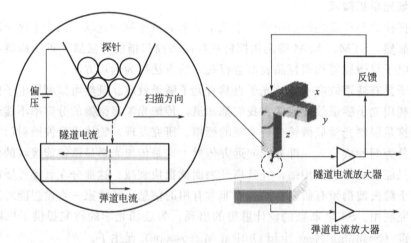

图 10-3 弹道电子发射显微镜的示意

如前所述，扫描探针显微镜的种类有很多。例如，用以研究磁场现象的磁力显微镜，研究表面摩擦的摩擦力显微镜，还有静电力显微镜、扫描噪声显微镜、扫描热显微镜、光子隧道显微镜、离子电导显微镜等。这些显微镜在不同的研究领域发挥着各自不同的作用。

10.2　扫描隧道显微镜

扫描隧道显微镜（STM）的基本原理是利用量子理论中的隧道效应将原子线度的极细探针和被研究物质的表面作为两个电极，当样品与针尖的距离非常小时（通常小于 1nm），在外加电场的作用下，电子会穿过两个电极之间的势垒流向另一电极。这种现象即是隧道效应。隧道电流 I 是电子波函数重叠的量度，与针尖和样品之间距离 S 和平均功函数 Φ 有关：

$$I \propto V_b \exp(-A\Phi^{\frac{1}{2}}S)$$

式中，V_b 为加在针尖和样品之间的偏置电压；平均功函数 $\Phi \approx 1/2(\Phi_1 + \Phi_2)$，$\Phi_1$ 和 Φ_2 分别为针尖和样品的功函数；A 为常数，在真空条件下约等于 1。扫描探针一般采用直径小于 1mm 的细金属丝，如钨丝、铂-铱丝等；被观测样品应具有一定导电性才可以产生隧道电流。

由上式可知，隧道电流强度对针尖与样品表面之间的距离非常敏感，如果距离 S 减小 1nm，隧道电流 I 将增加一个数量级。因此，利用电子反馈线路控制隧道电流的恒定，并用压电陶瓷材料控制针尖在样品表面的扫描，则探针在垂直于样品方向上高低的变化就反映出了样品表面的起伏，见图 10-4(a)。将针尖在样品表面扫描时运动的轨迹直接在荧光屏或记录纸上显示出来，就得到了样品表面态密度的分布或原子排列的图像。这种扫描方式可用于观察表面形貌起伏较大的样品，且可通过加在 z 向驱动器上的电压值推算表面起伏高度的数值，这是一种常用的扫描模式。对于起伏不大的样品表面，可以控制针尖高度守恒扫描，通过记录隧道电流的变化亦可得到表面态密度的分布。这种扫描方式的特点是扫描速度快，能够减少噪声和热漂移对信号的影响，但一般不能用于观察表面起伏大于 1nm 的样品。

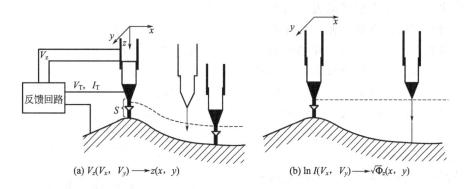

(a) $V_z(V_x, V_y) \longrightarrow z(x, y)$　　　　(b) $\ln I(V_x, V_y) \longrightarrow \sqrt{\Phi_z(x, y)}$

图 10-4　扫描模式示意图

（a）恒电流模式；（b）恒高度模式

S 为针尖与样品间距；I_T、V_T 为隧道电流和偏置电压；

V_z 为控制针尖在 z 方向高度的反馈电压

从上式可知，在 V_b 和 I 保持不变的扫描过程中，如果功函数随样品表面的位置而异，也同样会引起探针与样品表面间距 S 的变化，因而也引起控制针尖高度的电压 V_z 的变化。如样品表面原子种类不同，或样品表面吸附有原子、分子时，由于不同种类的原子或分子团等具有不同的电子态密度和功函数，此时扫描隧道显微镜（STM）给出的等电子态密度轮廓不再对应于样品表面原子的起伏，而是表面原子起伏与不同原子和各自态密度组合后的综合效果。扫描隧道显微镜（STM）不能区分这两个因素，但用扫描隧道谱（STS）方法却能区分。利用表面功函数、偏置电压与隧道电流之间的关系，可以得到表面电子态和化学特性的有关信息。

10.2.1　STM 的工作模式以及局限性

从扫描隧道显微镜（STM）的工作原理可知，在扫描隧道显微镜（STM）观测样品表面的过程中，扫描探针的结构所起的作用是很重要的。如针尖的曲率半径是影响横向分辨率的关键因素；针尖的尺寸、形状及化学同一性不仅影响到 STM 图像的分辨率，而且还关系到电子结构的测量。因此，精确地观测描述针尖的几何形状与电子特性对于实验质量的评估有重要的参考价值。扫描隧道显微镜（STM）的研究者们曾采用了一些其他技术手段来观察扫描隧道显微镜（STM）针尖的微观形貌，如 SEM、TEM、FIM 等。SEM 一般只能提供微米或亚微米级的形貌信息，显然对于原子级的微观结构观察是远远不够的。虽然用高分辨 TEM 可以得到原子级的样品图像，但用于观察扫描隧道显微镜（STM）针尖则较为困难，而且它的原子级分辨率也只是勉强可以达到。只有 FIM 能在原子级分辨率下观察扫描隧道显微镜（STM）金属针尖的顶端形貌，因而成为扫描隧道显微镜（STM）针尖的有效观测工具。日本 Tohoku 大学的樱井利夫等人利用了 FIM 的这一优势制成了 FIM-STM 联用装置（研究者称之为 FI-STM），可以通过 FIM 在原子级水平上观测扫描隧道显微镜（STM）扫描针尖的几何形状，这使得人们能够在确知扫描隧道显微镜（STM）针尖状态的情况下进行实验，从而提高了使用扫描隧道显微镜（STM）仪器的有效率。

尽管扫描隧道显微镜（STM）有着 EM、FIM 等仪器所不能比拟的诸多优点，但由于仪器本身的工作方式所造成的局限性也是显而易见的。这主要表现在以下两个方面。

① 在扫描隧道显微镜（STM）的恒电流工作模式下，有时它对样品表面微粒之间的某些沟槽不能够准确探测，与此相关的分辨率较差。图 10-5 摘自对铂超细粉末的一个研究实例。它形象地显示了扫描隧道显微镜（STM）在这种探测方式上的缺陷。铂粒子之间的沟槽被探针扫描过的曲面所盖，在形貌图上表现得很窄，而铂粒子的粒径却因此而被增大了。

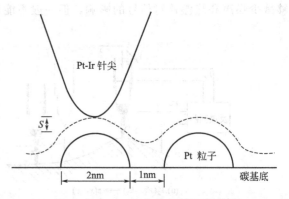

图 10-5　STM 恒电流工作方式观测
超细金属微粒（Pt/C 样品）

在恒高度工作方式下，从原理上这种局限性会有所改善。但只有采用非常尖锐的探针，其针尖半径应远小于粒子之间的距离，才能避免这种缺陷。在观测超细金属微粒扩散时这一点显得尤为重要。

② 扫描隧道显微镜所观察的样品必须具有一定程度的导电性，对于半导体，观测的效果就差于导体；对于绝缘体则根本无法直接观察。如果在样品表面覆盖导电层，则由于导电层的粒度和均匀性等问题又限制了图像对真实表面的分辨率。宾尼等人 1986 年研制成功的 AFM 可以弥补扫描隧道显微镜（STM）这方面的不足。此外，在目前常用的扫描隧道显微镜（STM）中，一般都没有配备 FIM，因而针尖形状的不确定性往往会对仪器的分辨率和图像的认证与解释带来许多不确定因素。

10.2.2　扫描隧道显微镜应用方面

如前所述，扫描隧道显微镜（STM）仪器本身具有的诸多优点，使它在研究物质表面结构、生物样品及微电子技术等领域中成为很有效的实验工具。例如生物学家们研究单个的蛋白质分子或 DNA 分子；材料学家们考察晶体中原子尺度上的缺陷；微电子器件工程师们设计厚度仅为几十个原子的电路图等，都可利用扫描隧道显微镜（STM）仪器。在扫描隧道显微镜（STM）问世之前，这些微观世界还只能用一些烦琐的、往往是破坏性的方法来进行观测。而扫描隧道显微镜（STM）则是对样品表面进行无损探测，避免了使样品发生变化，也无需使样品受破坏性的高能辐射作用。另外，任何借助透镜来对光或其他辐射进行聚焦的显微镜都不可避免地受到一条根本限制：光的衍射现象。由于光的衍射，尺寸小于光波长一半的细节在显微镜下将变得模糊。而扫描隧道显微镜（STM）则能够轻而易举地克服这种限制，因而可获得原子级的高分辨率。

扫描隧道显微镜（STM）在化学中的应用研究虽然只进行了几年，但涉及的范围已极为广泛。因为扫描隧道显微镜（STM）的最早期研究工作是在超高真空中进行的，因此最直接的化学应用是观察和记录超高真空条件下金属原子在固体表面的吸附结构。在化学各学科的研究方向中，电化学可算是很活跃的领域，可能是因为电解池与扫描隧道显微镜（STM）装置的相似性所致；同时对相界面结构的再认识也是电化学家们长期关注的课题。专用于电化学研究的扫描隧道显微镜（STM）装置已研制成功。在有机分子结构的研究中，高分辨率的扫描隧道显微镜（STM）三维直观图像是一种极为有用的工具。此法已成功地观察到苯在 Rh（111）表面的单层吸附，并显示清晰的环状结构。在生物学领域，扫描隧道显微镜（STM）已用来直接观察 DNA、重组 DNA 及 HPI-蛋白质等在载体表面吸附后的外形结构。

可以预测，对于许多溶液相的化学反应机理研究，如能移置到载体表面进行，扫描隧道显微镜（STM）也不失为一个可以尝试的测试手段，通过它可观察到原子间转移的直接过程。对于膜表面的吸附和渗透过程，扫描隧道显微镜（STM）方法可能描绘出较为详细的机理。这一方法在操作上和理解上简单直观，获得数据后无需作任何烦琐的后续数据处理就可直接显示或绘图，而且适用于很多介质，因此将会在其应用研究领域展现出广阔的前景。

10.3　原子力显微镜

10.3.1　原子力显微镜结构以及工作原理

原子力显微镜（Atomic Force Microscopy，AFM）是由 IBM 公司的 Binnig 与斯坦福大学的 Quate 于 1985 年所发明的，其目的是为了使非导体也可以采用扫描探针显微镜（SPM）进行观测。原子力显微镜（AFM）与扫描隧道显微镜（STM）最大的差别在于并非利用电子隧道效应，而是利用原子之间的范德华力（Van Der Waals Force）作用来呈现样品的表面特性。假设两个原子中，一个是在悬臂（cantilever）的探针尖端，另一个是在样本的表面，它们之间的作用力会随距离的改变而变化，其作用力与距离的关系如图 10-6所示，当原子与原子很接近时，彼此电子云斥力的作用大于原子核与电子云之间的吸引力作用，所以整个合力表现为斥力的作用，反之若两原子分开有一定距离时，其电子云斥力的作用小于彼此原子核与电子云之间的吸引力作用，故整个合力表现为引力的作用。若以能量的角度来看，这种原子与原子之间的距离与彼此之间能量的大小也可从 Lennard-Jones 的公式中到另一种印证。

因为彼此之间的距离的不同而原子力有所不同，其之间的能量表示也会不同：

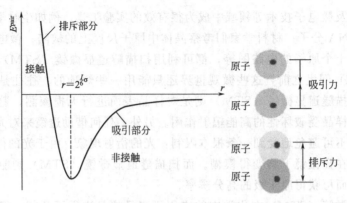

图 10-6 原子与原子之间的交互作用力示意

$$E^{pair} = (r)4\epsilon\left[\left(\frac{\sigma}{r}\right)^{12} - \left(\frac{\sigma}{r}\right)^6\right]$$

式中，σ 为原子的直径；r 为原子之间的距离。

从公式中知道，当 r 降低到某一程度时其能量为 $+E$，也代表了在空间中两个原子是相当接近且能量为正值，若假设 r 增加到某一程度时，其能量就会为 $-E$，同时也说明了空间中两个原子之间距离相当远且能量为负值。在原子力显微镜系统中，利用微小探针与待测物之间交互作用力来呈现待测物的表面之物理特性。所以在原子力显微镜中也利用斥力与吸引力的方式发展出两种操作模式：

① 利用原子斥力的变化而产生表面轮廓为接触式原子力显微镜（contact AFM），探针与试片的距离约为数个埃。

② 利用原子吸引力的变化而产生表面轮廓为非接触式原子力显微镜（non-contact AFM），探针与试片的距离约为数十到数百埃。

10.3.2　原子力显微镜的硬件结构

原子力显微镜系统，可分成三个部分：力检测部分、位置检测部分、反馈系统（图 10-7）。

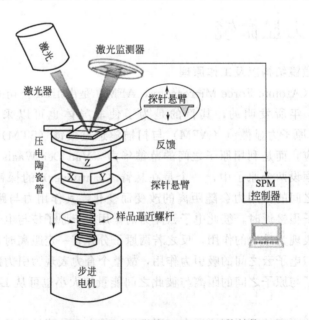

图 10-7　原子力显微镜（AFM）系统结构

（1）力检测部分

在原子力显微镜系统中，所要检测的力是原子与原子之间的范德华力。所以在本系统中是使用微小悬臂（cantilever）来检测原子之间力的变化量。这微小悬臂有一定的规格，例如：长度、宽度、弹性系数以及针尖的形状，而这些规格的选择是依照样品的特性，以及操作模式的不同，而选择不同类型的探针。

（2）位置检测部分

在原子力显微镜系统中，当针尖与样品之间有了交互作用之后，会使得悬臂摆动，所以当激光照射在微小悬臂的末端时，其反射光的位置也会因为微小悬臂的摆动而有所改变，这就造成偏移量的产生。在整个系统中是依靠激光光斑位置检测器将偏移量记录下并转换成电的信号，以供 SPM 控制器作信号处理。

（3）反馈系统

在原子力显微镜系统中，将信号经由激光检测器取入之后，在反馈系统中会将此信号当作反馈信号，作为内部的调整信号，并驱使通常由压电陶瓷管制作的扫描器做适当的移动，以保持样品与针尖保持合适的作用力。

10.3.3　原子力显微镜各种成像模式的原理

原子力显微镜/AFM 的工作模式是以针尖与样品之间的作用力的形式来分类的。主要有下列几种模式。

10.3.3.1　接触模式

将一个对微弱力极敏感的微悬臂的一端固定，另一端有一微小的针尖，针尖与样品表面轻轻接触。针尖尖端原子与样品表面原子间存在极微弱的排斥力（$10^{-8}\sim10^{-6}$N），由于样品表面起伏不平而使探针带动微悬臂弯曲变化，而微悬臂的弯曲又使得光路发生变化，使得反射到激光位置检测器上的激光光点上下移动，检测器将光点位移信号转换成电信号并经过放大处理，由表面形貌引起的微悬臂形变量大小是通过计算激光束在检测器四个象限中的强度差值（A｜B）（C｜D）得到的。将这个代表微悬臂弯曲的形变信号反馈至电子控制器驱动的压电扫描器，调节垂直方向的电压，使扫描器在垂直方向上伸长或缩短，从而调整针尖与样品之间的距离，使微悬臂弯曲的形变量在水平方向扫描过程中维持一定，也就是使探针-样品间的作用力保持一定。在此反馈机制下，记录在垂直方向上扫描器的位移，探针在样品的表面扫描得到完整图像之形貌变化，这就是接触模式工作原理如图 10-8 所示。（图 10-8）。

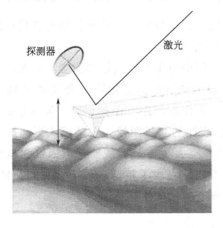
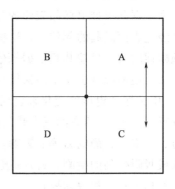

图 10-8　接触模式工作原理

10.3.3.2 横向力（摩擦力）模式

横向力显微镜（LFM）（图 10-9）是在原子力显微镜/AFM 表面形貌成像基础上发展的新技术之一。工作原理与接触模式的原子力显微镜/AFM 相似。当微悬臂在样品上方扫描时，由于针尖与样品表面的相互作用，导致悬臂摆动，其摆动的方向大致有两个：垂直方向与水平方向。一般来说，激光位置探测器所探测到的垂直方向的变化，反映的是样品表面的形态，而在水平方向上所探测到的信号的变化，由于物质表面材料特性的不同，其摩擦系数也不同，所以在扫描的过程中，导致微悬臂左右扭曲的程度也不同，检测器根据激光束在四个象限中，$(A+B)-(C+D)$ 这个强度差值来检测微悬臂的扭转弯曲程度。而微悬臂的扭转弯曲程度随表面摩擦特性变化而增减（增加摩擦力导致更大的扭转）。激光检测器的四个象限可以实时分别测量并记录形貌和横向力数据。

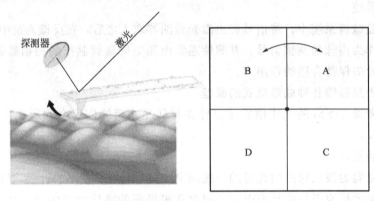

图 10-9　横向力模式工作原理

10.3.3.3 轻敲模式

图 10-10 给出了轻敲模式工作原理。用一个小压电陶瓷元件驱动微悬臂振动，其振动频率恰好高于探针的最低机械共振频率（约 50kHz）。由于探针的振动频率接近其共振频率，因此它能对驱动信号起放大作用。当把这种受迫振动的探针调节到样品表面时（通常 2～20nm），探针与样品表面之间会产生微弱的吸引力。在半导体和绝缘体材料上的这一吸引力，主要是凝聚在探针尖端与样品间水的表面张力和范德华吸引力。虽然这种吸引力是在接触模式下记录到的原子之间的斥力的 $\frac{1}{1000}$ 左右，但是这种吸引力也会使探针的共振频率降低，驱动频率和共振频率的差距增大，探针尖端的振幅减少。这种振幅的变化可以用激光检测法探测出来，据此可推出样品表面的起伏变化。

当探针经过表面隆起的部位时，这些地方吸引力最强，其振幅便变小；而经过表面凹陷处时，其振幅便增大，反馈装置根据探针尖端振动情况的变化而改变加在 Z 轴压电扫描器上的电压，从而使振幅（也就是使探针与样品表面的间距）保持恒定。同 STM 和接触模式 AFM 一样，用 Z 驱动电压的变化来表征样品表面的起伏图像。在该模式下，扫描成像时针尖对样品进行"敲击"，两者间只有瞬间接触，克服了传统接触模式下因针尖被拖过样品而受到摩擦力、黏附力、静电力等的影响，并有效地克服了扫描过程中针尖划伤样品的缺点，适合于柔软或吸附样品的检测，特别适合检测有生命的生物样品。

10.3.3.4 相移模式（相位移模式）

作为轻敲模式的一项重要的扩展技术，相移模式（相位移模式）是通过检测驱动微悬臂探针振动的信号源的相位角与微悬臂探针实际振动的相位角之差（即两者的相移）的变化来成像。引起该相移的因素很多，如样品的组分、硬度、黏弹性质等。因此利用相移模式（相位移模式）可以在纳米尺度上获得样品表面局域性质的丰富信息。迄今相移模式（相位移模式）已成为原子力显微镜/AFM 的一种重要检测技术。

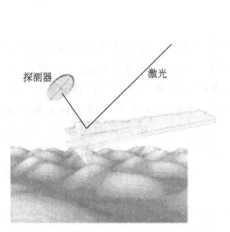

图 10-10　轻敲模式工作原理

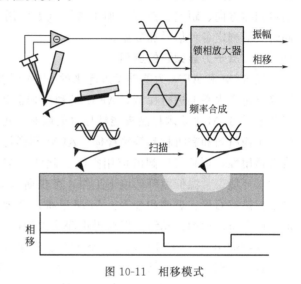

图 10-11　相移模式

10.3.3.5　曲线测量

AFM 除了形貌测量之外，还能测量力对探针-样品间距离的关系曲线 $Z_t(Z_s)$。它几乎包含了所有关于样品和针尖间相互作用的必要信息。当微悬臂固定端被垂直接近，然后离开样品表面时，微悬臂和样品间产生了相对移动。而在这个过程中微悬臂自由端的探针也在接近，甚至压入样品表面，然后脱离，此时原子力显微镜/AFM 测量并记录了探针所感受的力，从而得到力曲线。Z_s 是样品的移动，Z_t 是微悬臂的移动。这两个移动近似于垂直于样品表面。用悬臂弹性系数 c 乘以 Z_t，可以得到力 $F=cZ_t$。如果忽略样品和针尖弹性变形，可以通过 $s=Z_t-Z_s$ 给出针尖和样品间相互作用距离 s。这样能从 $Z_t(Z_s)$ 曲线决定出力-距离关系 $F(s)$。这个技术可以用来测量探针尖和样品表面间的排斥力或长程吸引力，揭示定域的化学和机械性质，像黏附力和弹力，甚至吸附分子层的厚度。如果将探针用特定分子或基团修饰，利用力曲线分析技术就能够给出特异结合分子间的力或键的强度，其中也包括特定分子间的胶体力以及疏水力、长程引力等。

10.3.3.6　纳米加工

扫描探针纳米加工技术是纳米科技的核心技术之一，其基本的原理是利用 SPM 的探针-样品纳米可控定位和运动及其相互作用对样品进行纳米加工操纵，常用的纳米加工技术包括：机械刻蚀、电致/场致刻蚀、浸润笔（Dip-Pen Nano-lithography, DPN）等。图形化纳米加工系统采用的是纳米加工中的电致刻蚀方法，电致刻蚀主要由施加在探针与样品表面间的一个短的偏压脉冲引起，当所加电压超过阈值时，暴露在电场下的样品表面会发生化学或物理变化。这些变化或者可逆或者不可逆，其机理可以直接归因于电场效应，高度局域化的强电场可以诱导原子的场蒸发，也可以由电流焦耳热或原子电迁移引起样品表面的变化。通过控制脉冲宽度和脉幅可以限制刻蚀表面的横向分辨率，这些变化通常并不引起很明显的表面形貌变化，然而检测其导电性、d_I/d_S、d_I/d_V、摩擦力可以清晰地分辨出衬底的修饰情况。

图形刻蚀模式：通过加载图案或者图形文件，设定相应的加工参数，系统自动控制探针按对应的图案进行纳米刻蚀。矢量扫描模式：系统提供一个向量脚本编译器，允许用户任意指定扫描方向、距离、速度及加工参数（如作用力、电流、电压等），直接操纵探针运动，同时灵活测定各种信号和数据。

10.3.4　原子力显微镜的应用

以 STM 和 AFM 为基础发展起来的 SPM 可以对样品表面及近表面区域的物理特性在原子级分辨率水平上进行探测。AFM 是利用样品表面与探针之间力相互作用这一物理现象，因此不受 STM 等要求样品表能够导电的限制，可对导体进行探测，对于不具有导电性的组织、生物材料和有机材料等绝缘体，AFM 同样得到高分辨率的表面形貌图像，从而使它更具有适用性，更具有广阔的应用空间。此外，AFM 可以在真空、超高真空、气体、溶液、电化学环境、常温低温等环境下工作，可供研究时选择适当的环境，其底可以是云母、硅、高取向热解石墨、玻璃和金等。AFM 已被广泛地应用于表面分析的各个领域，通过对表面形貌的分析、归纳、总结，以获得更深层次的信息。

在物理学中，AFM 可以用于研究金属和半导体的表面形貌、表面重构、表面电子态及动态过程，超导体表面结构和电子态层状材料中的电荷密度等。从理论上讲，金属的表面结构可由晶体结构推断出，但实际上金属表面很复杂。衍射分析方法已经表明，在许多情况下，表面形成超晶体结构（称为表面重构），可使表面自由能达到最小值。而借助 AFM 可以方便得到某些金属、半导体的重构图像。例如，Si(111) 表面的 7×7 重构在表面科学中提出过多种理论和实验技术，而采用 AFM 与 STM 相结合技术可获得硅活性表面 Si(111)-7×7 的原子级分辨率图像。AFM 已经获得了包括绝缘体和导体在内的许多不同材料的原子级分辨率图像。

扫描探针显微镜（SPM）系列的发展，使人们实现了纳米尺寸的过程模拟，微观摩擦学的研究在工程和技术上得到展开，并提出了纳米摩擦学的概念。纳米摩擦学将对纳米材料学、纳米电子学和纳米机械学的发展起着重要的推动作用。而 AFM 在摩擦学中的应用又将进一步促进纳米摩擦学的发展。AFM 在纳米摩擦、纳米润滑、纳米磨损、纳米摩擦化学反应和机电纳米表面加工等方面得到应用，它可以实现纳米级尺寸和纳米级微弱力的测量，可以获得相界、分形结构和横向力等信息的空间三维图像。

AFM 在高分子领域中的应用已由最初的聚合物表面几何形貌的观测，发展到深入高分子的纳米级结构和表面性能等新领域，并提出了许多新概念和新方法。对高分子聚合物样品的观测，AFM 可达纳米级分辨率，能得到真实空间的表面形貌三维图像，同时可以用于研究表面结构动态过程。LB 膜（Langmuir-Blodgett film）是一种分子有序排列的有机超薄膜。这种膜不仅是薄膜科学的重要内容，也是物理学、电子学、化学、生物学等多种学科相互交叉又渗透的新的研究领域。LB 膜技术是近年来国内外研究的热点之一。与 STM 相比，AFM 更适合多种材料 LB 膜的研究。它可以直接观测到分子膜中分子的排列结构、取向及分子链的空间构象，可以方便获得实空间中分子膜在固体载体表面上形成状况的三维形貌图像，可以实时地观察分子膜的衰变、聚合、相变、晶畴形成等动态过程。在生物学上，AFM 比 STM 更易阐明脱氧核糖核酸（DNA）、蛋白质，多糖等生物大分子的结构，且有其独特的优势：生物大分子样品不需要覆盖导电薄膜；可在多种环境下直接实时观测；图像分辨率高；基底选择性强等。

20 世纪 90 年代以来，全球范围内掀起了纳米科学与技术革命。纳米技术是在纳米（10^{-9} m）和原子（约 10^{-10} m）尺度（$0.1 \sim 100$nm）上研究物质（包括分子、原子）的特性及其相互作用，以及利用这些特性的多学科交叉的前沿科学与技术。AFM 在纳米技术中的应用必将极大地促进纳米技术不断发展。除物理、化学、生物等领域外，AFM 在微电子学、微机械学、新型材料、医学等领域都有着广泛的应用和巨大的应用前景。

参 考 文 献

[1]　杜希文，原续波主编．材料分析方法．天津：天津大学出版社，2006．

[2]　孙业英．光学显微分析．北京：清华大学出版社，1997．

[3]　周玉，武高辉．材料分析测试技术．哈尔滨：哈尔滨工业大学出版社，1998．

[4]　杨南如．无机非金属材料测试方法．武汉：武汉工业大学出版社，1993．

[5]　王成国，等．材料分析测试方法．上海：上海交通大学出版社，1994．

[6]　武汉工业大学，东南大学，同济大学，等．物相分析．武汉：武汉工业大学出版社，
　　　1994．

[7]　王英华．X光衍射技术基础．北京：原子能出版社，1993．

[8]　邵国有．硅酸盐岩相学．武汉：武汉工业大学出版社，2006．

[9]　常铁军，等．材料近代分析测试方法．哈尔滨：哈尔滨工业大学出版社，1999．

[10]　冯铭芬．硅酸盐岩相学．上海：同济大学出版社，1985．

[11]　吴刚．材料结构表征及应用．北京：化学工业出版社，2002．

[12]　舍英，伊力奇，呼和巴特尔．现代光学显微镜．北京：科学出版社，1997．

[13]　左演声，陈文哲，梁伟．材料现代分析方法．北京：北京工业大学出版社，2000．

[14]　郭可信，叶恒强．高分辨电子显微学在固体科学中的应用．北京：科学出版
　　　社，1985．

[15]　范雄．金属X射线学．北京：机械工业出版社，1989．

[16]　郭立伟，戴鸿滨，李爱滨．现代材料分析测试方法．北京：兵器工业出版社，2008．

[17]　王富耻．材料现代分析测试方法．北京：北京理工大学出版社，2009．

[18]　王培铭，许乾慰．材料研究方法．北京：科学出版社，2005．